微積分
先修教材

梁明德、方惠民 著

五南圖書出版公司 印行

序言

微積分是地球上人類最偉大的成就之一。大約三百多年前牛頓（Newton）與萊布尼茲（Leibniz）發展出微積分的概念。它的發展主要是來自物理學的需求，可以這麼說，沒有微積分就沒有近代物理學。近幾世紀，科學技術發展迅速，譬如自然科學、工程技術與社會科學等等所產生的許多問題，時時需要依靠數學工具來解決，其中以微積分最具威力與功效。微積分可分為微分與積分兩部分，微分是研究函數的變化率，而積分是研究面積、體積等。微分和積分兩者互為反運算，合在一起研究就稱為微積分。

本書的主要目的是做為微積分的先修預備教材。第 0 章是微積分導讀，除了簡要介紹微積分的演變之外，還指出微積分教材、教學與學習的困難，提供學習微積分的方法。第 P 章是預備知識，強調函數的運算及如何繪製其圖形，對資料建立擬合模型，提供實驗結果如何處理的參考，這是統計學的理論需要藉助數學這一個有力工具的應證。

作者簡介

梁明德

學歷：1. 中原大學土木系學士
　　　2. 臺灣大學土木研究所碩士
　　　3. 英國亞伯丁大學工程系博士
經歷：1. 中央大學土木系助教
　　　2. 交通大學土木系講師
　　　3. 海洋大學河工系副教授、教授
　　　4. 中華科技大學土木系教授

方惠民

學歷：海洋大學河工系博士
經歷：海洋大學河工系博士後研究、專案助理教授、助理教授

編著說明

一、本書是根據國內中文版與國外英文版著名微積分教科書編著而成。目前我們主要是刪掉單變數、多變數，學向量微積分這部分。

二、本書可被選為大一微積分先修教材。本書適合大學理工學系、醫、農、商學院及科技大學理工學系的學生。

三、初學微積分的學生經常感覺到找不到一本合適的微積分先修教材，盼望本書能夠幫助解決這個困擾。

四、雖然上超商購物品或某市場買東西不必用到微積分，但是微積分卻是進入近代科學之門的鑰匙。若沒有微積分，則就沒有現代物理學與科學工藝學，因此就沒有今日的電腦資訊與人工智慧的文明，世界將是一片漆黑及蠻荒遍地。

五、學習微積分務必把每一個概念弄懂，理解定義、定理、推論與公式，再經過做習題來鞏固基礎。微積分的理論是抽象的，最好透過幾何圖形的具體化，俾利容易瞭解、接受與吸收，再者，公式與定理的應用，在不同領域有不同的說法，要明白公式與定理應用的物理意義、幾何意義或其他領域如經濟意義等等。本書具有這些優點，古希臘的幾何大師歐幾里德（Euclid）說：「學習幾何沒有捷徑。」同樣的道理，學習微積分更是如此。知名的心理學家安德斯‧艾瑞夏森（K. Anders Ericsson）研究指出：「所謂的專家，其實只是經過不斷重複的練習而已。」《異數》這本書的作者葛拉威爾（Malcolm Galdwell）指出：「成功的人生，其實沒有什麼天份的差別，從披頭四到比爾蓋茲，不管是要專精在什麼領域，都需要經過至少一萬個鐘頭的重複練習。」

六、編著者累積數十年微積分教學經驗，寫了一本《微積分先修教材》，告訴初學微積分的學子什麼是微積分、如何學習微積分，讀者可先讀一遍，相信有助於研讀微積分的主文內容。

目　錄

0 微積分導讀

0.1　前言

臺大數學系蔡聰明教授在「微積分的歷史步道」，告訴我們微積分是如何發展出來的，又在「微積分導讀」，扼要點出微積分的啓源，以及如何從差和分演變到微積分，記號的變形記，須知適當的創造記號與使用記號，才是掌握數學的要訣，難怪法國古代數學大師說：數學的求知活動有一半是記號的戰爭。

微積分要研究一個函數 $y = f(x)$，因爲獨立變數 x 的無窮小變化量 dx，所以導致應變數 y 的無窮小變化量 dy，然後探求它們的相對變化率 $\dfrac{dy}{dx}$，這稱爲微分。反向思考而言，無窮多個無窮小的長方形面積 $f(x)dx$ 之連續求和 $\int_a^b f(x)dx$，這稱爲積分。不論是微分或是積分兩者都涉及無窮步驟（infinite processes），這個確實是一個既深奧又難纏的概念。此表示微積分不但確確實實而且道道地地直接面對了「無窮」，充滿著美妙，佈署著困惑，與到處皆迷人，可是有時又不免會出現矛盾，令人不解。

自從古希臘開始，人類就遇到求瞬間速度與面積的難題，直到十七世紀牛頓與萊布尼茲（慢牛頓 10 年）創立微積分，千古微分與積分的難題才眞正獲得解決，其間至少跨越有兩千餘年的鴻溝，這是「無窮」所引致的鴻溝。

0.2　微積分簡介

1. 微積分的主要主角是函數（function）。
2. 微積分是以實數系統及其性質爲基礎，亦即，微積分的研究領域是實數集合。
3. 微積分的兩類問題

微分 ⇔ 求切問題　　$\lim\limits_{\Delta x \to 0} \dfrac{\Delta f}{\Delta x} = \dfrac{df}{dx} \Leftarrow \dfrac{\Delta f}{\Delta x}$ 差分（除法）（圖 1）

積分 ⇔ 求積問題　　$\lim\limits_{n \to \infty} \sum\limits_{i=1}^{n} f(x_i)\Delta x_i = \int_a^b f(x)dx \Leftarrow f(x_i)\Delta x_i$（乘法）（圖 2）

4. 微積分是極限的研究。
5. 微積分是微分與積分的統稱。
6. 微分是積分的反算，積分是微分的反算。

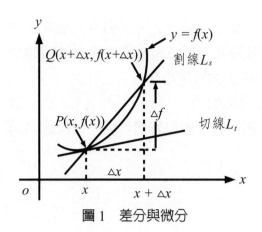

圖 1 差分與微分

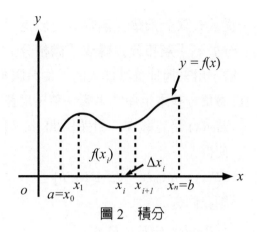

圖 2 積分

7. 微積分的內容

(1) 單變數微積分，(2) 多變數微積分，(3) 向量微積分

8. 差和分基本定理

若我們可以求另一個數列 b_n 使得 $a_k = \Delta b_k = b_{k+1} - b_k$，任意 $(\forall)k = 1, 2, \cdots, n$，則我們有

$$\sum_{k=1}^{n} a_k = \sum_{k=1}^{n} \Delta b_k = b_{n+1} - b_1$$

9. 符號變形記

差和分		微積分
出發點	中途跳板	終點站
Δ	δ	d
Σ	S	$\int$
Δx_k	δx_k	dx
$\displaystyle\sum_{k=1}^{n} \Delta x_k = b - a$	$\displaystyle\mathop{S}_{k=1}^{M} \delta x_k = b - a$	$\displaystyle\int_a^b dx = b - a$

解釋：$\Delta x_k = x_{k+1} - x_k$，$k = 1, 2, \cdots, n$，其中 Δx_k 稱為差分運算（difference algorithm），這是有限步驟的分析，亦即，分割。

$\displaystyle\sum_{k=1}^{n} \Delta x_k = \Delta x_1 + \Delta x_2 + \cdots + \Delta x_n$ 稱為和分（summation）或綜合（synthesis）。

首先是將希臘字母大寫的 Δ 改成小寫的 δ，這是差分的世界；再將 δ 的頭部拉直變成 d，棄掉足標 k，就從有限飛躍到無限，這是微分的世界。

其次，將希臘字母大寫的 Σ 改成英文字母的 S，這是和分的世界；再將 S 稍微拉伸就變成 $\int$，就從有限飛躍到無限，這是積分的世界。

從「有限」飛躍「無限」，於是「差分」變成「微分」，「和分」變成「積分」，「差和分」變成「微積分」。這就是萊布尼茲所創造的優秀實用的記號，用來捕捉美妙迷人的「從有限飛躍無限」的數學思想。

10. 微積分基本定理（牛頓—萊布尼茲公式（1680））

若 $f(x)$ 是定義在一封閉區間 $[a, b]$ 的連續函數，假如我們可另一個函數 $F(x)$ 使得

$$dF(x) = f(x)dx，\forall x \in [a, b]$$

則我們有

$$\int_a^b f(x)dx = F(b) - F(a)$$

在此特別強調的是微積分基本定理是連貫微分學與積分學的重要橋樑。

11. 差和分 $\leftrightharpoons$ 微積分

由微積分基本定理的完美之積分公式，我們可以解釋如下：將線段區間 $[F(a), F(b)]$ 分割成無窮多段的無窮小段 $dF(x)$，這叫做分析或微分。反過來，將無窮多段的無窮小段 $dF(x)$，從 $x = a$ 到 $x = b$ 連續累積就得到 $\int_a^b dF(x) = F(b) - F(a)$，這叫做綜合或積分。

差和分（difference-summation）的連續化（continuumlization），無窮小化（infinitesimalization），無窮化（infinitelization），就得到微積分。反過來，微積分的離散化（discretization），有窮化（finitelization），就得到差和分。

12. 微分操作

令 $D = \dfrac{d}{dx}$，則

$$DF(x) = \frac{dF(x)}{dx} = F(x) \text{ 的導函數}$$

$$DF(x) = \frac{dF(x)}{dx} = \frac{F(x+dx) - F(x)}{dx} \text{（無窮小論述法（infinitesimal treatment））}$$

或

$$DF(x) = \frac{dF(x)}{dx} = \lim_{\Delta x \to 0} \frac{F(x+\Delta x) - F(x)}{\Delta x} \text{（極限論述法（limit treatment））}$$

例題　　假設 $F(x) = x^2$，求 $DF(x)$。

解

無窮小論述法	極限論述法
$DF(x) = \dfrac{dF(x)}{dx}$	$DF(x) = \dfrac{dF(x)}{dx}$
$= \dfrac{F(x+dx) - F(x)}{dx}$ $(dx \neq 0)$	$= \lim\limits_{\Delta x \to 0} \dfrac{F(x+\Delta x) - F(x)}{\Delta x}$ $(\Delta x \neq 0)$
$= \dfrac{(x+dx)^2 - x^2}{dx}$	$= \lim\limits_{\Delta x \to 0} \dfrac{(x+\Delta x)^2 - x^2}{\Delta x}$
$= \dfrac{2x\,dx + (dx)^2}{dx}$	$= \lim\limits_{\Delta x \to 0} \cdot \dfrac{2x\Delta x + (\Delta x)^2}{\Delta x}$
$= 2x + dx$ $(dx = 0)$	$= \lim\limits_{\Delta x \to 0} (2x + \Delta x)$ $\left(\lim\limits_{\Delta x \to 0} \Delta x = 0\right)$
$= 2x$	$= 2x$

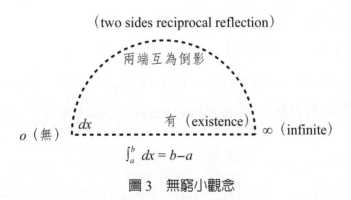

（two sides reciprocal reflection）

兩端互為倒影

o（無）　　　dx　　　有（existence）　　∞（infinite）

$\int_a^b dx = b - a$

圖 3　無窮小觀念

13. 一法二念二義一理

到目前為止，我們可以用一句標語（slogan, motto, catchword）來總結微積分：一法二念二義一理。以後隨著微積分內容的擴展定會繼續延拓這句標語。

一法：指的是一個方法（method），本義無窮步驟的分析法（essential analysis of infinite processes），或局部化方法（localized method）。

二念：指的是兩個概念（concepts），極限（limit）與無窮小量（infinitesimal）。

二義：指的是兩個定義（definitions），微分（differentiation）與積分（integration）。

一理：指的是一個定理（theorem），微積分基本定理（the fundamental theorem of calculus）。

這個標語可以總結成下面的流程圖（flow chart）：

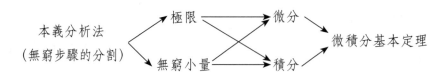

牛頓與萊布尼茲在 1680 年代各自獨立地說明微積分（萊布尼茲晚牛頓 10 年）。他們把積分 $\int_a^b f(x)dx$ 直觀地看做是，函數 $y = f(x)$ 在閉區間 $[a, b]$ 上所圍成領域的面積。這時，微積分的主角是微分，而積分只是配角。牛頓說：我發現了用微分可以計算積分。

我們也可以作下面的想像。

差和分：Δ（森林）＝ 樹，Σ 樹 ＝ 森林

Δ（物質）＝ 原子，Σ 原子 ＝ 物質

微積分：d（永恒）＝ $-$ 瞬間，$\int$ $-$ 瞬間 ＝ 永恒

$$dF(t) = F'(t)dt，\int F'(t)dt = F(t) + C，\int_a^b F'(x)dx = F(b) - F(a)$$

此時，我們用圖解表現（graphical treatment）如圖 4 所示。

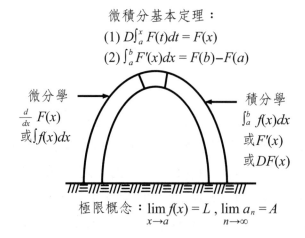

圖 4　圖解表現微積分基本定理搭起微分與積分的關係。

14. 再訪微積分基本定理

假設 $f(x)$ 是定義在閉區間 $[a, b]$ 的一個連續函數。

(1) 微分與積分兩者之間相互反算

令 $\int_a^x f(t)dt$ 是積分上限 $x \in [a, b]$ 的累積函數（accumutative function），

則

$$D\int_a^x f(t)dt = f(x) \text{，} \forall x \in [a, b]$$

(2) 牛頓－萊布尼茲公式

若我們可以求得一函數 $F(x)$ 使得

$$DF(x) = f(x) \text{，} \forall x \in [a, b] \text{，其中 } D = \frac{d}{dx}$$

則 $\int_a^b f(x)dx = F(b) - F(a)$

從這個我們在微積分得到一個優美的三合一公式（an exquisite three in one formula），亦即，一個微分公式（differentiation formula）將對應一個不定積分公式（indefinite integration formula）與一個定積分公式（definite integration formula）

$$DF(x) = f(x) \leftrightarrow \int f(x)dx = F(x) + C \leftrightarrow \int_a^b f(x)dx = F(b) - F(a)$$

0.3　理論書籍的寫法

一般而言，理論書籍的寫法，其典範的基本觀念（the basic concepts of paradigm）可分為下列兩種：

1. 公理演繹法（axiomatic-deductive method）

公理（axiom）→定義（definition）→定理（theorem）→推論（corollary）→應用（application）

2. 邏輯演繹系統（logical-deductive system）

分為四部分（four portions）：(1)公理，(2)定義，(3)定理，(4)證明（proof）

本書採用公理→定義→定理→證明→推論→應用（例題說明）。

0.4　微積分教材、教學與學習的困難

微積分對於初學的人，在學習方面常常造成困難；對於授課教師，在教學上也變成挑戰。這就是目前微積分教育，經常面臨到的教與學的難題。如何尋求解決之道，形成為當今各大學關切的問題。

■從微積分的內容而言

　　微積分是從初等的基礎數學進入近代的高等數學之門，因為其本身具有相當厚的深度，最主要的關鍵是論及「無窮步驟」（infinite process），造成「極限」（limit）與「無窮小量」（infinitesimal）的演算（algorithm），所以孕育長達兩千餘年，才瓜熟蒂落，概念廓清，建立理論，幾何解析，範例應用，由此可知其困難的程度。想要在短短不到一年之內學完，這個本來就是一個高難度的事情。

■教材的編寫與安排

　　傳統大多數的微積分教科書，為了邏輯上的嚴謹或方便，幾乎都採用如下逆著歷史發展的順序來編寫：

$$
\boxed{\begin{array}{l}
\text{集合} \\
\text{數學系函數}
\end{array} \longrightarrow
\begin{array}{l}
\text{極限} \\
\text{連續函數}
\end{array} \longrightarrow \text{微分} \longrightarrow \text{積分} \longrightarrow \text{微積分基本定理}}
$$

　　事實上，微積分的歷史發展順序，剛好是反其道而行，即上述的箭頭「→」全改為「←」，並且主要的工作者如下：

$$
\boxed{\begin{array}{l}
\text{Cantor 1875} \\
\text{Dedekind}
\end{array} \longleftarrow
\begin{array}{l}
\text{Cauchy 1821} \\
\text{Weierstrass}
\end{array} \longleftarrow
\begin{array}{l}
\text{Newton 1665} \\
\text{Leibniz 1675}
\end{array} \longleftarrow
\begin{array}{l}
\text{Archimedes} \\
\text{Kepler 1615} \\
\text{Fermat 1638}
\end{array}}
$$

　　逆著發展順序來講授微積分，往往會增加抽象度與困難度。

■教學方式的檢討

　　自從古希臘的 Euclid 在紀元前三百年完成歐氏幾何以來，最先使用「公理演譯法」的方式描述數學，這就成為後人模仿的「典範」。千年以來，絕對大多數的數學教科書，都只展現這一面冷冷冰冰的數學，也就是僅講述邏輯演繹系統，尊循「公理、定義、定理、證明」四部曲，不但乾淨俐落而且冷酷無情地呈現。可是，對於一個概念的形成，一個公式的發現，一個定理的證明，甚至一個理論的創造與生長過程，這些更重要的且更有趣的部分，幾乎都不描述或甚至完

全缺乏。

　　大多數傳統的數學教學，包含微積分，仿如上述的方式施展與方法講授，如此造成微積分的枯燥乏味、面目可憎與內容無趣，導致必修或選修微積分的學生為了「分數」或「升學」或「轉學」而踏上煎熬痛苦的「背記」方式道路，完全徹底地違背微積分的本義與精華。

■學生不當的學習方法

　　對於最需要使用「理解力」與「方法論」來掌握學習的微積分而言，學生從小學、國中至高中，因為多種因素的誘導，例如升學主義、急功近利、不當方法的教學、過多的考試等等，所以導致學生養成背記的不良習慣，毫無求知欲望，求知胃口敗壞，從害怕、緊張、討厭到痛恨微積分，形同溜滑梯一般，一路往下滑。在這種情況之下，微積分的學習，當然是難上加難，大打折扣，困難重重。

　　學習理論的微積分之精華要義，就是自己儘早學會獨立學習與獨立思考的能力，加以親自做習題的訓練。這一天的來臨，在學習微積分的路上就開竅，而且知性成熟了，就可以順暢自如地自學。的確所謂「大道無門，千差有路；透得此關，乾坤獨步」。

0.5　本書的內容簡介

　　現在我們就簡要地來介紹本書的內容。

　　第 0 章是微積分導讀，首先簡介微積分與介紹一般微積分書籍的兩種寫法，接著提及有關微積分教材，教學與學習的困難，與本書的內容簡介，最後建議學習微積分的方法，供為參考。

　　第 P 章是複習高中所學過的函數概念記號用法，數學的發展是從「數」開始，緊接著是未知數 x 與方程式 $f(x) = 0$，再到變數 x, y 與函數 $y = f(x)$。由「常量數學」發展到「變量教學」，從具體化逐步提升到抽象化，使得可以掌握普遍，觸摸無窮。

　　函數是變量數學的範疇，是微積分的主角，函數敘述著這個世界，不論是量與量或是因果的關係。事實上，因為函數表現著自然律或數學律，所以想要掌握自然與數學顯然必須有一套掌握函數與剖析函數結構的數學工具與利器，而微積分剛好就是掌握這個角色的最有力與最適宜的器具。

0.6　學習微積分的方法

學習微積分的態度、方法與觀念簡述如下：

1. 看：內容
2. 想：題型與解析要領
3. 記：內容摘要
4. 作：範例、類題、習題（題目一定要動腦、動心、動口及動手多做）
5. 想：題型及解析要領→自己創造題目
6. 說：自己記憶心得，記自己做題所費的時間
7. 考：自我測驗（將範例、類題、習題改變，利用不同方法解之）

編譯者認為還有些話值得向研讀本書的讀者簡述如下：

1. 基本常識：政治，異中求同；學術，同中求異
2. 應付考試的方法：理解力，記憶力，判斷力，整合力
3. 學術研究的方法：觀察力，想像力，理解力，創新力，判斷力，整合力（別人想不到，看不到，做不到，不想做，不敢做的問題，你都能做得到。）
4. 理論至上，實驗權威，技術指導，經驗輔助。
5. 人類的需求，不外是 (1) 科學，數學、物理、化學與生物就是基礎科學課程。(2) 技術，機器替代勞力，電腦計算取代人工手算，生物技術研發提昇醫療品質，化學技術開發增強物品應用，數學計算令飛彈精準攻擊。(3) 工程，結合科學與技術鑄造成品使人類使用，例如人造衛星預測氣候，飛機的載客與運貨，船艦的旅遊貨運與國防捍衛，人工智慧（AI）的機器人取代人類勞力，生物技術的醫藥製成，化學研發的食衣住行音樂。
6. 諾貝爾物理獎得主費曼教授建議：訓練自己用不同的方法推導課本上的定理或公式
7. 華碩公司施崇棠董事長說，看一本書都需要看三十遍以上，才能融合貫通。
8. 教學內容：(1) 連續函數與極限，(2) 微分，(3) 積分
9. 需要工具：掌上型工程用（含繪圖軟體）計算器

0.7　參考文獻

中文部分

[1] 蔡聰明：微積分的歷史步道。三民書局，臺北，2009。

[2] 蔡聰明：微積分，高立圖書有限公司，新北，2012。

[3] 陳思慎、陳益昌：微積分，三版修訂，滄海書局，台中，2004。

[4] 馬淑瑩：商用微積分，普林斯頓國際有限公司，新北，2013。

[5] 羅文陽、葛自祥、王清德：微積分，高立圖書有限公司，新北，2014。

[6] 莊紹容、楊精松：現代商用微積分，東華書局，台北，2005。

[7] 洪英志、陳彩蓉：微積分，歐亞書局，台北，2018。

[8] 孔憲成、李元秉、郭祝武、連志峰、葛自祥、鄭俊傑、鄭學正、羅世雄：商
用微積分，高立圖書有限公司，新北，2002。

[9] 陳泰佑：商用微積分，東華書局，台北，2008。

[10] 郭滄海、劉松田、鄭國順：微積分，凡異出版社，新竹，1976。

英文部分

[1] Hass, J., Weir, M. D., Thomas, Jr., G. B.: Calculus, 2nd Ed., Pearson Education, Inc., Boston, 2007.

[2] Varberg, D., Purcell, E. J., Rigdon, S. E.: Calculus, 9th Ed., Pearson Education Inc. NJ, 2007.

[3] Larson, R., Hostetler, R. P., Edwards, B. H.: Calculus, 8th Ed., Houghton Mifflin Company, New York, 2006.

[4] Stewart, J.: Calculus, 7th Ed., Brooks/Cole Cengage Leanning, Canada, 2012.

[5] Tan, S. T.: Essential of Calculus, Cengage Leanning, Singapore, 2011.

[6] Berkey, D.: Applied Calculus, 3rd Ed., Harcourt Brace Collage Publishers, New York, 1993.

[7] Berresford, G. C., Rockett, A. M.: Applied Calculus, 7th Ed., Cengage Learning, Singapore, 2016.

[8] Goldstein, L. J., Lay, D. C., Schneider, D. J., Asmar, N. H.: Calculus and Its Applications, 14th Ed., Pearson, New York, 2019.

[9] Larson, R.: Calculus, 10th Ed., Congage Learning, Singapore, 2017.

[10] Kuhfittig, P.: Technical Calculus with Analytic Geometry, 5th Ed., Congage

Leanning, Singapore, 2013.

[11] Benice, D. D., Cheng, T. W.: Applied Calculus, Cengage Leaning, Taiwan, 2019.

0.8　誌謝

1983 年 9 月前往英國亞伯丁大學進修博士班課程之前，名建築師暨畫家 陳其寬 教授（在美國時與名建築師 具聿銘 是同事。他曾在美國麻省理工學院任教；東海大學建築系創辦人，該校的特殊建築物教堂就是他設計的。）曾告訴我，若想在學術界任教，則記得必須至少寫一本好書。我始終勞記在心，不敢遺忘。本書等同給他一個任務完成交待，並且深深感謝他的鼓勵。

P 預備知識

本章主要是讓讀者能有充分的預備知識，俾利於探討微積分的概念與應用。本章內容包含實數系，不等式與絕對值，平面直角座標系統，方程式的圖形，函數及其圖形，函數的運算，三角函數，與對資料擬合模型。若讀者已熟悉本章的內容就可直接省略，不過必須強調的是，充分瞭解與熟悉本章的內容是學習微積分不可或缺的。

P.1　實數、估計與邏輯

微積分是以實數系統及其性質為基礎，可是什麼是實數及什麼是它的性質？為答覆這個問題，我們開始介紹一些更簡單的數系統。

■整數與有理數

所有最簡單的數是自然數（natural number），

$$1, 2, 3, 4, 5, 6, \cdots$$

有了它們我們可以計算：我們的書，我們的朋友，及我們的錢。若我們包含它們的負數及零，我們得到整數（integers）

$$\cdots, -3, -2, -1, 0, 1, 2, 3, \cdots$$

當我們量測長度、重量，或電壓，這個整數是不足夠的，它們的空間分開太大以致無法給予充分的精準，導致我們需要考慮整數的商（quotients）（比值（ratios））（見圖 1），數如

$$\frac{3}{4}, \frac{-7}{8}, \frac{21}{5}, \frac{16}{-2}, \frac{16}{2}, \text{及} \frac{-17}{1}$$

注意我們包含 $\frac{16}{2}$ 及 $\frac{-17}{1}$，但是通常我們將它寫為 8 及 -17，雖然以除法的一般意義來講，它們等於後者。我們不包含 $\frac{5}{0}$ 及 $\frac{-9}{0}$，因為從這些符號中它是不

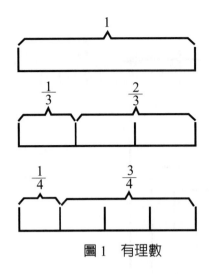

圖 1 有理數

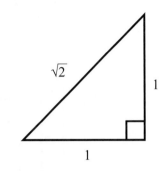

圖 2 斜邊長 $\sqrt{2}$ 的直角三角形

可能有意義,記得被 0 除總是不被允許的。數被寫為 $\dfrac{m}{n}$,式中 m 及 n 是整數,且 $n \neq 0$,被稱為有理數(rational numbers)。

　　有理數可以量測所有長度嗎?不,這個驚訝的事實在西元前 5 世紀就被古希臘人發現,他們揭示當量測直角三角形時,兩股的長是 1,斜邊是 $\sqrt{2}$(見圖 2),$\sqrt{2}$ 無法寫為兩個整數的商,如此,$\sqrt{2}$ 是一無理數(irrational number),$\sqrt{3}$,$\sqrt{5}$,$\sqrt{7}$,π 及許多其他數也是無理數。

註記:就有理數而言,$\dfrac{5}{0}$ 及 $\dfrac{0}{0}$ 是無定義;就有理函數而言,$\dfrac{0}{0}$ 可由羅必達規則處理。

■實數

　　考慮所有的數(有理數及無理數)能量測長度,包括它們的負數及 0,我們稱這些數為實數(real numbers)。

　　實數可被視為在一水平線標記點,在那裡它們可從固定點稱為原點(origin)且標記為 0 向右或向左量測距離(直接距離(directed distance))(見圖 3),縱然我們不可能顯示所有標記,每一點有一個唯一的實數標記,這個數是被稱為點的座標(coordinate),而這種座標線被稱為實線(real line),圖 4 建議討論到此這些數集合之間的關係。

　　你可能記得實數系統可以被擴大至複數(complex numbers),這些數有這種型式 $a + bi$,式中 a 與 b 是實數,且 $i = \sqrt{-1}$,複數在本書少用,事實上,若我們說或建議沒有任何規定附屬的數,你可以假設我們的意思就是實數,實數是微積分的主要特徵。

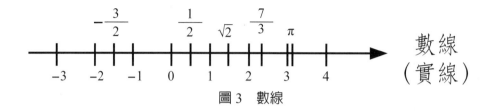

圖 3　數線

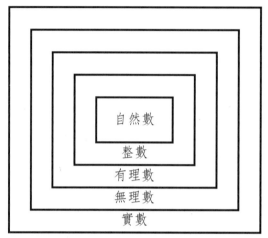

圖 4　數集合之間的關係

■循環與非循環小數

　　每一個有理數可被寫爲一小數，因爲依定義它總是可以表示爲兩個整數的商，若我們將分子除以分母，我們得到一小數（見圖 5），例如

$$\frac{1}{2} = 0.5 \quad \frac{3}{8} = 0.375 \quad \frac{3}{7} = 0.428571428571428571\cdots$$

無理數也可以被表示爲小數，例如

$$\sqrt{2} = 1.4142135623\cdots，\pi = 3.1415926535\cdots$$

　　一有理數的小數表示或是結束（例如 $\frac{3}{8} = 0.375$）（或終止（terminating））要不然就是永遠有規則的循環（例如 $\frac{13}{11} = 1.181818\cdots$），搭配長除法演算（long divsion algorithm）做一小小實驗將顯示你爲什麼，（注意那只能夠僅有一不同餘數的有限數。）一終止小數（terninating decimal）可以被認爲是搭配 0 的循環小數（repeating (recurring, circulating) decimal），例如

$$\frac{3}{8} = 0.375 0.3750000\cdots$$

$$
\begin{array}{r}
0.375 \\
8\overline{\smash{)}3.000} \\
\underline{24} \\
60 \\
\underline{56} \\
40 \\
\underline{40} \\
0
\end{array}
\qquad
\begin{array}{r}
1.181 \\
11\overline{\smash{)}13.000} \\
\underline{11} \\
20 \\
\underline{11} \\
90 \\
\underline{88} \\
20 \\
\underline{11} \\
9
\end{array}
$$

$$\frac{3}{8} = 0.375 \qquad\qquad \frac{13}{11} = 1.181818\cdots$$

圖 5　長除法演算

　　因此每一個有理數可以被寫爲循環小數，換言之，若 x 爲一有理數，則 x 可以被寫爲一循環小數，它是值得注意的事實是相反過來也是眞實的；若 x 可被寫爲一循環小數，則 x 是有理數，它是顯明的提到循環小數（例如，3.137 = 3137/1000），及它是容易顯示一非終止的循環小數。

例題 1　（循環小數是有理數）說明 $x = 0.123123123\cdots$ 表示爲一有理數。

解　　我們從 $1000x$ 減去 x 接著解 x。

$$
\begin{array}{rl}
1000x = & 123.123123\cdots \\
-x = & 0.123123 \\
\hline
999x = & 123 \\
\end{array}
$$

$$x = \frac{123}{999} = \frac{41}{333}$$

■

　　無理數的小數表達無法循環重複，相反地，非循環小數必須表示爲無理數，因此，例如

$$0.101001000100001\cdots$$

必須表達爲一無理數（注意更多的 0 模型在兩個 1 之間），圖 6 總結我們所說的。

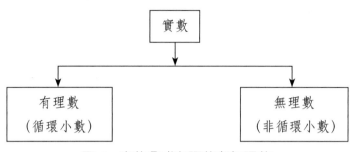

圖 6　實數分成有理數與無理數

■稠密性

在任何兩個不同實數 a 與 b 之間，不論如何緊靠著，有另一個實數，特別地是實數 $x_1 = \dfrac{(a+b)}{2}$ 在 a 與 b 間的中點（見圖 7），因為有另一個實數 x_2 在 a 與 x_1 之間，另一個實數 x_3 在 x_1 與 x_2 之間，且這個議題可以被無窮的重複，我們做個結論在 a 與 b 之間有無窮多的實數，因此，沒有像「實數剛好大於 3」這種事。

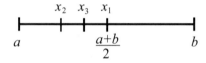

圖 7　在數線 a 與 b 之間有無窮多的實數

事實上，我們可以說的更多，在任意兩個不相同的實數之間，有理數與無理數存在其間（你會被要求證明任何兩個不相同的實數間具有有理數。）因此，藉由之前的議題，每兩個不同的實數間均存在無窮的有理數。

數學家有一個方法描述剛才我們討論的情況，就是有理數與無理數兩者延著實（數）線上稠密的緊靠著，每一個數均有有理數與無理數兩者任意靠近它。

稠密性質（density property）的結論就是任何無理數可以有理數依照我們的興趣要多靠近就可以多緊密它，事實上，藉由搭配終止小數表達的有理數，取 $\sqrt{2}$ 為例，有理數 1, 1.4, 1.41, 1.414, 1.4142, 1.41421, 1.414213, …的數列穩定行進且不屈不撓地向 $\sqrt{2}$（見圖 8），延著這個數列行進足夠多，我們可以如我們所願到達 $\sqrt{2}$。

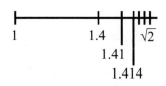

圖 8　稠密性質

■計算器與電腦

今日許多計算器（calculators）是能夠執行數值（numerical），圖形（graphical），及符號（symbolic）運算（operations），就現在十進位制而言，計算器已經能夠執行數值運算，例如給予 $\sqrt{12.2}$ 及 1.25sin 22° 的小數近似值（decimel approximations），早在 1990 年以前，計算器可以顯示幾乎任何代數，三角，指數，或對數函數的圖形，當今更進步容許計算器執行許多符號運算，例如展開 $(x - 3y)^{12}$ 或解 $x^3 - 2x^2 + x = 0$，電腦軟體（computer software）譬如 Mathematica 或 Maple 可以執行像那些符號運算及更多其他符號。

我們建議關於計算器使用是這些：

1. 知道當你的計算器或電腦給你精確答案（exact answer）及它給你近似解（approximation），例如，若你要求 sin 60°，你的計算器可能給你精確答案 $\dfrac{\sqrt{3}}{2}$ 或它可能給你一個小數近似解（decimal approximation）0.8660254。

2. 在大多案例中，精確答案是更喜歡，這是特別真實的，當你必須使用這個結果進一步計算，例如，若你隨後需要平方 sin 60° 的結果，它是計算 $\left(\dfrac{\sqrt{3}}{2}\right)^2 = \dfrac{3}{4}$ 比計算 $(0.8660254)^2$ 更容易且更精確。

3. 在應用問題（applied problem）中，給予精確答案，若可能，也給予近似解，你可以時常檢驗你的答案是否合理，當它對問題的相關描述，憑解答檢查你的數值近似解（numerical approximation）。

■估計

已知一複雜的算術問題，不小心的學生可能很快就在計算器上按了幾個鍵並報告答案，沒有理解而漏掉括號或滑動手趾而已經給出不正確結果，小心學生對數字較有感覺將按相同的鍵，快速辨認答案是錯誤的，若就差太大或太小，則再計算至精確答案，知道如何做一個智力估計是一個重要的工作。

例題 2 計算 $(\sqrt{430}+72+\sqrt[3]{7.5})/2.75$。

解 睿智學生以 (20 + 72 + 2)/3 近似且說答案應該是 30 左右，因此，當她的計算器給出答案是 93.448，她懷疑這個答案（她已經確實地計算 $(\sqrt{430}+72+\sqrt[3]{7.5})/2.75$）。

基於再計算，她得到正確的答案 = 34.434 ∎

例題 3 假設在圖 9 中陰影區域 R 是對 x 軸旋轉，估計由此固體環 s 引起的體積。

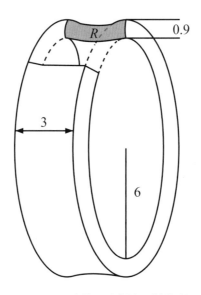

圖 9 陰影區域對 x 軸旋轉

解 區域 R 是大約 3 單位長及 0.9 單位高，我們估計它的面積是 3(0.9) ≈ 3 平方單位（「≈」表示近似等於（approximately equal）），想像固體環 s 被切開且展開平放，形成大約 $2\pi r$ ≈ 2(3)(6) = 36 單位長的箱子，一個箱子的體積是它的截面積乘以它的長度，因此，我們估計這箱子的體積有 3(36) = 108 立方單位。若你計算它是 1000 立方單位，你就必須檢驗你的答案。 ∎

估計過程是剛好一般常識結合合理的數值近似值，我們鼓勵你經常使用

它，特別是在許多問題上，在你嘗試去得到明確答案之前，使用估計，若你的答案接近你的估計，沒有保證你的答案是正確的。換言之，若你的答案與你的估計差很大，你必須檢驗你的計算，或許有誤差在你的答案或你的近似值之內，記得 $\pi \approx 3$，$\sqrt{2} \approx 1.4$，$2^{10} = 1000$，1 英呎（foot）$\approx$ 10 英吋（inches），1 英里（mile）$\approx$ 5000 英呎等等。

在這內容中的中心課題是數的觀點（number sense），藉由此，我們的意思是有能力去逐漸地進行一個問題且告訴你的解答是否是對敘述的問題是一個合理解答，見有好的數觀念的學生將立即辨別及正確答案是顯著地不合理，就內容中解出的許多例題而言，我們在先前求精確解（exact solution）之前提供解答的初期估計。

■邏輯

數學重要的結果被稱為定理（theorems），在本書中你將求許多定理，最重要的定理出現除標記定理之外通常還給予稱呼（例如畢氏定理（Pythagorean Theorem）），其他出現在習題中及介紹含有證明（show that or prove that）字中，公理（axioms）或定義（definitions）被認為是理所當然的，對比於這兩者定理是要求說明。

許多定理被敘述（statement）或稱命題（proposition）為「若 P 則 Q」或它們可以被再敘述為這種型式，我們經常縮寫敘述「若 P 則 Q」為 $P \Rightarrow Q$，它同時讀為「P 隱含 Q」，我們稱 P 是定理的假設及 Q 是結論，證明包含無論何時 P 是真，Q 需被證明是真。

開始學習或是一些熟悉的學生可能搞不清楚 $P \Rightarrow Q$ 與其相反的 $Q \Rightarrow P$，這兩個敘述是不等同的，「若約翰是一位密蘇里人，則約翰是一位美國人」是一真的敘述，然而它的相反敘述「若約翰是一位美國人，則約翰是一位密蘇里人」可能不是真的。

非敘述 P 可被寫為 $\sim P$，例如，若 P 是敘述「它是正在下雨」，則 $\sim P$ 是敘述「它不是正在下雨」，敘述 $\sim Q \Rightarrow \sim P$ 被稱為敘述 $P \Rightarrow Q$ 的對照，且等同 $P \Rightarrow Q$，「等同」就是我們意思是 $P \Rightarrow Q$ 及 $\sim Q \Rightarrow \sim P$ 是兩者皆真或兩者皆偽，就我們以約翰的例子而言，「若約翰是一位密蘇里人，則約翰是一位美國人」的對照是「若約翰不是一位美國人，則約翰不是一位密蘇里人」。

因為一敘述及它的對照的是等同的，我們可以證明形如「若 P 則 Q」的定理以證明它的對照的「若 $\sim Q$ 則 $\sim P$」。因此，為證明 $P \Rightarrow Q$，我們可以假設

～ Q 且嘗試歸納～ P。這裡是一個簡單的例題，條列如下。

例題 4 證明若 n^2 是偶數，則 n 是偶數。

證明 這個句子的對照是「若 n 不是偶數，則 n^2 不是偶數」，此等同「若 n 是奇數，則 n^2 是奇數」，我們將證明對照議題，若 n 是奇數，則存在一整數 k 使得 $n = 2k + 1$，那麼

$$n^2 = (2k + 1)^2 = 4k^2 + 4k + 1 = 2(2k^2 + 2k) + 1$$

因此，n^2 等於二倍整數多一，因此，n^2 是奇數。∎

排除中項定律（the law of the excluded middle）說：既 R 又～ R，但不是兩者，任何證明開始以假設一定理的結論是錯誤，進而證明這個假設導致矛盾，此被稱為矛盾證明（proof by contradiction），又稱為歸謬（證）法（或間接證明法）（reduction to absurdity）。

有時我們將需要另一型證明，就是數學歸納法（mathematical induction），現在介紹如下：

數學歸納法原理

令 $\{P_n\}$ 是敘述一數列滿足兩個條件：

$\boxed{1}$ (i) P_N 是真實（通常 N 將是 1），

(ii) P 是真實隱含著 P_{i+1}，$i \geq N$，是真實

則對每一整數 $n \geq N$，P_n 是真實。

有時候，兩種敘述 $P \Rightarrow Q$（若 P 則 Q）和 $Q \Rightarrow P$（若 Q 則 P）是真實，在這個案例中，我們寫 $P \Leftrightarrow Q$，讀做「P 若且唯若 Q」，在例題 4 我們證明「若 n^2 是偶數，則 n 是偶數」，但是相反過來，「若 n 是偶數，則 n^2 是偶數」是同時為真實，因此，我們可以說為「n 是偶數若且唯若 n^2 是偶數」。

■次序

非零實數恰好地分成兩個不相容集合：正實數與負實數，這個其實容許我們介紹次序關係（order relation）<（讀作「小於（is less than）」以

2　　　$x < y \Leftrightarrow y - x$ 是正數

此即 x 是實線（real line）或數線（number line），如圖 10 所示。

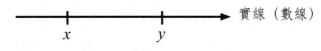

圖 10　$x < y$ 在實線上的圖形

我們同意 $x < y$ 與 $y > x$ 意義是相同的事，因此，

3 < 4, 4 > 3, –3 < –2，及 –2 > –3。

次序關係 ≤（讀作小於或等於）是 < 的第一個等同，它被定義為

3　　　$x \leq y \Leftrightarrow y - x$ 是正數或零

次序性質

1. 三分法（trichotomy）
   若 x 與 y 是數，則下列三種只有一個符合：
   $x < y$ 或 $x = y$ 或 $x > y$
2. 傳遞性（transitivity）
   $x < y$ 與 $y < z \Rightarrow x < z$
4
3. 加法（addition）
   $x < y \Rightarrow x + z < y + z$
4. 乘法（multiplication）
   當 z 是正數，$x < y \Leftrightarrow xz < yz$
   當 z 是負數，$x < y \Leftrightarrow xz > yz$

次序性質中的第 2, 3 及 4 項符合將符號 < 及 > 置換為 ≤ 及 ≥。

■限量詞

許多數學敘述包含變數 x 及依 x 的值敘述為眞，例如，敘述「$\sqrt{x}$ 是依 x 的值之有理數」，對一些 x 的值，譬如 $x = 1,\ 4,\ 9,\ \frac{4}{9}$ 及 $\frac{10{,}000}{49}$，它是眞。對其他 x 的值，例如 $x = 2,\ 3,\ 77$ 及 π，它是僞。有些敘述，例如「$x^2 \geq 0$」，對所有實數（for all real numbers）x 是眞，及其他敘述，如「x 是偶數整數大於 2 及 x 是質數（prime number）」（質數是僅有 1 及本身的因數之一有理數。）總是僞，我們將令 $P(x)$ 表示一個敘述，它的眞實是依 x 的值為正。

我們說「對所有 x，$P(x)$」或「對每一個（for every）x，$P(x)$」當敘述 $P(x)$ 是眞實，對每一個 x 值，當至少有一個 x 值對 $P(x)$ 是眞實，我們說「存在一個 x 使得 $P(x)$」，兩個重要的限量詞（quantifiers）是「對所有（for all）或 $\forall$（for every）」及「存在（there exists）（∃）」。

例題 5　下列敘述哪一個是眞實？

(a) 對所有 x（$\forall x$），$x^2 > 0$，

(b) 對所有 x（$\forall x$），$x < 0 \Rightarrow x^2 > 0$，

(c) 對每一個（$\forall$）x，存在（∃）一個 y 使得（∋）$y > x$。

(d) 存在（∃）一個 y 使得（∋），對所有（$\forall$）x，$y > x$。

解

(a) 僞，若我們選擇 $x = 0$，則它是不眞實即 $x^2 > 0$。

(b) 眞，若 x 是負數，則 x^2 將是正數。

(c) 眞，這個敘述包含兩個限量詞，「對於每一個（$\forall$，for every）」及「存在（∃，there exists）」為正確地讀這個敘述，我們必須應用它們的正確次序，此敘述開始「對於每一個」，如此若敘述為眞，則對我們選擇的每一個 x 值什麼符合必須為眞，若你不確定整個敘述是眞，嘗試一些 x 值，看第二個敘述部份是眞或是僞。例如，我們或許選擇 $x = 100$，已知這個選擇，是否存在 y 大於 x？換言之，是否有一數大於 100？當然是，數 101 就是，另外選擇另一個 x 值，就說是 $x = 1{,}000{,}000$，是否存在一個 y 大於這個 x 值？又是眞，在這個案例中，數 1{,}000{,}001 就對，現在，問你本人：「若我令 x 為任何實數，則是否我可求一個 y 大於 x？」，這個答

案是「對」，正如選擇 $y = x + 1$。

(d) 偽，這個敘述說有一個實數大於每一個其他實數，換言之，有一個大的實數，這是偽；這裏是一個矛盾證明，假設存在一個大的實數 y，令 $x = y + 1$，則 $x > y$，此是與假設 y 是最大的實數相矛盾。

■

敘述 P 的非（negation）就是「非 P（not p）」的敘述（非 P 敘述是眞條件 P 是偽。）考慮敘述的非「對所有 x，$P(x)$」。若這個非的敘述是眞，則至少存在一個 x 值對那一個 $P(x)$ 是偽；換言之，存在一個 x 使得「非 $P(x)$」。現在考慮敘述的非「存在一個 x 使得 $P(x)$」若這個非敘述是眞，則沒有一個單一 x 對那個 $P(x)$ 是眞，這個意思是 $P(x)$ 是偽無論 x 是什麼值，換言之，「對所有 x，非 $P(x)$」總結如下：

「對所有 x，$P(x)$」的非是「存在一個 x 使得非 $P(x)$」。

「存在一個 x 使得 $P(x)$」的非是「對每一個 x，非 $P(x)$」。

習題 P.1

在第 1 至 16 題中，儘可能簡化，務必移開所有括號及通分所有分數。

1. $4 - 2(8 - 11) + 6$

2. $3[2 - 4(7 - 12)]$

3. $-4[5(-3 + 12 - 4) + 2(13 - 7)]$

4. $5[-1(7 + 12 - 16) + 4] + 2$

5. $\dfrac{5}{7} - \dfrac{1}{13}$

6. $\dfrac{3}{4 - 7} + \dfrac{3}{21} - \dfrac{1}{6}$

7. $\dfrac{1}{3}\left[\dfrac{1}{2}\left(\dfrac{1}{4} - \dfrac{1}{3}\right) + \dfrac{1}{6}\right]$

8. $-\dfrac{1}{3}\left[\dfrac{2}{5} - \dfrac{1}{2}\left(\dfrac{1}{3} - \dfrac{1}{5}\right)\right]$

9. $\dfrac{14}{21}\left(\dfrac{2}{5 - \dfrac{1}{3}}\right)^2$

10. $\left(\dfrac{2}{7} - 5\right)\left(1 - \dfrac{1}{7}\right)$

11. $\dfrac{\dfrac{11}{7} - \dfrac{12}{21}}{\dfrac{11}{7} + \dfrac{12}{21}}$

12. $\dfrac{\dfrac{1}{2} - \dfrac{3}{4} + \dfrac{7}{8}}{\dfrac{1}{2} + \dfrac{3}{4} - \dfrac{7}{8}}$

13. $1 - \dfrac{1}{1 + \dfrac{1}{2}}$

14. $2 + \dfrac{3}{1 + \dfrac{5}{2}}$

15. $(\sqrt{5} + \sqrt{3})(\sqrt{5} - \sqrt{3})$

16. $(\sqrt{5} - \sqrt{3})^2$

在第 17 至 28 題中，執行指示的運算及簡化。

17. $(3x - 4)(x + 1)$

18. $(2x - 3)^2$

19. $(3x - 9)(2x + 1)$

20. $(4x - 11)(3x - 7)$

21. $(3t^2 - t + 1)^2$

22. $(2t + 3)^3$

23. $\dfrac{x^2 - 4}{x - 2}$

24. $\dfrac{x^2 - x - 6}{x - 3}$

25. $\dfrac{t^2 - 4t - 21}{t + 3}$

26. $\dfrac{2x - 2x^2}{x^3 - 2x^2 + x}$ 27. $\dfrac{12}{x^2 + 2x} + \dfrac{4}{x} + \dfrac{2}{x + 2}$ 28. $\dfrac{2}{6y - 2} + \dfrac{y}{9y^2 - 1}$

29. 求下列每一個值；若未定義，說怎麼如此。

(a) $0 \cdot 0$ (b) $\dfrac{0}{0}$ (c) $\dfrac{0}{17}$ (d) $\dfrac{3}{0}$ (e) 0^5 (f) $17°$

30. 證明除以 0 是無意義如下：假設 $a \neq 0$，若 $\dfrac{a}{0} = b$，則 $a = 0 \cdot b = 0$，它是矛盾，現在求一個理由為什麼 $\dfrac{0}{0}$ 也是無意義。

在第 31 至 36 題中，改變有理數為以施行長除法的小數。

31. $\dfrac{1}{12}$ 32. $\dfrac{2}{7}$ 33. $\dfrac{1}{7}$ 34. $\dfrac{5}{17}$ 35. $\dfrac{11}{3}$ 36. $\dfrac{11}{13}$

在第 37 至 42 題中，改變每一循環小數為兩個整數的比值。

37. $0.136136136\cdots$ 38. $0.217171717\cdots$ 39. $2.56565656\cdots$

40. $3.929292\cdots$ 41. $0.199999\cdots$ 42. $0.399999\cdots$

43. 因為 $0.199999\cdots = 0.200000$ 及 $0.399999\cdots = 0.400000\cdots$，我們看到某些有理數有兩種不同小數展開，哪一個有理數有這個性質？

44. 證明任意有理數 $\dfrac{p}{q}$，為那些 q 包含整個 $2s$ 和 $5s$ 的質數因子分解有終止小數展開。

45. 求一正有理數和一正無理數兩者小於 0.00001。

46. 什麼是最小正整數？什麼是最小有理數？什麼是最小無理數？

47. 求一有理數介於 3.14159 和 π 之間。注意 $\pi = 3.141592\cdots$。

48. 有數介於 $0.9999\cdots$（循環 9s）與 1 之間嗎？你能解此問題以這樣的敘述：任何兩個不同實數之間有另一實數？

49. $0.12345678910111213 14\cdots$是有理數或無理數？（你應該在這已知的數位數列看出一個模型）。

50. 求兩個無理數它的和是有理數。

51. 證明有一有理數在兩個不同實數之間。（提示：若 $a < b$，則 $b - a > 0$，如此有一自然數 n 使得 $\dfrac{1}{n} < b - a$，考慮集合 $\left\{ k: \dfrac{k}{n} > b \right\}$ 及使用事實就是從含有最小參數以下所包圍的整數集合。）證明任兩個不同實數之間有無窮許多有理數。

52. 估計赤道長（以 ft 計），假設地球半徑是 4000 哩（英里）。

53. 對下列敘述寫出逆敘述與對照性：

(a)（令 a, b, 及 c 是一三角形的邊長。）若 $a^2 + b^2 = c^2$，則此三角形是直角三角形。

(b) 若角 ABC 是銳角，則它的量測值是大於 $0°$ 小於 $90°$。

54. 使用關於敘述包含限量詞的否定規則，去寫下列敘述的否定，哪一個是真，原敘述或它的否定敘述？

(a) 每一個自然數是有理數。

(b) 有一個圓它的面積大於 9π。

(c) 每一個實數大於它的平方。

55. 下列哪一個是真？假設 x 與 y 是實數。

(a) 對每一個 x，$x > 0 \Rightarrow x^2 > 0$。

(b) 對每一個 x，$x > 0 \Leftrightarrow x^2 > 0$。

(c) 對每一個 x，$x^2 > x$。

(d) 對每一個 x，存在一個 y 使得 $y > x^2$。

(e) 對每一個正數 y，存在其他正數 x 使得 $0 < x < y$。

56. 下列哪一個是真？除非另有說明，假設 $x, y,$ 及 ε 為實數。

(a) 對每一個 x，$x < x + 1$。

(b) 存在一自然數 N 使得所有質數是小於 N。

(c) 對於每一個 $x > 0$，存在一個 y 使得 $y > \dfrac{1}{x}$。

(d) 對於每一個正數 x，存在一個自然數 n 使得 $\dfrac{1}{n} < x$。

(e) 對於每一個正數 ε，存在一個自然數 n 使得 $\dfrac{1}{2^n} < \varepsilon$。

57. 證明下列敘述。

(a) 若 n 是奇數，則 n^2 是奇數。（提示：若 n 是奇數，則存在一整數 k 使得 $n = 2k + 1$。）

(b) 若 n^2 是奇數，則 n 是奇數。（提示：證明對照性。）

58. 依據算術基本定理（the fundamental theorem of arithmetic），每一個自然數大於 1 唯一方法可以被寫為質數的乘積，除因數的次序之外，例如 $45 = 3 \cdot 3 \cdot 5$。寫出下列每一個為質數的乘積。

(a) 243　(b) 124　(c) 5100。

59. 使用算術基本定理（習題 58）證明任何自然數大於 1 的平方可以唯一方法被寫為質數的乘積，除因數的次序之外，搭配每一個質數發生乘數的偶數次方，例如：$(45)^2 = 3 \cdot 3 \cdot 3 \cdot 3 \cdot 5 \cdot 5$。

60. 證明 $\sqrt{2}$ 是無理數。提示：嘗試矛盾證明，假設 $\sqrt{2} = \dfrac{p}{q}$，式中 p 及 q 是自然數（需要不同於 1），則 $2 = \dfrac{p^2}{q^2}$，且如此 $2q^2 = p^2$，現在使用習題 59 得到矛盾。

61. 證明兩個有理數的和是有理數。

62. 證明一個有理數（不等於 0）和一個無理數相乘是無理數。提示：嘗試以矛盾證明。

63. 一數 b 被稱為集合 S 的一個上界（限）（upper bound），此集合為若 $x \le b$，對所有 S 中的 x 而言，例如 5, 6.5 及 13 是集合 $S = \{1, 2, 3, 4, 5\}$ 的上界，數 5 是 S 的最小上界（所有上界的最小值），同樣地，1.6, 2 及 2.5 是無窮集合 $T = \{1.4, 1.49, 1.499, 1.4999, \cdots\}$ 的上界，1.5 是最小上限，求下列每一個集合的最小上界。

(a) $S = \{-10, -8, -6, -4, -2\}$

(b) $S = \{-2, -2.1, -2.11, -2.111, -2.1111, \cdots\}$

(c) $S = \{2.4, 2.44, 2.444, 2.4444, \cdots\}$

(d) $S = \left\{1 - \dfrac{1}{2}, 1 - \dfrac{1}{3}, 1 - \dfrac{1}{4}, 1 - \dfrac{1}{5}, \cdots\right\}$

(e) $S = \left\{x: x = (-1)^n + \dfrac{1}{n}, n \text{ 是一整數}\right\}$；亦即，$S$ 是所有 x 有形如 $x = (-1)^n + \dfrac{1}{n}$，$n$ 為一正整數，所構成的集合。

(f) $S = \{x: x^2 < 2, x \text{ 是一有理數}\}$

64. 實數的完整性公理（the axiom of completeness）說：每一個有一個上界的實數集合有實數的最小上界。

(a) 證明若字實數被有理數取代，則斜字體的敘述是偽。

(b) 若字實數被自然數取代，試問斜字體的敘述是真或是偽？

P.2 不等式與絕對值

解方程式（例如，$3x - 17 = 0$ 或 $x^2 - x - 6 = 0$）是數學中傳統工作之一，在這課題中它將是很重要，且我們假設你記得如何去做它，然而在微積分中幾乎同等意義的是解一不等式（inequality）（例如 $3x - 17 < 6$ 或 $x^2 - x - 6 \geq 0$）的觀念，為解一不等式是去求造成不等式為眞的所有實數的集合，與一個方程式對比起來，它的解集合（solution set）通常包含一個數或也許是數的有限集合，一個不等式的解集合是經常數的整體區間，或在一些案例中，像這樣區間的聯集（union，符號 $\cup$）。

■ 區間

不同種類的區間將出現在我們的工作中，而我們將介紹區間的特殊學術名詞和符號。不等式 $a < x < b$，是眞正的兩個不等式，$a < x$ 及 $x < b$，描述開區間（open interval）包括在 a 與 b 之間的所有數，但不包含 a 與 b 的端點（end points），我們以符號 (a, b)（見圖 1）表示這個區間，對照不等式 $a \leq x \leq b$ 描述相對應的閉區間（closed interval），它包含端點 a 與 b，此區間以 $[a, b]$ 表示（見圖 2），表 1 說明廣泛可能種類及介紹我們的符號。

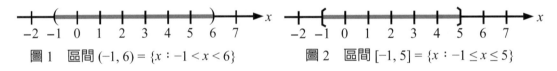

圖 1　區間 $(-1, 6) = \{x : -1 < x < 6\}$　　　圖 2　區間 $[-1, 5] = \{x : -1 \leq x \leq 5\}$

表 1　各種區間集合、符號及圖形

集合符號	區間符號	圖形
$\{x : a < x < b\}$	(a, b)	
$\{x : a \leq x \leq b\}$	$[a, b]$	
$\{x : a \leq x < b\}$	$[a, b)$	
$\{x : a < x \leq b\}$	$(a, b]$	
$\{x : x \leq b\}$	$(-\infty, b]$	
$\{x : x < b\}$	$(-\infty, b)$	
$\{x : x \geq a\}$	$[a, \infty)$	
$\{x : x > a\}$	(a, ∞)	
$\mathbb{R}$	$(-\infty, \infty)$	

■解不等式

正如方程式的情況一樣，解一不等式的程序包含在一個時間轉換不等式一個步驟直到解集合明確，我們可能不變化它的解集合執行不等式兩邊的某些運算，特別地，

1. 我們可能對不等式的兩邊加相同的數。

2. 我們可能以相同正數乘不等式的兩邊。

3. 我們可能以相同負數乘不等式的兩邊，然而我們必須將不等式符號的方向相反。

例題 1　解不等式 $2x - 6 < 5x + 1$ 且繪它的解集合之圖形。

 解

$$2x - 6 < 5x + 1$$
$$2x < 5x + 7 \quad （加 6）$$
$$-3x < 7 \quad （加 -5x）$$
$$x > -\frac{7}{3} \quad （乘 -\frac{1}{3}）$$

圖形出現在圖 3。

$$圖 3 \quad 區間\left(-\frac{7}{3}, \infty\right) = \left\{x : x > -\frac{7}{3}\right\}$$

例題 2　解 $-6 \leq 4x + 5 < 8$

解

$$-6 \leq 4x + 5 < 8$$
$$-11 \leq 4x < 3 \quad （加 -5）$$
$$-\frac{11}{4} \leq x < \frac{3}{4} \quad （乘 \frac{1}{4}）$$

圖 4 說明其相對應圖形。

$$\text{圖 4 區間}\left[-\frac{11}{4}, \frac{3}{4}\right) = \left\{x : -\frac{11}{4} \leq x < \frac{3}{4}\right\}$$

在處理一個二次不等式之前，我們指出型如 $x - a$ 是正即 $x > a$，是負即 $x < a$ 的一個線性因式，若符合一個乘積 $(x - a)(x - b)$ 可能從正變化至負，或相反過來，僅在 a 或 b，這些點是因式是零，被稱為分裂點（split points），它們是決定二次式的解集合及更多複雜的不等式之重要關鍵。

例題 3 解二次不等式 $x^2 + x < 6$。

解 　就像二次方程式一樣，我們移所有非零的項到一邊，並且因式分解

$x^2 + x < 6$

$x^2 + x - 6 < 0$（加 -6）

$(x + 3)(x - 2) < 0$（因式分解）

我們知道 -3 及 2 是分裂點，它們將實線分成三個區間 $(-\infty, -3)$，$(-3, 2)$，及 $(2, \infty)$，論及這些區間的每一個，$(x + 3)(x - 2)$ 有一個符號，亦即，它既總是正或總是負，為求每一個區間的這個符號，我們使用測試點（test points）-4，0，及 3（在這三個區間內的任何點都可以這樣挑選）。我們的結果顯示在圖 5。得到的資訊被總結在圖 5，對於 $(x + 3)(x - 2) < 0$ 的解集合的結論是區間 $(-3, 2)$，它的圖形列在圖 5。

測試點	符號		符號
	$(x + 3)$	$(x - 2)$	$(x + 3)(x - 2)$
-4	$-$	$-$	$+$
0	$+$	$-$	$-$
3	$+$	$+$	$+$

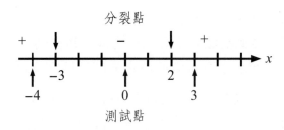

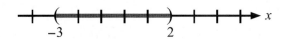

圖 5　解集合是區間 $(-3, 2) = \{x : -3 < x < 2\}$

■

例題 4　解不等式 $4x^2 - x - 3 > 0$

解　因為

$$4x^2 - x - 3 = (4x + 3)(x - 1) = 4(x - 1)(x + \frac{3}{4})$$

所以分裂點是 $-\dfrac{3}{4}$ 及 1，這些點連同測試點 $-2, 0$ 及 2，建立了資訊如圖 6 所示，我們的結論是不等式的解集合包括的點既在區間 $\left(-\infty, -\dfrac{3}{4}\right)$ 或又在區間 $(1, \infty)$ 之內，就集合語言（set language）方面而言，解集合是這兩個區間的聯集（union，符號是 U），亦即 $\left(-\infty, -\dfrac{3}{4}\right) \cup (1, \infty)$。

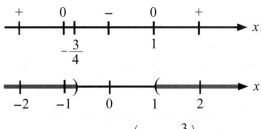

圖 6　解集合是區間 $\left(-\infty, -\dfrac{3}{4}\right) \cup (1, \infty)$

■

例題 5　解不等式 $\dfrac{x - 2}{x + 3} \geq 0$。

解　我們傾向將兩邊乘以 $x + 3$ 導致一個立即的兩難，因為 $x + 3$ 也許既可正又可負，我們應該將不等號改方向或單獨留下它，而不是嘗試去解開這個問題（那是應該需要將它分開為兩個案例），我們觀察這個商 $\dfrac{x-2}{x+3}$ 僅在分子和分母的分裂點，亦即 2 及 -3，可以改變符號，測試點 $-4, 0$ 及 3 獲得資訊顯示於圖 7，符號 u 說明在 -3 這個商是未定義，我們結論解集合是 $(-\infty, -3) \cup [2, \infty)$，注意 -3 是不在解集合中，因為商在 -3 沒有定義，換言之，2 是在解集合內，因為當 $x = 2$ 時不等式是真。

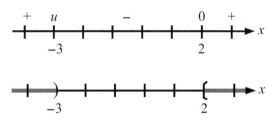

圖 7　解集合是區間 $(-\infty, -3) \cup [2, \infty)$

例題 6　解不等式 $(x + 2)(x - 1)^2(x - 2) \leq 0$。

解　分裂點是 $-2, 1$ 及 2，它們將實線分開成四個區間，如圖 8 所示，在測試這些區間之後，我們結論解集合為
$[-2, 1] \cup [1, 2]$，那是區間 $[-2, 2]$。

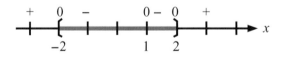

圖 8　解集合是區間 $[-2, 2]$

例題 7 解不等式 $2.8 < \dfrac{1}{x} < 3.2$。

解 總想以 x 乘此不等式，但這個又提到困境是 x 也許是正數或負數，然而，在此案例中，$\dfrac{1}{x}$ 在 2.8 與 3.2 之間，那是保證 x 是正數，因此允許以 x 乘且不必將不等號方向改變，因此

$2.8x < 1 < 3.2x$

在這裡，我們必須將此複合不等式分開成兩個不等式，讓我們分開解

$2.8x < 1$ 與 $1 < 3.2x$

$x < \dfrac{1}{2.8}$ 與 $\dfrac{1}{3.2} < x$

x 任何值滿足原不等式必須滿足這兩個不等式，如此解集合包含那些 x 值滿足

$$\frac{1}{3.2} < x < \frac{1}{2.8}$$

此不等式可以被寫為

$$\frac{10}{32} < x < \frac{10}{28}$$

解集合是區間 $\left(\dfrac{10}{32}, \dfrac{10}{28}\right)$ 如圖 9 所示。

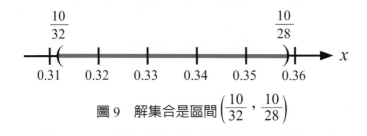

圖 9　解集合是區間 $\left(\dfrac{10}{32}, \dfrac{10}{28}\right)$

■絕對值

絕對值（absolute values）的觀念在微積分這課程是非常有用的，且讀者必須學到技巧去使用它，一實數 x 的絕對值以 $|x|$ 表示且被定義為

$$1 \quad |x| = \begin{cases} x & \text{若 } x \geq 0 \\ -x & \text{若 } x < 0 \end{cases}$$

　　例如，$|5| = 5$，$|0| = 0$，及 $|-6| = -(-6) = 6$，這雙尖的定義（two-pronged definition）值得小心研究，注意它不可說 $|-x| = x$（嘗試 $x = -5$ 來知道為什麼），$|x|$ 總是非負數，它是真；$|-x| = |x|$ 它同時是真。

　　最好方法之一去想一數的絕對值是就像無向距離（undirected distance），特別地，$|x|$ 是 x 與原點之間的距離，同樣地，$|x - a|$ 是 x 與 a 之間的距離（見圖 10）。

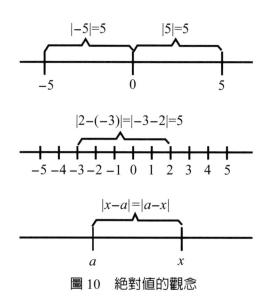

圖 10　絕對值的觀念

■性質

　　絕對值在乘與除表現令人滿意地，但是在加與減就不是很相宜。

$$2 \quad \begin{array}{l} \text{絕對值的性質} \\ 1.\ |ab| = |a||b| \\ 2.\ \left|\dfrac{a}{b}\right| = \dfrac{|a|}{|b|} \\ 3.\ |a + b| \leq |a| + |b|\ (\text{三角不等式})\ (\text{triangle inequality}) \\ 4.\ |a - b| \geq ||a| - |b|| \end{array}$$

■涉及絕對值的不等式

　　若 $|x| < 2$，則 x 與原點之間的距離必須小於 2，換言之，x 必須同時小於 2 且大於 -2；亦即 $-2 < x < 2$，在另一方面，若 $|x| > 2$，則 x 與原點之間的距離必須至少 2，此可能發生當 $x > 2$ 或 $x < -2$（見圖 11），這些是下列敘述當 $a > 0$ 符合的特殊案例。

3 　　$|x| < a \Leftrightarrow -a < x < a$
　　　$|x| > a \Leftrightarrow x < -a$ 或 $x > a$

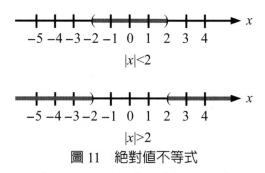

圖 11　絕對值不等式

　　我們可以使用這些事實去解涉及絕對值的不等式，因為它們提供拆卸絕對值符號的一種方法。

例題 8　解不等式 $|x - 3| < 2$ 且將解集合顯示在實線上，解釋絕對值如同距離一樣。

解　　由方程式 3，以 $x - 3$ 取代 x，我們知道
　　　　　$|x - 3| < 2 \Leftrightarrow -2 < x - 3 < 2$
　　當最後的不等式之所有三個數我們加 3，我們得到 $1 < x < 5$，如圖 12 所示。
　　以距離表示，符號 $|x - 3|$ 表示在 x 與 3 之間的距離，這個不等式是說在 x 與 3 之間的距離小於 2，數 x 與這個性質是此數介於 1 與 5 之間；亦即 $1 < x < 5$。

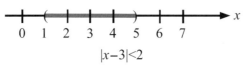

$$|x-3|<2$$

圖 12　絕對值不等式 $1 < x < 5$

剛好在例題 8 之前方程式的不等式搭配＜與＞相對應地被≤與≥取代是有效的，我們需要這種型的第二個敘述介紹在下一個例題。

例題 9　解不等式 $|2x-4| \geq 2$ 並且將其解集合顯示在實線上。

[解]　已知不等式可能可被寫為

$2x - 4 \leq -2$ 或 $2x - 4 \geq 2$

$2x \leq 2$ 或 $2x \geq 6$

$x \leq 1$ 或 $x \geq 3$

解集合是兩個區間的聯集 $(-\infty, 1] \cup [3, \infty)$，如圖 13 所示。

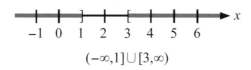

$$(-\infty,1]\cup[3,\infty)$$

圖 13　解集合 $(-\infty, 1] \cup [3, \infty)$

■

在第 1 章中，我們將需要以下列兩例說明操作種類的利用，δ (delta) 與 ε(epsilon) 是希臘字母相對應的第四與第五的字，且傳統上被用來表示是小正數。

例題 10　令 ε 是一正數，證明

$$|x-3| < \frac{\varepsilon}{4} \Leftrightarrow |4x-12| < \varepsilon$$

以距離表示，此說明在 x 與 3 之間的距離小於 $\frac{\varepsilon}{4}$ 若且唯若 $4x$ 與 12 之間的距離小於 ε。

[解]　　$|x-3| < \dfrac{\varepsilon}{4} \Leftrightarrow 4|x-3| < \varepsilon$（乘以 4）

$$\Leftrightarrow |4||x-3| < \varepsilon \ (|4|=4)$$

$$\Leftrightarrow |4(x-3)| < \varepsilon \ (|a||b|=|ab|)$$

$$\Leftrightarrow |4x-12| < \varepsilon \qquad\qquad ■$$

例題 11 令 ε 為一正數,求一正數 δ 使得

$$|x-2| < \delta \Rightarrow |5x-10| < \varepsilon$$

解　$|5x-10| < \varepsilon \Leftrightarrow |5(x-2)| < \varepsilon$

$$\Leftrightarrow 5|x-2| < \varepsilon \quad (|ab|=|a||b|)$$

$$\Leftrightarrow |x-2| < \frac{\varepsilon}{5} \ (乘以 \ \frac{1}{5})$$

因此,我們選擇 $\delta = \dfrac{\varepsilon}{5}$,下列逆向的含意,我們知道

$$|x-2| < \delta \Rightarrow |x-2| < \frac{2}{5} \Rightarrow |5x-10| < \varepsilon \qquad ■$$

註記:注意對於解例題 11 的兩個事實

1. 我們求 δ 的值必須取決於 ε,我們的選擇是 $\delta = \dfrac{\varepsilon}{5}$。

2. 任何正數 δ 小於 $\dfrac{\varepsilon}{5}$ 是可以接受的,例如 $\delta = \dfrac{\varepsilon}{6}$ 或 $\delta = \dfrac{\varepsilon}{2\pi}$ 是其他正確選擇。

　這裡是一實用問題,使用相同推理型式。

例題 12 一 $\dfrac{1}{2}$ 公斤(500 立方公分)玻璃燒杯有內徑 4 公分,我們必須如何精密地量測杯內水高 h,以確信我們有 $\dfrac{1}{2}$ 公斤的水是在誤差小於 1%,亦即誤差小於 5cm³?見圖 14。

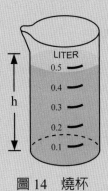

圖 14　燒杯

解 玻璃杯內水的體積 V 是已知的公式 $V = 16\pi h$，我們希望 $|V - 500| < 5$，或等同於 $|16\pi h - 500| < 5$，現在

$$|16\pi h - 500| < 5 \Leftrightarrow \left|16\pi\left(h - \frac{500}{16\pi}\right)\right| < 5$$

$$\Leftrightarrow 16\pi\left|h - \frac{500}{16\pi}\right| < 5$$

$$\Leftrightarrow \left|h - \frac{500}{16\pi}\right| < \frac{5}{16\pi}$$

$$\Leftrightarrow |h - 9.947| < 0.09947 \approx 0.1$$

因此，我們必須量測高度至大約 0.1 公分的精確值或 1 毫升。 ∎

■二次公式

大部分學生將回顧二次公式（quadratic formula），二次方程式 $ax^2 + bx + c = 0$ 的解為

$$\boxed{4} \quad \boxed{x = \frac{-b \pm \sqrt{b^2 - 4ac}}{2a}}$$

數 $d = b^2 - 4ac$ 被稱為二次方程式的判別式（discriminant），若 $d > 0$，則方程式 $ax^2 + bx + c = 0$ 有二個實根，若 $d = 0$，則有一個實根，及若 $d < 0$，則沒有實根。搭配這二次公式，我們可以容易解二次不等式縱使目測法它們不能因式分解。

例題 13 解不等式 $x^2 - 2x - 2 \leq 0$。

解 $x^2 - 2x - 2 = 0$ 的兩個解是

$$x_1 = \frac{-(-2) - \sqrt{4+8}}{2} = 1 - \sqrt{3} \approx -0.73$$

及

$$x_2 = \frac{-(-2) + \sqrt{4+8}}{2} = 1 + \sqrt{3} \approx 2.73$$

因此，

$$x^2 - 2x - 2 = (x - x_1)(x - x_2) = (x - 1 + \sqrt{3})(x - 1 - \sqrt{3})$$

分裂點$1 - \sqrt{3}$與$1 + \sqrt{3}$將實線區分成三區間（見圖 15），當我們以測試點$-1, 0$及3，我們的結論是$x^2 - 2x - 2 \leq 0$的解集合是 $[1 - \sqrt{3}, 1 + \sqrt{3}]$。

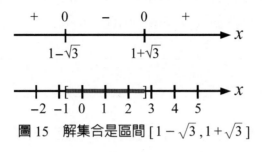

圖 15　解集合是區間 $[1 - \sqrt{3}, 1 + \sqrt{3}]$

■平方

轉到平方（squares），我們注意

$$\boxed{5} \quad |x|^2 = x \text{ 與 } |x| = \sqrt{x^2}$$

從性質$|a||b| = |ab|$知上式符合。

平方運算（squaring operation）在不等式是維持一樣嗎？一般而言，這個答案是不行，例如，$-4 < 2$，但是$(-4)^2 > 2^2$。反之，$2 < 4$且$2^2 < 4^2$，若我們是處理非負的數，則$a < b \Leftrightarrow a^2 < b^2$，這個有用的變式是

$$\boxed{6} \quad |x| < |y| \Leftrightarrow x^2 < y^2$$

註記：

1. 平方根的符號每一個正數有兩個平方根（square roots），例如，9 的兩個平方根是 3 和 -3，我們有時候表示這兩個數為 ± 3，就 $a \geq 0$ 而言，符號 $\sqrt{a}$ 稱為 a 的主要平方根（principal square root），表示 a 的非負平方根，因此，$\sqrt{9} = 3$ 和 $\sqrt{121} = 11$，它是不正確的去寫 $\sqrt{16} = \pm 4$，因為 $\sqrt{16}$ 意義是 16 的非負平方根，亦即是 4，數 7 有兩個平方根，它是被寫為 $\pm \sqrt{7}$，但 $\sqrt{7}$ 表示一單一實數，正如記得這個：

$$a^2 = 16$$

有兩個解，$a = -4$ 及 $a = 4$，但是 $\sqrt{16} = 4$

2. 根的符號

若 n 是偶數，且 $a \geq 0$ 符號 $\sqrt[n]{a}$ 表示 a 的非負 n 次方根。當 n 是奇數，僅有一個 a 的實 n 次方根，以符號 $\sqrt[n]{a}$ 表示，因此，$\sqrt[4]{16} = 2$、$\sqrt[3]{27} = 3$ 及 $\sqrt[3]{-8} = -2$。

例題 14 解不等式 $|3x + 1| < 2|x - 6|$。

解　這個不等式是比解前面的例題更困難，因為絕對值符號有兩個集合，我們可以使用 6 式移除兩邊的絕對值符號。

$$|3x + 1| < 2|x - 6| \Leftrightarrow |3x + 1| < |2x - 12|$$
$$\Leftrightarrow (3x + 1)^2 < (2x - 12)^2$$
$$\Leftrightarrow 9x^2 + 6x + 1 < 4x^2 - 48x + 144$$
$$\Leftrightarrow 5x^2 + 54x - 143 < 0$$
$$\Leftrightarrow (x + 13)(5x - 11) < 0$$

這個二次不等式的分裂點是 -13 及 $\dfrac{11}{5}$；它們將實線分成三個區間：$(-\infty, -13)$，$(-13, \dfrac{11}{5})$ 及 $(\dfrac{11}{5}, \infty)$，當我們使用測試點 -14, 0 及 3，我們發現僅區間 $(-13, \dfrac{11}{5})$ 的點滿足這個不等式。■

習題 P.2

1. 顯示下列每一個的實線區間。

    (a) $[-1, 1]$　(b) $[-4, 1]$　(c) $(-4, 1)$　(d) $[1, 4]$　(e) $[-1, \infty)$　(f) $(-\infty, 0]$

2. 使用習題 1 的符號描述下列每一區間

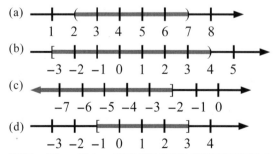

在第 3 至 26 題中，表達給定不等式在區間符號內的解集合且繪其圖形。

3. $x - 7 < 2x - 5$ 　　　4. $3x - 5 < 4x - 6$ 　　　5. $7x - 2 \leq 9x + 3$

6. $5x - 3 > 6x - 4$ 　　　7. $-4 < 3x + 2 < 5$ 　　　8. $-3 < 4x - 9 < 11$

9. $-3 < 1 - 6x \leq 4$ 　　10. $4 < 5 - 3x < 7$ 　　11. $x^2 + 2x - 12 < 0$

12. $x^2 - 5x - 6 > 0$ 　　13. $2x^2 + 5x - 3 > 0$ 　　14. $4x^2 - 5x - 6 < 0$

15. $\dfrac{x + 4}{x - 3} \leq 0$ 　　　16. $\dfrac{3x - 2}{x - 1} \geq 0$ 　　　17. $\dfrac{2}{x} < 5$

18. $\dfrac{7}{4x} \leq 7$ 　　　19. $\dfrac{1}{3x - 2} \leq 4$ 　　　20. $\dfrac{3}{x + 5} > 2$

21. $(x + 2)(x - 1)(x - 3) > 0$ 　　　　22. $(2x + 3)(3x - 1)(x - 2) < 0$

23. $(2x - 3)(x - 1)^2(x - 3) \geq 0$ 　　　24. $(2x - 3)(x - 1)^2(x - 3) > 0$

25. $x^3 - 5x^2 - 6x < 0$ 　　　　26. $x^3 - x^2 - x + 1 > 0$

27. 分辨下列每一項是否為真或偽。

(a) $-3 < -7$ 　(b) $-1 > -17$ 　(c) $-3 < -\dfrac{22}{7}$

28. 分辨下列每一項是否為真或偽。

(a) $-5 > -\sqrt{26}$ 　(b) $\dfrac{6}{7} < \dfrac{34}{39}$ 　(c) $-\dfrac{5}{7} < -\dfrac{44}{59}$

29. 假設 $a > 0$，$b > 0$，證明每一個敘述。提示：每一個部分要求兩個

證明：$-$是 $\Rightarrow$ 與 $-$是 $\Leftarrow$。

(a) $a < b \Leftrightarrow a^2 < b^2$ 　(b) $a < b \Leftrightarrow \dfrac{1}{a} > \dfrac{1}{b}$

30. 下列那一個是真，若 $a \leq b$?

(a) $a^2 < ab$ 　(b) $a - 3 \leq b - 3$ 　(c) $a^3 \leq a^2 b$ 　(d) $-a \leq -b$

31. 求所有 x 值同時滿足二個不等式。

(a) $3x + 7 > 1$ 與 $2x + 1 < 3$ 　(b) $3x + 7 > 1$ 與 $2x + 1 > -4$ 　(c) $3x + 7 > 1$ 與 $2x + 1 < -4$

32. 求所有 x 值至少滿足二個不等式中的一個。

(a) $2x - 7 > 1$ 或 $2x + 1 < 3$ 　(b) $2x - 7 \leq 1$ 或 $2x + 1 < 3$ 　(c) $2x - 7 \leq 1$ 或 $2x + 1 > 3$

33. 解 x，表達你的答案在區間符號內。

(a) $(x + 1)(x^2 + 2x - 7) \geq x^2 - 1$ 　(b) $x^4 - 2x^2 \geq 8$ 　(c) $(x^2 + 1)^2 - 7(x^2 + 1) + 10 < 0$

34. 解每一個不等式，表達你的解在區間符號內。

(a) $1.99 < \dfrac{1}{x} < 2.01$ 　(b) $2.99 < \dfrac{1}{x + 2} < 3.01$

在第 35 至 44 題中，求已知不等式的解集合：

35. $|x - 2| \geq 5$ 　　36. $|x + 2| < 1$ 　　37. $|4x + 5| \leq 10$ 　　38. $|2x - 1| > 2$

39. $\left|\dfrac{2x}{7} - 5\right| \geq 7$ 　40. $\left|\dfrac{x}{4} + 1\right| < 1$ 　41. $|5x - 6| > 1$ 　42. $|2x - 7| > 3$

43. $\left|\dfrac{1}{x} - 3\right| > 6$ 　44. $\left|2 + \dfrac{5}{x}\right| > 1$

在第 45 至 48 題中，使用二次公式解已知二次不等式。

45. $x^2 - 3x - 4 \geq 0$ 　　46. $x^2 - 4x + 4 \leq 0$ 　　47. $3x^2 + 17x - 6 > 0$

48. $14x^2 + 11x - 15 \leq 0$

在第 49 至 52 題中，證明指示隱含是真。

49. $|x - 3| < 0.5 \Rightarrow |5x - 15| < 2.5$ 　　　50. $|x + 2| < 0.3 \Rightarrow |4x + 8| < 1.2$

51. $|x - 2| < \dfrac{\varepsilon}{6} \Rightarrow |6x - 12| < \varepsilon$ 　　　52. $|x + 4| < \dfrac{\varepsilon}{2} \Rightarrow |2x + 8| < \varepsilon$

在第 53 至 56 題中，求 δ（取決於 ε）使得已知隱含是真。

53. $|x-5|<\delta \Rightarrow |3x-15|<\varepsilon$ 　　　54. $|x-2|<\delta \Rightarrow |4x-8|<\varepsilon$

55. $|x+6|<\delta \Rightarrow |6x+36|<\varepsilon$ 　　　56. $|x+5|<\delta \Rightarrow |5x+25|<\varepsilon$

57. 論及車床，你是為製造出一圓盤（薄正面圓柱）10 吋周長，當你製造更小圓盤，這是要連續量測直徑，若你可以允許周長至多誤差 0.02 吋時，你必須如何精細的量測直徑？

58. 華氏（Fahrenheit）溫度與攝氏（Celsius）溫度的相關式為 $C=\dfrac{5}{9}(F-32)$，一實驗要求溶液要保持在 50℃，誤差至多 3%（或 1.5°），你只有華氏溫度計，什麼誤差你考慮到？

在第 59 至 62 題中，解不等式。

59. $|x-1|<2|x-3|$ 　　　60. $|2x-1| \geq |x+1|$

61. $2|2x-3|<|x+10|$ 　　　62. $|3x-1|<2|x+6|$

63. 證明 $|x|<|y| \Leftrightarrow x^2<y^2$ 以說明這些步驟的每一個理由：

$$|x|<|y| \Rightarrow |x||x| \leq |x||y| \; 與 \; |x||y|<|y||y|$$
$$\Rightarrow |x|^2<|y|^2$$
$$\Rightarrow x^2<y^2$$

反之，$x^2<y^2 \Rightarrow |x|^2<|y|^2$
$$\Rightarrow |x|^2-|y|^2<0$$
$$\Rightarrow (|x|-|y|)(|x|+|y|)<0$$
$$\Rightarrow |x|-|y|<0$$
$$\Rightarrow |x|<|y|$$

64. 使用習題 63 的結果證明 $0<a<b \Rightarrow \sqrt{a}<\sqrt{b}$

65. 使用絕對值的性質證明下列每一個是真。

(a) $|a-b| \leq |a|+|b|$ 　(b) $|a-b| \geq |a|-|b|$ 　(c) $|a+b+c| \leq |a|+|b|+|c|$

66. 利用三角不等式及 $0<|a|<|b| \Rightarrow \dfrac{1}{|b|}<\dfrac{1}{|a|}$ 的事實建立下列不等式網系（chain of inequalities）

$$\left|\frac{1}{x^2+3}-\frac{1}{|x|+2}\right| \leq \frac{1}{x^2+3}+\frac{1}{|x|+2} \leq \frac{1}{3}+\frac{1}{2}$$

67. 證明（參見習題 66）

$$\left|\frac{x-2}{x^2+9}\right| \leq \frac{|x|+2}{9}$$

68. 證明

$$|x| \leq 2 \Rightarrow \left|\frac{x^2+2x+7}{x^2+1}\right| \leq 15$$

69. 證明

$$|x| \leq 1 \Rightarrow \left|x^4+\frac{1}{2}x^3+\frac{1}{4}x^2+\frac{1}{8}x+\frac{1}{16}\right|<2$$

70. 證明下列每一個：

(a) $x<x^2$ 對 $x<0$ 或 $x>1$ 　(b) $x^2<x$ 對 $0<x<1$

71. 證明 $a \neq 0 \Rightarrow a^2+\dfrac{1}{a^2} \geq 2$（提示：考慮 $\left(a-\dfrac{1}{a}\right)^2$）

72. 數 $\dfrac{1}{2}(a+b)$ 被稱為 a 與 b 的平均（average）或算術平均（arithmetic mean）。證明兩數的算術平均是在兩數之間，亦即證明

$$a<b \Rightarrow a<\frac{a+b}{2}<b$$

73. 數 $\sqrt{ab}$ 被稱為兩正數 a 與 b 的幾何平均（geometric mean），說明

$$0 < a < b \Rightarrow a < \sqrt{ab} < b$$

74. 對兩個正數 a 與 b，證明

$$\sqrt{ab} \le \frac{1}{2}(a+b)$$

這是有名的幾何平均—算術平均不等式的最簡單版本。

75. 證明在所有周長 P 的矩形中，平方有最大的面積。提示：若 a 與 b 表示一周長 P 的矩形的兩相鄰邊的長度，則面積是 ab，且對平方面積是 $a^2 = \left[\frac{(a+b)}{2}\right]^2$，（現在參見習題 74）。

76. 解 $1 + x + x^2 + x^3 + \cdots + x^{99} \le 0$。

77. 公式 $\frac{1}{R} = \frac{1}{R_1} + \frac{1}{R_2} + \frac{1}{R_3}$ 給予三電阻 R_1，R_2 及 R_3 並聯的電路的總電阻 R。若 $10 \le R_1 \le 20$，$20 \le R_2 \le 30$，及 $30 \le R_3 \le 40$，求 R 值的範圍。

78. 球的半徑被量測大約是 10 吋。求此量測的容許公差（tolerance）δ 將確定在此球表面積計算值中小於 0.01 平方吋的誤差。

P.3　直角座標系統、線性模型與變化率

在平面（Plane）方面，由兩實線的樣版產生，一是水平，另一是垂直，使得兩實線在 0 點相交，這兩線是被稱為座標軸（coordinate axes），它們的交點標記為 0 且被稱為原點（origin），按照慣例，水平線是被稱為 x 軸（x axis）而垂直線是被稱為 y 軸（y axis）。座標軸將平面分成四個區域，稱為象限（quadrants），標記為 I，II，III，與 IV，如圖 1 所示。

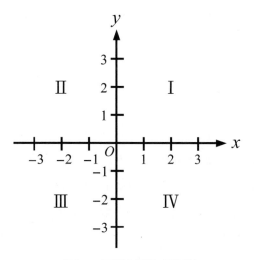

圖 1　平面直角座標軸

在平面上的每一點 P 現在可以被指定為數對（a pair of numbers），稱為它的笛卡爾座標（Cantesian coordinates），若由於 P 的垂直與水平線分別相交於 x- 與 y- 軸的 a 與 b，則 P 有座標 (a, b)（見圖 2），我們稱 (a, b) 為數的一序對（orderd pair），因為它的數首先產生差異，第一個數 a 是 x 軸，第二個數 b 是 y 軸。

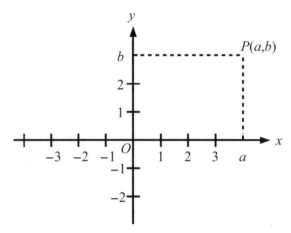

圖 2　平面上一點 P 的座標序對 (a, b)

■距離公式

隨著進行座標中，我們可以介紹平面上任意兩點之間的一個簡單距離公式，它是根據畢氏定理（Pythagoreah theorem），它是說若 a 與 b 量測一直角三角形的兩邊，及 c 是量測它的斜邊（見圖 3），則

$$\boxed{1}\quad \boxed{a^2 + b^2 = c^2}$$

反之，這個三角形的三邊之間的關係式僅適用於一直角三角形。

現在考慮任兩點 P 與 Q，其相對應的座標為 (x_1, y_1) 與 (x_2, y_2)，伴隨著 R，此點的座標是 (x_2, y_1)，P 與 Q 是一直角三角形的頂點（圖 4），PR 與 RQ 的長度是相對應的 $|x_2 - x_1|$ 與 $|y_2 - y_1|$，當我們應用畢氏定理且取兩邊的主要平方根，我們得到下列距離公式（distance formula）的表達式

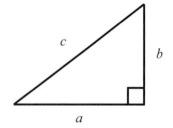

圖 3　畢氏定理 $a^2 + b^2 = c^2$

$$\boxed{2}\quad \boxed{d(P, Q) = \sqrt{(x_2 - x_1)^2 + (y_2 - y_1)^2}}$$

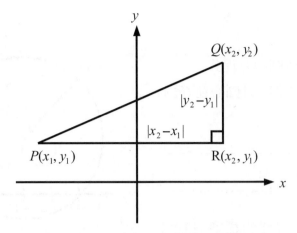

圖 4　藉由一直角三角形求得距離公式

例題 1　求 P 與 Q 兩點間的距離。

(a) $P(-1, 2)$ 與 $Q(5, -2)$　(b) $P(\sqrt{3}, \sqrt{5})$ 與 $Q(\pi, \pi)$

解

(a) $d(P, Q) = \sqrt{(5-(-1))^2+(-2-2)^2} = \sqrt{36+16} = \sqrt{52} \approx 7.21$

(b) $d(P, Q) = \sqrt{(\pi-\sqrt{3})^2+(\pi-\sqrt{5})^2} \approx \sqrt{2.807} \approx 1.68$ ■

這個距離公式即使兩點位右相同水平線或垂直線上都適用，因此，$P(-1, 3)$ 與 $Q(6, 3)$ 兩點間的距離是

$$d(P, Q) = \sqrt{(6-(-1))^2+(3-3)^2} = \sqrt{49} = 7$$

■圓方程式

它是從距離公式到圓方程式的一個小步驟，一個圓（circle）是從一個固定點〔圓心（center）〕到位在固定距離〔半徑（radius）〕的點集合。例如，考慮圓心在 $(-1, 2)$ 且半徑 3 的圓（圖 5），令 (x, y) 表示這個圓上任何點，由距離公式知

$$\sqrt{(x+1)^2+(y-2)^2} = 3$$

當我們平方兩邊，我們得到

$$(x + 1)^2 + (y - 2)^2 = 9$$

它是我們稱這個圓的方程式

更一般地說，半徑 r 且圓心在 (h, k) 的圓方程式

3 $\boxed{(x - h)^2 + (y - k)^2 = r^2}$

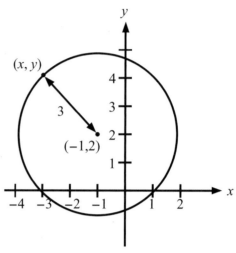

圖 5　半徑 3 圓心在 $(-1, 2)$ 的圓

我們稱這是一個圓的標準方程式（the standard equation of a cricle）。

例題 2　求半徑 6 且圓心 $(2, -6)$ 的標準圓方程式，同時求 $x = 2$ 的這個圓的 y 軸兩個點。

解　要求圓的方程式為

$$(x - 2)^2 + (y + 6)^2 = 36$$

為完成第二工作，我們代換 $x = 2$ 在上述方程式並且求 y

$$(3 - 2)^2 + (y + 6)^2 = 36$$

$$(y + 6)^2 = 35$$

$$y + 6 = \pm\sqrt{35}$$

$$y = -6 \pm \sqrt{35}$$　∎

假如我將方程式 (3) 展開且結合常數，則方程式取得的型式為

$$x^2 + ax + y^2 + by = c$$

這個建議詢問是否後面型的方程式是一圓的方程式，答案是對，雖然有些明顯例外。

註記：圓 ↔ 方程式

為說

$$(x + 1)^2 + (y - 2)^2 = 9$$

是半徑 3 且圓心 (−1, 2) 的圓方程式具有兩個細節的意義：

1. 若一點是在這圓上，則它的座標 (x, y) 滿足這方程式。
2. 若 x 與 y 是滿足這方程式的數，則它們是圓上一點的座標。

例題 3　證明方程式

$$x^2 − 4x + y^2 + 8y = −16$$

表示一個圓，且求其圓心與半徑。

解　我們需要配方法（Completing the square），在許多內容中，這個過程非常重要，為完成 $x^2 \pm bx$ 的平方，加 $\left(\dfrac{b}{2}\right)^2$，因此，我們加 $\left(\dfrac{−4}{2}\right)^2 = 4$ 到 $x^2 − 4x$ 及 $\left(\dfrac{8}{2}\right)^2 = 16$ 到 $y^2 + 8y$，當然我們必須加同樣的數到方程式的右邊，得到

$$x^2 − 4x + 4 + y^2 + 8y + 16 = −16 + 4 + 16$$

$$(x − 2)^2 + (y + 4)^2 = 4$$

最後方程式是標準型，它是圓心 (2, −4) 半徑 2 的圓方程式，這個過程的結果，若最後方程式的右邊我們得到的是負數，此方程式將無法表達任何曲線，若我們得到的是零，此方程式將表達單點 (2, −4)。　■

■中點公式

考慮 $x_1 \le x_2$ 與 $y_1 \le y_2$ 的二點 $P(x_1, y_1)$ 與 $Q(x_2, y_2)$，如圖 6 所示，x_1 與 x_2 之間的距離是 $x_2 − x_1$，當我們加這距離的一半，亦即 $\dfrac{1}{2}(x_2 − x_1)$，到 x_1，我們將得到 x_1 與 x_2 的中數

$$x_1 + \frac{1}{2}(x_2 − x_1) = x_1 + \frac{1}{2}x_2 − \frac{1}{2}x_1 = \frac{1}{2}x_1 + \frac{1}{2}x_2 = \frac{x_1 + x_2}{2}$$

因此，這點 $\dfrac{1}{2}(x_1 + x_2)$ 是在 x 軸上 x_1 與 x_2 之間的中途，因此，線段 PQ 的中點 M 有 $\dfrac{x_1 + x_2}{2}$ 在 x 軸上，同樣，我們可以證明 $\dfrac{y_1 + y_2}{2}$ 是 M 的 y 軸，因此，我們有中點公式（midpoint formala）整理如下：

---

4 中點公式

聯結 $P(x_1, y_1)$ 與 $Q(x_2, y_2)$ 線段的中點是

$$\left(\frac{x_1 + x_2}{2}, \frac{y_1 + y_2}{2}\right)$$

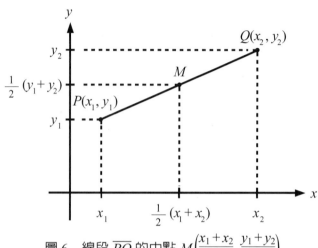

圖 6　線段 $\overline{PQ}$ 的中點 $M\left(\dfrac{x_1 + x_2}{2}, \dfrac{y_1 + y_2}{2}\right)$

例題 4　求圓有線段從 $(2, 4)$ 到 $(8, 12)$ 做為直徑的方程式。

解　圓心是在直徑的中點，如此，圓心的座標有 $\dfrac{2+8}{2} = 5$ 與 $\dfrac{4+12}{2} = 8$，直徑的長度可由距離公式求得

$$\sqrt{(8-2)^2 + (12-4)^2} = \sqrt{36+64} = 10$$

且圓的半徑是 5，圓的方程式是

$$(x-5)^2 + (y-8)^2 = 25$$

■直線的斜率

一非垂直線的斜率（slop）是量測直線上升（rises）（或下降（falls））垂直變化（vertical change）單位數對從左到右移動（run）（水平變化（horizontal change）的每一單位，考慮圖 7 中直線的兩點 (x_1, y_1) 與 (x_2, y_2)，當你沿此直線從左到右移動，垂直變化

$$\Delta y = y_2 - y_1 \quad (y \text{ 的變化})$$

單位對應水平變化

$$\Delta x = x_2 - x_1 \ (x \ 的 \ 變化)$$

單位，（Δ 是希臘大寫字母 delta，及符號 Δy 與 Δx 是讀作「delta y」與「delta x」）

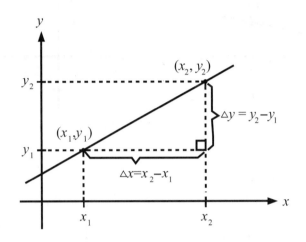

圖 7　平面上一直線水平與垂直的變化

定義：一直線的斜率

　　非垂直線通過 (x_1, y_1) 與 (x_2, y_2) 的斜率是

$$m = \frac{上升 \ （\text{rise}）}{移動 \ （\text{run}）} = \frac{\Delta y}{\Delta x} = \frac{y_2 - y_1}{x_2 - x_1}, \ x_1 \neq x_2$$

垂直線的斜率沒有定義

注意：當使用斜率公式時，注意

$$\frac{y_2 - y_1}{x_2 - x_1} = \frac{-(y_1 - y_2)}{-(x_1 - x_2)} = \frac{y_1 - y_2}{x_1 - x_2}$$

如此，你減的次序只要一致且減的座標來自相同點，所以不關緊要。

圖 8 顯示 4 直線：一是正斜率（圖 8(a)），一是零斜率（圖 8(b)），一是負斜率（圖 8(c)）及一是未定義斜率（圖 8(d)），一般，直線斜率的絕對值越大，直線是越陡峭，例如，圖 8 中直線斜率 -5 是比直線斜率 $\frac{1}{5}$ 的更陡峭。

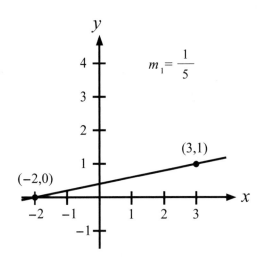

(a)若 m 是正數，則直線由左向右上升

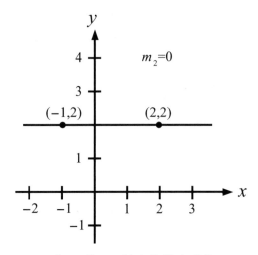

(b) 若 m 是 0，則直線是水平線

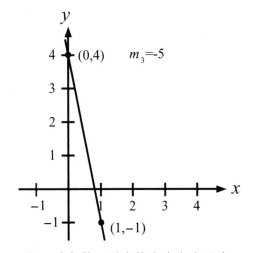

(c)若 m 是負數，則直線由左向右下降

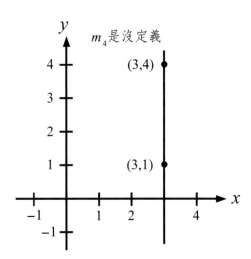

(d) 若 m 是沒定義，則直線是垂直線

圖8　直線斜率的種類

註記：1. 我們求直線的斜率是依靠我們對直線上 A 與 B 兩點使用其序對值，圖 9 的相似三角形（similar triangles）顯示

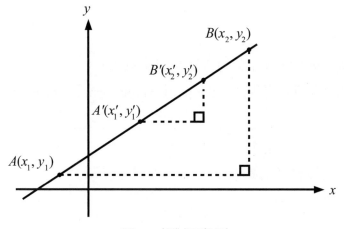

圖 9 相似三角形

$$\frac{y_2' - y_1'}{x_2' - x_1'} = \frac{y_2 - y_1}{x_2 - x_1}$$

如此，對點 A' 與 B' 所求的斜率剛好跟對 A 與 B 是完全相同的。

2. 坡度（grade）與斜度（pitch）

道路斜率（稱為坡度）的國際符號如圖 10 所示，此坡度以百分比表示，10% 的坡度相對應是 ± 0.10 的斜率。

木匠使用專門名詞斜度，一 9：12 斜度相對應一斜率 $\frac{9}{12}$，如圖 11 所示。

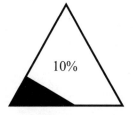

圖 10 道路的斜率稱為坡度

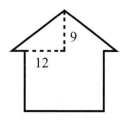

圖 11 木屋屋頂的斜率稱為斜度

■直線方程式

我們可以寫一非垂直線的方程式若我們知道直線的斜率及線上一點的座標，假設斜率是 m 及點是 (x_1, y_1)。若 (x, y) 是線上的任意點，則

$$\frac{y - y_1}{x - x_1} = m$$

這個包含兩個變數 x 與 y 的方程式可以被寫為 $y - y_1 = m(x - x_1)$ 的形式,它被稱為一直線的點 - 斜式方程式(the point-slope form of the equation of a line)

---

5 點 - 斜式直線方程式
斜率 m 的直線通過點 (x_1, y_1) 之方程式是被表示為
$$y - y_1 = m(x - x_1)$$

注意:記得只有非垂直線有一斜率,因此,垂直線不可以寫為點 - 斜式直線方程式,例如,垂直線通過點 $(1, -2)$ 的直線方程式是 $x = 1$。

例題 5 (求直線方程式)
(a) 求直線通過 $(-4, 2)$ 與 $(6, -1)$ 的方程式。
(b) 求直線的斜率 3 且通過點 $(1, -2)$ 的方程式。

解　(a) 斜率 $m = \dfrac{-1 - 2}{6 + 4} = -\dfrac{3}{10}$,因此,使用 $(-4, 2)$ 做為固定點,得到方程式為
$$y - 2 = -\frac{3}{10}(x + 4) \text{ 或 } y = -\frac{3}{10}x + \frac{4}{5}$$
注意:若使用 $(6, -1)$ 為固定點,得到的方程式為
$$y + 1 = -\frac{3}{10}(x - 6)$$
外觀看起來似乎不同,其實若改寫為 $y = -\dfrac{3}{10}x + \dfrac{4}{5}$ 就一致了。

(b) $y - y_1 = m(x - x_1)$ (點斜式直線方程式)
$y - (-2) = 3(x - 1)$ (代入 $y_1 = -2$,$x_1 = 1$,$m = 3$)
$y + 2 = 3x - 3$ (簡化)
$y = 3x - 5$ (解 y)
(看圖 12)

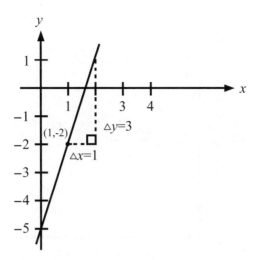

圖 12　斜率 $m = 3$ 直線通過點 $(1, -2)$

■比值與變化率

　　一直線的斜率可以被解釋爲比值（ratio）或比率（rate），若 x 軸與 y 軸有相同的量測單位，斜率沒有單位，則稱爲比值。若 x 軸與 y 軸有不同的量測單位，斜率有單位，則稱爲比率或變化率（rate of change），在我們研究微積分中，我們將遇到這兩種斜率的解釋之應用。

例題 6　（人口成長與工程設計）

(a)　肯德基的人口是 1990 爲 3,687,000 及 2000 爲 4,042,000，過去 10 年期間，人口的平均變化率（the average rate of change）是

$$變化率 = \frac{人口變化}{年變化} = \frac{4,042,000 - 3,687,000}{2000 - 1990} = 35,500 \text{ 人口／每年}$$

若肯德基人口在另十年以相同比率繼續遞增，它在 2010 將有 4,397,000（見圖 13）

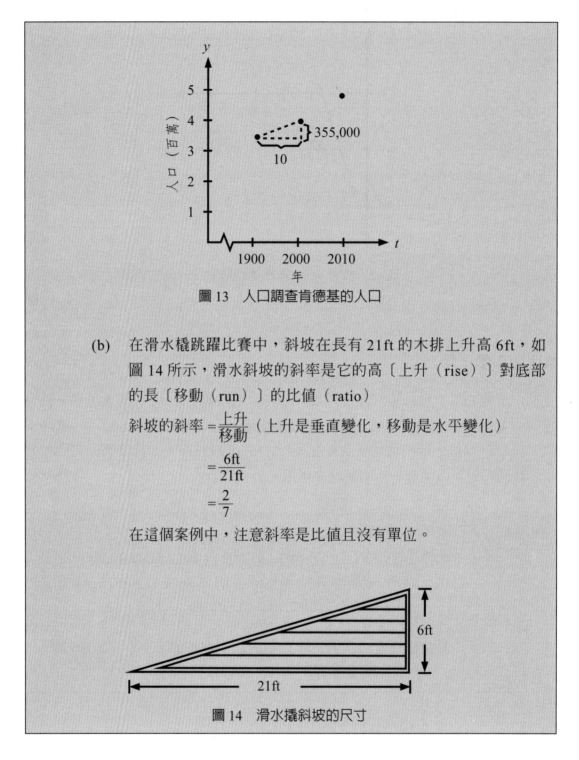

圖 13   人口調查肯德基的人口

(b)   在滑水橇跳躍比賽中，斜坡在長有 21ft 的木排上升高 6ft，如
       圖 14 所示，滑水斜坡的斜率是它的高〔上升（rise）〕對底部
       的長〔移動（run）〕的比值（ratio）

斜坡的斜率 $= \dfrac{\text{上升}}{\text{移動}}$（上升是垂直變化，移動是水平變化）

$$= \dfrac{6\text{ft}}{21\text{ft}}$$

$$= \dfrac{2}{7}$$

在這個案例中，注意斜率是比值且沒有單位。

圖 14   滑水撬斜坡的尺寸

在例題 6(a) 中的變化率是平均變化率，平均變化率總是在一區間計算，此
例，區間是 [1990, 2000]，在第 2 章我們將研究另一型的變化率稱爲瞬間變化率

（an instantaneous rate of change）。　　　　　　　　　　　　■

■畫線性模型

　　分析幾何（analytic geometry）中許多問題是可以被分類成兩個範圍：(1) 已知一圖形，它的方程式是什麼？及 (2) 已知一方程式，它的圖形是什麼？點一斜式直線方程式可以被使用解第一範圍的問題，然而，它沒有辦法解第二範圍的問題，只能使用斜截式直線方程式（the slope-intercept form of the eqution of aline）

6　斜截式直線方程式
線性方程式 $y = mx + b$ 的圖形是一直線
有一斜率 m 及在點 $(0, b)$ 有一 y 截距 b，如圖 15 所示

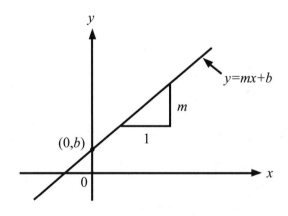

圖 15　斜截式直線方程式

例題 7（畫平面中的直線）
　　畫每一方程式的圖形。(a) $y = 2x + 1$；(b) $y = 1$；(c) $2y + x - 4 = 0$

解　　(a) 因為 $b = 1$，y 截距是 $(0, 1)$ 及斜率 $m = 2$，我們知道當直線向右每移一單位它上升兩單位，如圖 16(a) 所示。

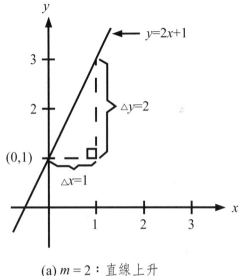

(a) $m = 2$：直線上升

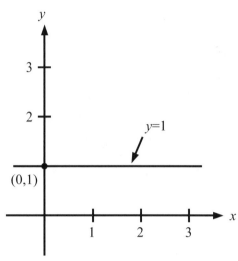

(b) $m = 0$：直線是水平的

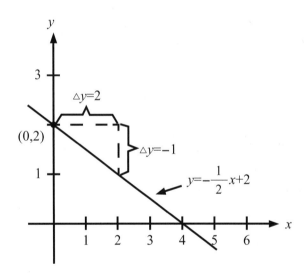

(c) $m = -\dfrac{1}{2}$：直線下降

圖 16 直線方程式

(b) 因為 $b = 1$，y 截距是 $(0, 1)$，因為斜率 $m = 0$，我們知道直線是水平的，如圖 16(b) 所示

(c) 先將方程式寫為斜截式

$2y + x - 4 = 0$（寫原方程式）

$2y = -x + 4$（隔離 y 項在左邊）

$$y = -\frac{1}{2}x + 2 \text{（斜截式）}$$

在這種形式，我們可以看出 y 截距是 $(0, 2)$ 及斜率是 $m = -\frac{1}{2}$，這個意義是當直線向右每移 2 單位它下降 1 單位，如圖 16(c) 所示。　■

因為垂直線的斜率是沒有定義，它的方程式不可以寫為斜截式，然而，任何直線方程式可被以一般式（general form）表示

7　　一般式的直線方程式
$$Ax + By + C = 0$$
式中 A 與 B 是不同時為 0

例如，以 $x = a$ 表示垂直線可被以一般式 $x - a = 0$ 表達。

8　　直線方程式的摘要
1. 一般式：$Ax + By + C = 0$，（$A, B \neq 0$）
2. 垂直線：$x = a$
3. 水平線：$y = b$
4. 點斜式：$y - y_1 = m(x - x_1)$
5. 斜截式：$y = mx + b$

■平行與垂直線

一直線的斜率是一個方便的工具決定兩直線是平行或是垂直，如圖 17 所示，特別地，相同斜率的非垂直線是平行，與斜率是負倒數的非垂直線是垂直。

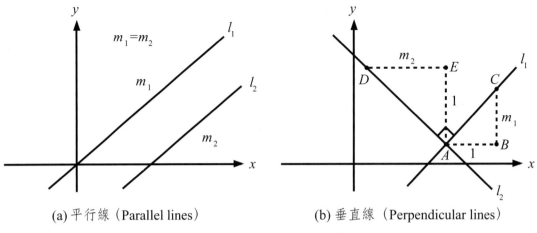

(a) 平行線（Parallel lines）　　　　(b) 垂直線（Perpendicular lines）

圖 17　兩直線平行與垂直

平行與垂直線

1. 兩不同非垂直線是平行若且唯若它們的斜率是相等，亦即，若且唯若 $m_1 = m_2$。

2. 兩非垂直線是垂直若且唯若它們的斜率是彼此互為倒數，亦即，若且唯若 $m_1 = -\dfrac{1}{m_2}$。

9

研究秘訣（study tip）

在數學方面，措詞「若且唯若（if and onlyif）」是在一敘述（命題）中措辭兩個隱含的一個方法，例如，平行線的敘述可被重寫為下列兩個隱含。

a. 若兩個不相同的非垂直線是平行，則它們的斜率是相等。

b. 若兩個不同相同的非垂直線有相同的斜率，則它們是平行。

注意：沒有許多點共同之處的兩直線是被稱為平行，例如，直線方程式 $y = 2x + 2$ 與 $y = 2x + 5$ 是平行，因為對於每一個 x 值，第二個方程式是在第一方程式上方 3 單位（見圖 18），同樣地，方程式 $-2x + 3y + 12 = 0$。與 $4x - 6y = 5$ 是平行直線，為知道這個，解每一方程式的 y（亦即，每一方程式表示為斜截式），由此相對地給出 $y = \dfrac{2}{3}x - 4$ 與 $y = \dfrac{2}{3}x - \dfrac{5}{6}$，又因為斜率相等，一直線將有單位固定數是另一直線的上方或下方，如此兩線將不曾相交，若兩直線有相同的斜率及相同的 y 截距，則此兩直線是相同的，而且它們是不平行的。

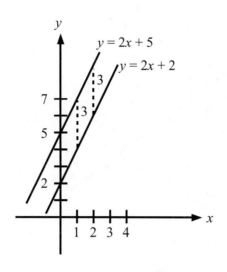

圖 18 兩平行直線

例題 8 求通過 $(6, 8)$ 且與直線方程式 $3x - 5y = 11$ 的直線方程式。

解 先將 $3x - 5y = 11$ 改寫為斜截式 $y = \dfrac{3}{5}x - \dfrac{11}{5}$，由此我們知道直線的斜率是 $\dfrac{3}{5}$，要求的直線方程式是

$$y - 8 = \dfrac{3}{5}(x - 6)$$

或同等於 $y = \dfrac{3}{5}x + \dfrac{22}{5}$，因為 y 的截距不同，所以是不相同的兩直線。 ∎

例題 9 求直線方程式通過直線方程式 $3x + 4y = 8$ 與 $6x - 10y = 7$ 的交點且與其第一個方程式垂直（見圖 19）。

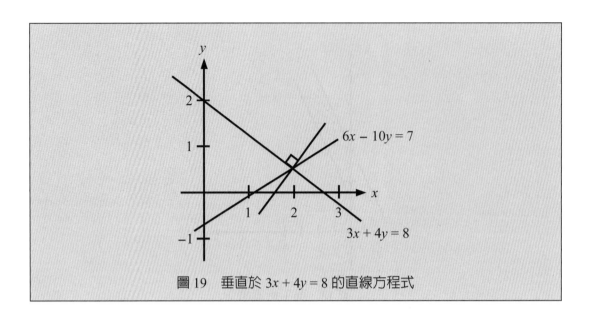

圖 19　垂直於 $3x + 4y = 8$ 的直線方程式

解　爲求兩直線的交點，我們乘 -2 於第一方程式及將它加入第二方程式

$$-6x - 8y = -16$$

$$\underline{\quad 6x - 10y = 7 \quad}$$

$$-18y = -9$$

$$y = \frac{1}{2}$$

代入 $y = \frac{1}{2}$ 於兩原方程式之一得到 $x = 2$，交點爲 $(2, \frac{1}{2})$，當我們第一方程式的 y（將其改寫爲斜截式），我們得到 $y = -\frac{3}{4}x + 2$，一直線垂直於它有斜率 $\frac{4}{3}$，要求的直線方程式爲

$$y - \frac{1}{2} = \frac{4}{3}(x - 2) \qquad \blacksquare$$

例題 10 求直線方程式的一般式，其通過點 $(2, -1)$ 且是

(a) 平行直線 $2x - 3y = 5$

(b) 垂直直線 $2x - 3y = 5$（見圖 20）

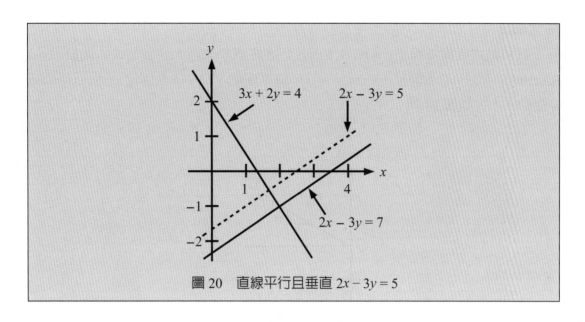

圖 20　直線平行且垂直 $2x - 3y = 5$

解　先將線性方程式寫為斜截式 $y = \dfrac{2}{3}x - \dfrac{5}{3}$，我們知道此已知方程式同時有斜率 $m = \dfrac{2}{3}$。

(a) 直線通過 $(2, -1)$ 是平行已知方程式同時有一斜率 $\dfrac{2}{3}$

$y - y_1 = m(x - x_1)$（點斜式）

$y - (-1) = \dfrac{2}{3}(x - 2)$（代入）

$3(y + 1) = 2(x - 2)$（簡化）

$2x - 3y - 7 = 0$（一般式）

注意對原方程式的相似性。

(b) 使用已知直線斜率的負倒數，我們可以決定垂直於已知直線的直線斜率是 $-\dfrac{3}{2}$，如此，直線通過點 $(2, -1)$ 且垂直於已知直線有下列方程式

$y - y_1 = m(x - x_1)$（點斜式）

$y - (-1) = -\dfrac{2}{3}(x - 2)$（代入）

$2(y + 1) = -3(x - 2)$（簡化）

$3x + 2y - 4 = 0$（一般式）

研究祕訣

　　就斜截式直線方程式 $y = mx + b$ 而言，在經濟學方面，它就是成本函數（cost function），x = 產品數量，$C(x) = y(x)$ = 成本函數，$C_o = b$ = 固定成本，$C_v = mx$ = 變動成本，如圖 21 所示。

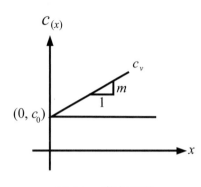

圖 21　成本函數

習題 P.3

在第 1 至 4 題中，畫已知點在座標平面上且求兩點之間的距離。

1.　(3, 1), (1, 1)　　　　2.　(−3, 5), (2, −2)　　　　3.　(4, 5), (5, −8)　　　　4.　(−1, 5), (6, 3)
5.　證明頂點是 (5, 3), (−2, 4) 及 (10, 8) 的三角形是等邊三角形。
6.　證明頂點是 (2, −4), (4, 0) 及 (8, −2) 是直角三角形。
7.　點 (3, −1) 及 (3, 3) 是一方形的二個頂點，給出可能頂點的三個其他序對。
8.　求 x 軸上的點至 (3, 1) 與 (6, 4) 是等距。
9.　求 (−2, 3) 與連結 (−2, −2) 及 (4, 3) 線段的中點之間的距離。
10.　求連結線段 AB 及 CD，式中 $A = (1, 3)$，$B = (2, 6)$，$C = (4, 7)$ 與 $D = (3, 4)$，之中點的線段長度。
在第 11 至 16 題中，求滿足已知條件的圓方程式。
11.　圓心 (1, 1)，半徑 1
12.　圓心 (−2, 3)，半徑 4
13.　圓心 (2, −1)，通過 (5, 3)
14.　圓心 (4, 3)，通過 (6, 2)
15.　直徑 AB，$A = (1, 3)$ 及 $B = (3, 7)$
16.　圓心 (3, 4) 及切於 x 軸
在第 17 至 22 題中，在已知方程式的條件下，求圓的圓心與半徑。
17.　$x^2 + 2x + 10 + y^2 - 6y - 10 = 0$
18.　$x^2 + y^2 - 6y = 16$
19.　$x^2 + y^2 - 12x + 35 = 0$
20.　$x^2 + y^2 - 10x + 10y = 0$

21. $4x^2 + 16x + 15 + 4y^2 + 6y = 0$

22. $x^2 + 16x + \dfrac{105}{16} + 4y^2 + 3y = 0$

在第 23 至 28 題中，求含有已知兩點的直線之斜率。

23. $(1, 1)$ 及 $(2, 2)$ 24. $(3, 5)$ 及 $(4, 7)$ 25. $(2, 3)$ 及 $(-5, -6)$ 26. $(2, -4)$ 及 $(0, -6)$

27. $(3, 0)$ 及 $(0, 5)$ 28. $(-6, 0)$ 及 $(0, 6)$

在 29 至 34 題中，求每一直線的方程式，接著將答案寫為一般式 $Ax + By + C = 0$

29. 通過 $(2, 2)$ 而斜率是 -1

30. 通過 $(3, 4)$ 而斜率是 -1

31. 具有 y 截距 3 且斜率是 2

32. 具有 y 截距 5 且斜率是 0

33. 通過 $(2, 3)$ 及 $(4, 8)$

34. 通過 $(4, 1)$ 及 $(8, 2)$

在第 35 至 38 題中，求每一直線的斜率與 y 截距。

35. $3y = -2x + 1$ 36. $-4y = 5x - 6$ 37. $6 - 2y = 10x - 2$ 38. $4x + 5y = -20$

39. 寫一直線方程式通過 $(3, -3)$ 是
    (a) 平行直線 $y = 2x + 5$
    (b) 垂直直線 $y = 2x + 5$
    (c) 平行直線 $2x + 3y = 6$
    (d) 垂直直線 $2x + 3y = 6$
    (e) 平行通過 $(-1, 2)$ 及 $(3, -1)$ 的直線
    (f) 平行直線 $x = 8$
    (g) 垂直直線 $x = 8$

40. 求直線 $3x + cy = 5$ 的 c 值
    (a) 通過點 $(3, 1)$
    (b) 是平行 y 軸
    (c) 是平行直線 $2x + y = -1$
    (d) 有相等 $x-$ 及 $y-$ 截距
    (e) 是垂直直線 $y - 2 = 3(x + 3)$

41. 寫通過 $(-2, -1)$ 的直線方程式且垂直直線 $y + 3 = -\dfrac{2}{3}(x - 5)$

42. 求 k 值使得直線 $kx - 3y = 10$
    (a) 是平行直線 $y = 2x + 4$
    (b) 是垂直直線 $y = 2x + 4$
    (c) 是垂直直線 $2x + 3y = 6$

43. 試問 $(3, 9)$ 是位在直線的上方或下方？

44. 證明具有 x 截距 a 與 y 截距 b 的直線方程式可被寫為
    $$\dfrac{x}{a} + \dfrac{y}{b} = 1$$

在第 45 至 48 題中，求交點的座標，接著寫一直線方程式通過交點且垂直於給定的第一個方程式。

45. $2x + 3y = 4$ 46. $4x - 5y = 8$ 47. $3x - 4y = 5$ 48. $5x - 2y = 5$
     $-3x + y = 5$ $2x + y = -10$ $2x + 3y = 9$ $2x + 3y = 6$

49. 點 $(2, 3), (6, 3), (6, -1)$ 及 $(2, -1)$ 是一方形的尖點，求內接圓與外接圓方程式。

50. 一傳動帶緊緊地套配圍繞兩個圓具有方程式
    $(x-1)^2 + (y+2)^2 = 16$ 及 $(x+9)^2 + (y-10)^2 = 16$
    這個傳動帶是多長？

51. 證明任意直角三角形斜邊的中點到三個頂點是等距。

52. 求對直角三角形其頂點是 $(0, 0)$, $(8, 0)$ 及 $(0, 6)$ 的外接圓方程式。

53. 證明兩圓 $x^2 + y^2 - 4x - 2y - 11 = 0$ 與 $x^2 + y^2 + 20x - 12y + 72 = 0$ 不相交。
    提示：求兩圓心之間的距離。

54. a, b 與 c 是什麼關係必須符合若 $x^2 + ax + y^2 + by + c = 0$ 是一圓的方程式？

55. 一頂樓的天花板與地板形成 $30°$ 角，半徑 2 吋的管路是沿著頂樓邊沿置放使得管路的一邊接觸到天花板，另一邊接觸到地板（見圖 22），試問從頂樓的邊緣至管路接觸地板的何處之距離 d 是多少？

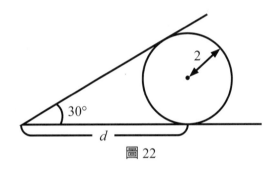

圖 22

56. 半徑 R 的圓是被置放在第一象限，如圖 23 所示，被置放在原來的圓與原點之間最大半徑 r 的圓是什麼？

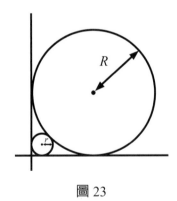

圖 23

57. 使用圖 17(b) 建構一幾何證明兩直線垂直若且唯若他們的斜率是另一個斜率的負倒數。

58. 證明從 $(3, 4)$ 比從 $(1, 1)$ 遠兩倍形成的圓之點集合，求它的圓心與半徑。

59. 由畢瓦定理說圖 24 中方形面積 A, B 與 C 滿足 $A + B = C$，證明半圓的等邊三角形滿足相同關係式，接著猜測一非常一般定理說什麼。

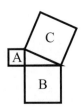

圖 24

60. 考慮一圓 C 與圓外一點 P，令線段 PT 在 T 切於 C，及令直線通過 P 與 C 的圓心相交在 C 的 M 與 N，證明 $(PM)(PN) = (PT)^2$。

61. 一傳動帶套配圍繞三個圓 $x^2 + y^2 = 4$，$(x - 8)^2 + y^2 = 4$，與 $(x - 6)^2 + (y - 8)^2 = 4$，如圖 25 所示，求此傳動帶的長度。

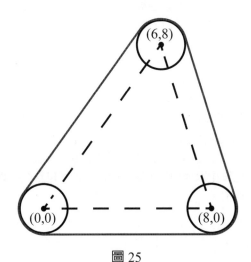

圖 25

62. 研究習題 50 及 61，考慮一組非交點半徑 r 的圓，圓心在一凸 n 邊多邊形邊長 d_1, d_2, $\cdots$, d_n 的頂點上，套配圍繞這些圓的傳動帶是多長？（按圖 25 的方式）

63. 證明從點 (x_1, y_1) 到直線 $Ax + By + C = 0$ 的距離 d 是

$$d = \frac{|Ax_1 + By_1 + C|}{\sqrt{A^2 + B^2}}$$

在 64 至 67 題中，使用習題 63 的結果，求從已知點到已知直線的距離。

64. $(-3, 2)$；$3x + 4y = 6$

65. $(4, -1)$；$2x - 2y + 4 = 0$

66. $(-2, -1)$；$5y = 12x + 1$

67. $(3, -1)$；$y = 2x - 5$

在第 68 至 69 題中，求已知兩平行線的垂直距離。提示：首先求兩條直線之一的一點。

68. $2x + 4y = 7$，$2x + 4y = 5$

69. $7x - 5y = 6$，$7x - 5y = -1$

70. 一三角形外接圓的圓心位在邊的垂直等分線上。利用此事實求頂點 $(0, 4)$, $(2, 0)$ 與 $(4, 6)$ 之三角形外接圓的圓心。

71. 求內接一三角形邊長 3, 4 與 5 的圓之半徑（見圖 26）

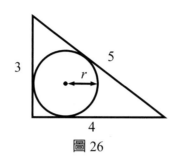

圖 26

72. 求對分從 $(-2, 3)$ 到 $(1, -2)$ 線段的直線方程式且是在對這線段的直角。
73. 假設 (a, b) 是在圓 $x^2 + y^2 = r^2$ 上，證明直線 $ax + by = r^2$ 是切於圓上的點 (a, b)。
74. 求兩條對圓 $x^2 + y^2 = 36$ 經過 $(12, 0)$ 的切線方程式。

　　提示：看習題 73

75. 以 m, b 及 B 表達平行線，$y = mx + b$ 與 $y = mx + B$ 之間的垂直距離。

　　提示：要求距離是相同於 $y = mx$ 與 $y = mx + B - b$ 之間。

76. 證明直線通過一三角形兩邊的中點是平行於第三邊。

　　提示：你可以假設三角形有頂點在 $(0, 0)$, $(a, 0)$ 及 (b, c)。

77. 證明連結任意四邊多邊形相鄰兩邊的中點形成一平行四邊形。
78. 一飛輪其邊緣有方程式 $x^2 + (y - 6)^2 = 25$ 是快速逆時鐘方向旋轉，一污物斑點在邊緣點 $(3, 2)$ 鬆開且飛對牆 $x = 11$，它擊中牆大約有多高？提示：污物斑點在切線上飛離如此快速，當它已擊中牆時重力效應是忽略的。

P.4　圖形與模型

■方程式的圖形

　　1637 年法國數學家 René Descartes 以結合代數（algebra）與幾何（geometry）兩個主要領域使數學研究發生巨大變化，搭配 Descartes 座標平面，幾何觀念（geometric concepts）可被分析上列方程式（equation）與代數觀念（algebraic concepts）可被圖表表示或圖解法觀察，這個方法的動力是使得在一世紀內，許多微積分的內容已經被發展出來。

註記：René Descartes（1596-1650）

　　Descartes 學法律，是一名律師，卻對數學非常有興趣，他在哲學、科學和數學做了許多貢獻，以實數序對表示點在平面上與以方程式表達在平面上的觀念是於 1637 年在他的書《La Géomé tric》出現。

　　同樣的方法適合你研究微積分，亦即，藉由圖形、分析與數值等多方面的觀點研究微積分，你將增加核心觀念的瞭解。

　　考慮方程式（代數目的）$3x + y = 7$，點 (2, 1) 是這方程式的解點（solution point），因爲這方程式被滿足（是眞）當 $x = 2$ 及 $y = 1$ 代入方程式，這方程式有許多其他解，例如 (1, 4) 及 (0, 7)，爲求系統上的其他解，解原方程式的 y，

$$y = 7 - 3x \quad 〔分析方法（analytic approach）〕$$

接著代入許多 x 值建立一個表格數值

x	0	1	2	3	4
y	7	4	1	−1	−5

〔數值方法（numerical approach）〕

由表格知道 (0, 7), (1, 4), (2, 1), (3, −2) 及 (4, −5) 是原方程式 $3x + y = 7$ 的解，像許多方程式一般，這個方程式有無限多數的解，所有解點的集合（set）是方程式的圖形（graph）（幾何目的），如圖 1 所示。

注意：即使我們借助圖 1 畫 $3x + y = 7$ 的圖形，它眞正只表達圖形的部分，整個圖形的延伸將超越這一頁。

　　畫圖程序（the graphing Procedure），爲畫一方程式，例如，$y = 2x^3 - x + 19$，徒手畫，我們可以跟著簡單三步驟程序：

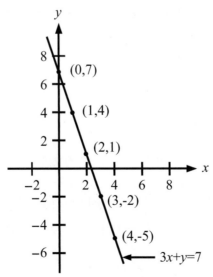

圖 1　圖形方程（graphical approach）$3x + y = 7$

步驟 1：得到一些點滿足方程式的座標。

步驟 2：畫這些點在平面上。

步驟 3：以圓滑曲線聯結這些點。

　　步驟 1 最好的方法就是製成一個表格，指定變數中之一變數（例如 x）的值，決定其他變數的值，列這些結果的值於表格格式中。

　　繪圖計算機（graphing calculator）或電腦代數系統（computer algebra system）將仿照相同程序，縱使它的程序是明顯的給予使用者，使用者簡單地定義函數且告訴繪圖計算機或電腦畫它。

例題 1　繪方程式 $y = x^2 - 3$ 的圖形。

解　　三步驟的程序如圖 2 所示。

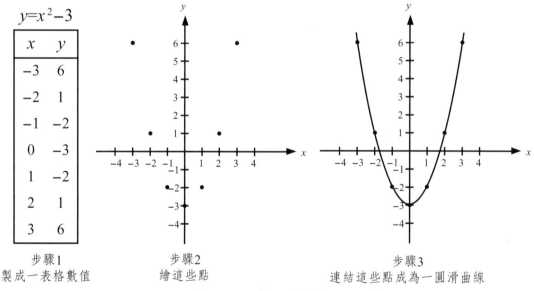

圖 2　$y = x^2 - 3$ 的圖形

　　點繪之一的缺點就是得到一個好的理想有關一個圖形的形狀，僅使用少數點，我們可能誤繪此圖，例如，假設繪下列方程式的圖形

$$y = \frac{1}{30} \times (39 - 10x^2 + x^4)$$

我們是描繪 5 個點之 (−3, −3), (−1, −1), (0, 0), (1, 1) 及 (3, 3)，如圖 3(a) 所示，從這 5 點，我們可能結論為圖形是一條直線，然而，這是不正確的，若繪了更多的點，我們知道這個圖是更複雜些，如圖 3(b) 所示。

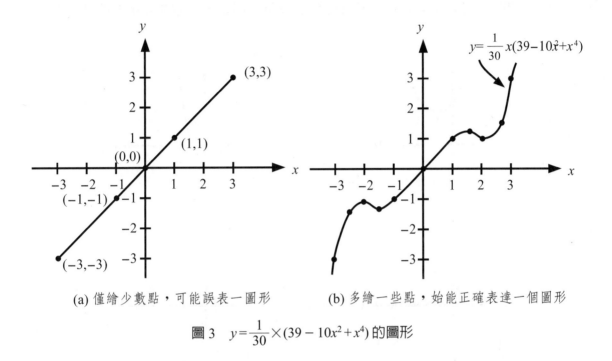

(a) 僅繪少數點，可能誤表一圖形 　　　 (b) 多繪一些點，始能正確表達一個圖形

圖 3　$y = \dfrac{1}{30} \times (39 - 10x^2 + x^4)$ 的圖形

注意：1. 在本書中，術語繪圖實用設備（graphing utility）意思是既是繪圖計算機（graphing calculater）或是電腦繪圖軟體（computer graphing software）例如 Maple, Mathematica, Derive, Mathcad，或 TI-8P。

　　　2. 純粹的圖形方法（graphical approach）應該包含一簡單「猜測，檢驗，及修改」的策略。然而，就分析方法（analytic approach）而言，可能包含「圖形有否對稱？圖形是否轉變？，若果真如此，則在哪處？」可是這些需要有理論根據的分析工具（analytic tools），始能幫助我們描述方程式的圖形。

■圖形的截距

在繪一方程式中特別有用的解點有兩型就是當它們的 x- 或 y- 軸有 0 時，像這種點是被稱為截距（intercepts）因為它們的圖與 x- 或 y- 軸有交點（intersections）。點 $(a, 0)$ 是一方程式圖形的 x- 截距若它是方程式的解點，求一圖形的 x- 截距是令 y 為 0 且解方程式求 x。點 $(0, b)$ 是一方程式圖形的 y- 截距

若它是方程式的解點，求一圖形的 y- 截距，是令 x 為 0 且解方程式求 y。

注意：有些內容表示 x 截距是點 $(a, 0)$ 在 x 軸上而不是點本身，除非它是需要做區別，我們將用此術語截距（intercept）以表示既是點又是座標。

　　一個圖形可能沒有截距，或可能許多截距，例如，考慮圖 4 中的四個圖形。

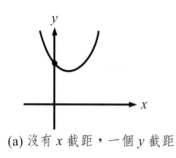

(a) 沒有 x 截距，一個 y 截距

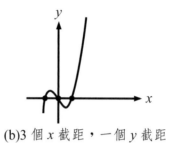

(b) 3 個 x 截距，一個 y 截距

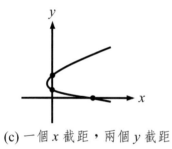

(c) 一個 x 截距，兩個 y 截距

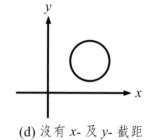

(d) 沒有 x- 及 y- 截距

圖 4　圖形截距的情況

例題 2　（求 x- 與 y- 截距）

求 $y = x^3 - 4x$ 圖形的 x- 與 y- 截距。

解　　求 x- 截距，令 $y = 0$ 且解俾利求 x。

$x^3 - 4x = 0$　　　　　　（令 $y = 0$）

$x(x - 2)(x + 2) = 0$　　　（因式分解）

$x = -2, 0$ 或 2　　　　　（求 x）

因為這個方程式有三個解，我們的結論是圖形有三個 x- 截距：

$(0, 0), (2, 0)$ 及 $(-2, 0)$（x- 截距）

為求 y- 截距，令 $x = 0$，則產生 $y = 0$，因此 y 截距是 $(0, 0)$。（見圖 5）

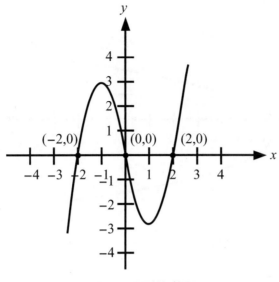

圖 5　圖形的截距

技術（technology）：例題 2 使用分析方法求截距，當分析方法是不可能，我們可以使用圖形方法，以圖形與座標軸求得交點，使用繪圖實用設備（graphing utilities）近似求得截距。

例題 3　（求 x- 與 y- 截距）

　　求 $y^2 - x + y - 6 = 0$ 圖形的所有截距。

解　　原方程式中，令 $y = 0$，我們得到 $x = -6$，因為 x 截距是 -6，令 $x = 0$，我們得到 $y^2 + y - 6 = 0$ 或 $(y + 3)(y - 2) = 0$，y- 截距為 -3 及 2。圖形如圖 6 所示。

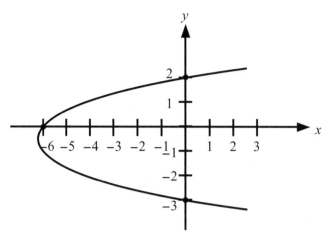

圖6　$y^2 - x + y - 6 = 0$ 的圖形

鑒於二次與三次方程式（quadratic and cubic equations）在之後內容中將時常被用做例題，我們展示它們的圖形於圖 7 中。

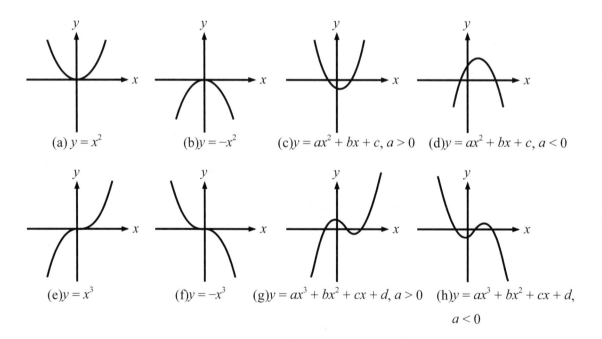

(a) $y = x^2$　　(b) $y = -x^2$　　(c) $y = ax^2 + bx + c, a > 0$　　(d) $y = ax^2 + bx + c, a < 0$

(e) $y = x^3$　　(f) $y = -x^3$　　(g) $y = ax^3 + bx^2 + cx + d, a > 0$　　(h) $y = ax^3 + bx^2 + cx + d,$
$a < 0$

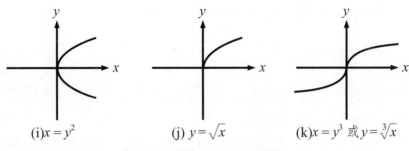

(i)$x = y^2$　　　　(j)$y = \sqrt{x}$　　　　(k)$x = y^3$ 或 $y = \sqrt[3]{x}$

圖 7　基本二次及三次圖形

　　二次方程式的圖形是杯形曲線（cup-shaped currves）稱為拋物線（parabolas），若方程式形如 $y = ax^2 + bx + c$ 或 $x = ay^2 + by + c$，$a \neq 0$，它的圖形是拋物線。就第一個案例，若 $a > 0$，則圖形向上開；若 $a < 0$，則圖形向下開。就第二個案例，若 $a > 0$，則圖形向右開；若 $a < 0$，則圖形向左開。

■圖形的對稱

　　在嘗試繪一圖形之前，我們知道此圖形是對稱是有用的，因數我們只需要繪此圖形的一半，下列三種對稱型式可被用來幫助繪方程式的圖形（見圖 8）。

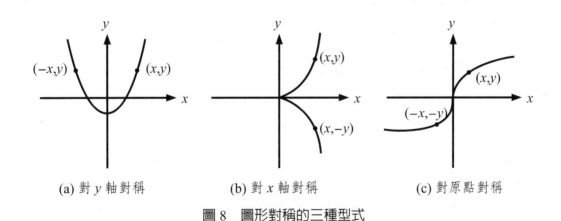

(a) 對 y 軸對稱　　　　(b) 對 x 軸對稱　　　　(c) 對原點對稱

圖 8　圖形對稱的三種型式

1. 一圖形是對 y 軸對稱，若每當一點 (x, y) 在圖上，同時總是有一點 $(-x, y)$ 在圖上，這個意思是 y 軸左邊圖形的部分是 y 軸右邊圖形部分的一個鏡像（a mirror image）。
2. 一圖形是對 x 軸對稱，若每當一點 (x, y) 在圖上，同時總是有一點 $(x, -y)$ 在圖上，這個意思是 x 軸上邊圖形的部分是 x 軸下邊圖形部分的一個鏡像。
3. 一圖形是對原點對稱，若每當一點 (x, y) 在圖上，同時總是有一點 $(-x, -y)$ 在

圖上，這個意思是圖形對原點旋轉 180° 不改變。

對稱檢測

1. 以 x 與 y 表示方程式的圖形是對 y 軸對稱，若以 $-x$ 取代 x，則獲得一等效方程式（an equivalent equation）。

2. 以 x 與 y 表示方程式的圖形是對 x 軸對稱，若以 $-y$ 取代 y，則獲得一等效方程式。

3. 以 x 與 y 表示方程式的圖形是對原點對稱，若以 $-x$ 取代 x 與以 $-y$ 取代 y，則獲得一等效方程式。

一多項式（polynomial）的圖形有對 y 軸對稱若每一項有偶指數（even exponent）（或是一常數），例如，

$$y = 2x^4 - x^2 + 2 \quad (y \text{ 軸對稱})$$

的圖形有對 y 軸對稱。同樣地，一多項式的圖形有對原點對稱若每一項有奇指數（odd exponent），例如，

$$y = 3x^5 + 2x^3 - x \quad (\text{原點對稱})$$

的圖形有對原點對稱。

例題 4　（檢測原點對稱）

證明 $y = 2x^3 - x$ 的圖形是對稱於原點。

解　　　$y = 2x^3 - x$　　　　　（寫原來的方程式）

$-y = 2(-x)^3 - (-x)$　（$-x$ 取代 x 及 $-y$ 取代 y）

$-y = -2x^3 + x$　　　（簡化）

$y = 2x^3 - x$　　　　（等效方程式）

因為取代獲得一等效方程式，我們可以結論 $y = 2x^3 - x$ 的圖形是對原點對稱，如圖 9 所示。

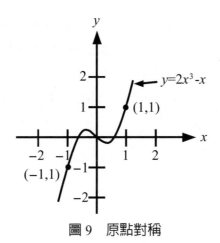

圖 9　原點對稱

例題 5　（使用截距與對稱繪一圖形）

　　繪方程式 $x - y^2 = 1$ 的圖形。

解　圖形是對 x 軸對稱因為以 $-y$ 取代 y 獲得一等效方程式。

$x - y^2 = 1$ 　　　　（寫原來的方程式）

$x - (-y)^2 = 1$ 　　（$-y$ 取代 y）

$x - y^2 = 1$ 　　　　（等效方程式）

這個意思是圖形在 x 軸以下的部分是在 x 軸上方部分的鏡像，為了繪這個圖，首先繪 x 截距，接著點繪 x 軸上方，最後映射 x 軸上方的圖形至下方，得到完整的圖形，如圖 10 所示。

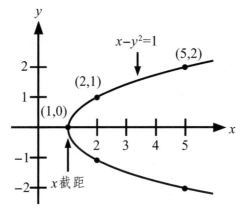

圖 10　$x - y^2 = 1$ 的圖形

技術：繪圖實用設備是被設計使得它們很容易繪以 x 表達的 y 方程式〔見 P.5 節函數（function）的定義〕，爲了繪方程式的其他型式，我們需要將圖形分成二或更多部分，或者我們需要使用不同繪圖模（graphing mode），例如，爲繪例題 5 的方程式，我們可以將其分成兩部分。

$y_1 = \sqrt{x-1}$（圖形上部）

$y_2 = -\sqrt{x-1}$（圖形下部）

■ 交點

　　兩個方程式圖形的一個交點（a point of intersection）是一點能滿足兩個方程式，我們可以解它們的聯立方程式求兩個圖形的交點。

例題 6 （求交點）

　　求 $x^2 - y = 3$ 與 $x - y = 1$ 之圖形的所有交點。

解　　開始畫兩個方程式的圖形在相同直角座標系統（rectangular coordinate system）上，如圖 11 所示，已經完成了這個，它出現圖形有兩個交點，我們可求這兩點，如下所示。

$y = x^2 - 3$　　　　　（解第一方程式求 y）

$y = x - 1$　　　　　　（解第二方程式求 y）

$x^2 - 3 = x - 1$　　　　（相等 y 值）

$x^2 - x - 2 = 0$　　　　（寫爲一般式）

$(x - 2)(x + 1) = 0$　（因式分解）

$x = 2$ 或 -1　　　　（解 x）

代入 $x = 2$ 及 $x = -1$ 於原來二方程式之一可得到 y 的相對應值，完成這個可產生二個交點

$(2, 1)$ 與 $(-1, -2)$（交點）

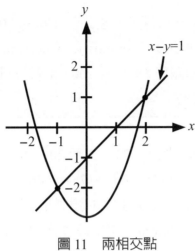

圖 11　兩相交點

■數學模型

數學的真實生活應用經常使用方程式做為數學模型（數學模式（mathematical models）），在發展數學模型表達真實資料的發展方面，我們應該為兩個目標：精確（accuracy）與簡化（simplicity）而努力（時常不一致的（conflicting）），亦即，我們想要模型足夠簡單而且可行，然而足夠精確產生有意義的結果，P.8 節將更完整的探討這些目標。

例題 7（比較兩個數學模型）

夏威夷（Hawaii）的 Mauna Loa 觀測台記錄地球大氣層的二氧化碳（CO_2）濃度（carbon dioxide concentration）y〔以 ppm（parts per million，百萬分之 1）為單位〕，一月讀出不同年是顯示於圖 12，Scientific American 雜誌於 1990 年 7 月發行，這些資料將被用做預測 2035 年地球大氣層的二氧化碳程度（carbon dioxide level），使用二次模型

$$y = 316.2 + 0.70t + 0.018t^2 \quad（二次模型用於 1960\text{-}1990 \text{ 資料}）$$

式中 $t = 0$ 表示 1960 年，如圖 12(a) 所示。

顯示於圖 12(b) 的資料表達 1980 至 2002 年，且可以被模型表示為

> $y = 306.3 + 1.56t$（線性模型用於 1980-2002 資料）
> 式中 $t = 0$ 表示 1960 年。Scientific American 論文於 1990 年預測的結果是什麼？已知關於 1990 至 2002 年新資料，對於預測 2035 年的結果似乎是精確嗎？

解 爲回答第一個問題，將 $t = 75$（表示 2035 年）代入二次模型

$$y = 316.2 + 0.70(75) + 0.018(75)^2 = 469.95 \text{（二次模型）}$$

如此，Scientific American 論文的預測是地球大氣層的二氧化碳濃度於 2035 年將達大約 470ppm。使用線性模型用於 1980-2002 資料，對於 2035 年的預測是

$$y = 306.3 + 1.56(75) = 423.3 \text{（線性模型）}$$

如此，基於線性模型用於 1980-2002，它出現 1990 年預測是太高。

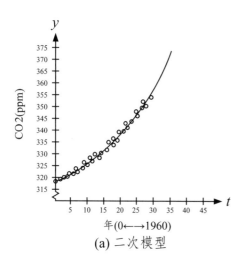

(a) 二次模型

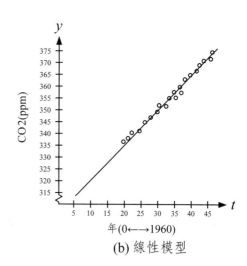

(b) 線性模型

圖 12 兩種數學模型

注意：例題 7 中的模型是使用最小二平方回歸（least squares regression）的程序發展的，二次與線性模型分別有相關係數（correlation coefficients）$r^2 = 0.997$ 與 $r^2 = 0.996$，r^2 愈接近 1 表示模型愈好。

習題 P.4

在第 1 至 4 題中，方程式與其圖形（圖形被標註 (a), (b), (c) 與 (d)）相配。

(a) 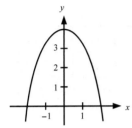   (b) 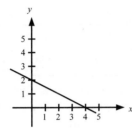   (c) 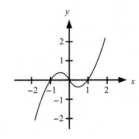   (d)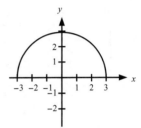

1. $y = -\dfrac{1}{2}x + 2$ 2. $y = \sqrt{9 - x^2}$ 3. $y = 4 - x^2$ 4. $y = x^3 - x$

在第 5 至 14 題中，點繪方程式的圖形。

5. $y = \dfrac{3}{2}x + 1$ 6. $y = 6 - 2x$ 7. $y = 4 - x^2$ 8. $y = (x - 3)^2$

9. $y = |x + 2|$ 10. $y = |x| - 1$ 11. $y = \sqrt{x} - 4$ 12. $y = \sqrt{x + 2}$

13. $y = \dfrac{2}{x}$ 14. $y = \dfrac{1}{x - 1}$

在 15 至 22 題中，求任何截距。

15. $y = x^2 + x - 2$ 16. $y^2 = x^3 - 4x$ 17. $y = x^2\sqrt{25 - x^2}$

18. $y = (x - 1)\sqrt{x^2 + 1}$ 19. $y = \dfrac{3(2 - \sqrt{x})}{x}$ 20. $y = \dfrac{x^2 + 3x}{(3x + 1)^2}$

21. $x^2 y - x^2 + 4y = 0$ 22. $y = 2x - \sqrt{x^2 + 1}$

在第 23 至 34 題中，關於對每一軸與對原點對稱之檢測。

23. $y = x^2 - 2$ 24. $y = x^2 - x$ 25. $y^2 = x^3 - 4x$

26. $y = x^3 + x$ 27. $xy = 4$ 28. $xy^2 = -10$

29. $y = 4 - \sqrt{x + 3}$ 30. $xy - \sqrt{4 - x^2} = 0$ 31. $y = \dfrac{x}{x^2 + 1}$

32. $y = \dfrac{x^2}{x^2 + 1}$ 33. $y = |x^3 + x|$ 34. $|y| - x = 3$

第 35 至 52 題中，繪方程式的圖形，識別任何截距與關於對稱的檢測。

35. $y = -3x + 2$ 36. $y = -\dfrac{1}{2}x + 2$ 37. $y = \dfrac{1}{2}x - 4$

38. $y = \dfrac{2}{3}x + 1$ 39. $y = 1 - x^2$ 40. $y = x^2 + 3$

41. $y = (x + 3)^2$ 42. $y = 2x^2 + x$ 43. $y = x^3 + 2$

44. $y = x^3 - 4x$ 45. $y = x\sqrt{x + 2}$ 46. $y = \sqrt{9 - x^2}$

47. $x = y^3$ 48. $x = y^2 - 4$ 49. $y = \dfrac{1}{x}$

50. $y = \dfrac{10}{x^2 + 1}$ 51. $y = 6 - |x|$ 52. $y = |6 - x|$

在第 53 至 60 題中，求方程式圖形的交點。

53. $x+y=2$
    $2x-y=1$

54. $2x-3y=13$
    $5x+3y=1$

55. $x^2+y=6$
    $2x+y=4$

56. $x=3-y^2$
    $y=x-1$

57. $x^2+y^2=5$
    $x-y=1$

58. $x^2+y^2=25$
    $2x+y=10$

59. $y=x^3$
    $y=x$

60. $y=x^3-4x$
    $y=-(x+2)$

61. （資料模型建立）表格顯示選擇年的消費者物價指標（Consumer Price Index, CPI）（資料來源：Bureau of Labor Statistics）

年	1970	1975	1980	1985	1990	1995	2000
CPI	38.8	53.8	82.4	107.6	130.7	152.4	172.2

(a) 使用繪圖實用設備的回歸性能（reqression capabilities）求資料的 $y=at^2+bt+c$ 形式的數學模型，此模型中，y 表 CPI，及 t 表年，$t=0$ 相對應於 1970。

(b) 使用繪圖實用設備書資料及模型的圖形，比較資料與模型。

(c) 使用模型預測 2010 的 CPI。

62. （資料模型建立）表格顯示選擇年美國每個農場的英畝平均數（資料來源：U. S. Department of Agriculture）

年	1950	1960	1970	1980	1990	2000
英畝數	213	297	374	426	460	434

(a) 使用繪圖實用設備的回歸性能求資料的 $y=at^2+bt+c$ 形式的數學模型，此模型中，y 表平均公畝數，及 t 表年，$t=0$ 相對應於 1950。

(b) 使用繪圖實用設備書資料及模型的圖形，比較資料與模型。

(c) 使用模型預測 2010 美國每個農場的英畝平均數。

63. 損益平衡點（Break-Even Poing）求銷售需要損益平衡（$R=C$）若製造 x 單位的成本 C 是
$$C=5.5\sqrt{x}+10,000 \text{（成本方程式）}$$
及銷售 x 單位的收益 R 是
$$R=3.29x \text{（收益方程式）}$$

在第 64 至 65 題中，求圖形含有從原點的已知距離的所有點 (x, y) 的方程式。

64. 從原點的距離是兩倍從 $(0, 3)$ 的距離。

65. 從原點的距離是 k 倍從 $(2, 0)$ 的距離。

P.5　函數及其圖形

　　函數的觀念是在所有數學方面最基本之一，而且它在微積分中扮演主要的角色。

■函數的定義

　　兩集合 X 與 Y 之間的相關是一序數（ordered pair）集合，每一序對有

（x, y）這種形式，其中 x 是 X 中的一個數及 y 是 Y 中的一個數，從 X 到 Y 的一個函數（function）是 X 與 Y 的相關有任何兩個序對相同的 x 值同時有相同的 y 值之性質，變數 x 是獨立變數（independent variable），及變數 y 是應（因）變數（dependent variable）。

　　許多真實生活狀況可被函數表示為模型，例如，一圓的面積是圓半徑 r 的函數。

$$A = \pi r^2 \ （A \ 是 \ r \ 的函數）$$

在此案例中，r 是獨立變數及 A 是應變數。

> **實變數的實值函數之定義**
>
> 　　令 X 與 Y 是實數集合，從 X 到 Y 一實數 x 的一實值函數 f 是指定 X 中的每一個 x 相對應的在 Y 中精確地有一個 y 相對應。
>
> 　　f 的定義域（domain）是集合 X，y 是 x 在 f 之下的映像（image）且以 $f(x)$ 表示，被稱為 f 在 x 的值（讀作「f of x」或「f at x」），f 的值域（range）是 Y 的子集合（subset）且包含 X 中所有 x 的映像（見圖 1）。

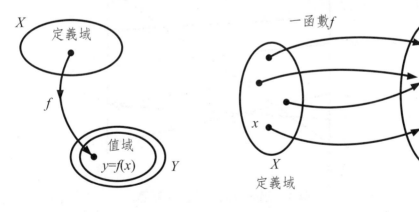

(a) 一實變數的實值函數 f　　　　(b) 容許多變數的實值函數 f

圖 1　函數的集合表示法

　　把函數看做是一部機器，就是取 x 值為一輸入且產品 $f(x)$ 為一輸出（見圖 2），每一個輸入值是有一相對應的輸出值，然而，它可以發生多個不同輸入值

給出相同的輸出值。

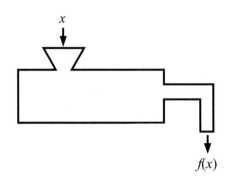

圖2　將函數當作機器

定義沒有限制顯示定義域與值域集合，定義域可能包含微積分班上同學的集合，值域是等級 {A, B, C, D, F} 的集合，且是相對應指定等級的規則，在本書中幾乎我們所遇到的函數將是一個或更多實數的函數，例如，函數 g 可能取一實數 x 且平方它，產生實數 x^2，在這種案例，我們有一公式給予相對應的規則，亦即，$g(x) = x^2$，這個函數的示意圖如圖 3 所示。

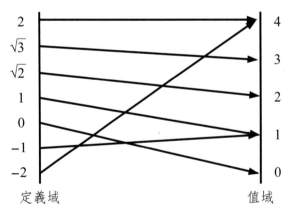

圖3　函數 $g(x) = x^2$ 的示意圖

函數可被表示為許多方式，然而在本書內容，我們將主要集中在包含有獨立變數及應變數表達的方程式給予的函數，例如，方程式

$$x^2 + 2y = 1 \quad \text{〔隱式方程式（Equation in implicit form）〕}$$

定義應變數 y 是獨立變數 x 的函數，為計算這個函數（亦即，為求 y 值相對應一已知 x 值），它是方便孤立 y 在方程式的左邊

$$y = \frac{1}{2}(1 - x^2) \quad [\text{顯式方程式（Equation in explicit form）}]$$

使用 f 做為函數名稱，我們可以寫此方程式為

$$f(x) = \frac{1}{2}(1 - x^2) \quad [\text{函數符號（function notation）}]$$

原方程式 $x^2 + 2y = 1$，隱式定義 y 為 x 的函數，當我們解此方程式求 y，我們是以顯式寫此方程式。

■函數符號

函數符號有利於明顯識別應變數 $f(x)$，同時告訴我們 x 是獨立變數及函數本身 f，符號 $f(x)$ 是讀作「f of x」或「f at x」，函數符號容許我們少冗長文字，不要問「相對應於 $x = 3$，y 值是什麼？」我們可以問「$f(3)$ 是什麼？」

註記：函數符號

函數（function）這個字是 1694 年 Gottfried Wilhelm Leibniz 最先使用，以此術語表示連接一曲線的任何量，例如，在一曲線上點的座標或一曲線上的斜率。40 年後，Leonhard Euler 使用「函數」描述曲變數及常數形成的任何表達，他介紹了符號 $y = f(x)$。

在一方程式定義一函數，變數 x 的角色是簡化位置持有者，例如，已知函數

$$f(x) = 2x^2 - 4x + 1$$

可以被下列形式描述

$$f(\square) = 2(\square)^2 - 4(\square) + 1$$

式中括號是被使用取代 x，為計算 $f(-2)$，簡單置放 -2 於括號的每一組。

$$f(-2) = 2(-2)^2 - 4(-2) + 1 \quad （-2 \text{ 取代 } x）$$
$$= 2(4) + 8 + 1 \qquad （簡化）$$
$$= 17 \qquad\qquad （簡化）$$

注意：縱使 f 是經常被用做一方便的函數名稱且 x 做為獨立變數，我們可以使用其他符號，因為 x 是啞變數（dummy variable），f 是函數（function）的代號，關於這兩者，我們可以改選其他符號，例如，下列方程式都定義同樣的函數。

$$f(x) = x^2 - 4x + 8 \quad （函數名稱是 f，獨立變數是 x）$$
$$g(s) = s^2 - 4s + 8 \quad （函數名稱是 g，獨立變數是 s）$$
$$h(u) = u^2 - 4u + 8 \quad （函數名稱是 h，獨立變數是 u）$$
$$i(t) = t^2 - 4t + 8 \quad （函數名稱是 i，獨立變數是 t）$$

例題 1　（計算函數）

給定函數 $f(x) = x^2 + 2$，計算每一表達示。

(a) $f(3a)$　(b) $f(b - 2)$　(c) $f(2)$　(d) $\dfrac{f(x+\Delta x) - f(x)}{\Delta x}, \Delta x \neq 0$

解

(a) $f(3a) = (3a)^2 + 2 \qquad （代入 x = 3a）$
　　$= 9a^2 + 2 \qquad\quad （簡化）$

(b) $f(b - 1) = (b - 1)^2 + 2 \qquad （代入 x = b - 1）$
　　$= b^2 - 2b + 1 + 2 \qquad （二項式展開）$
　　$= b^2 - 2b + 3 \qquad\quad （簡化）$

(c) $f(2) = (2)^2 + 2 = 6$

(d) $\dfrac{f(x+\Delta x) - f(x)}{\Delta x} = \dfrac{[(x+\Delta x)^2 + 2] - (x^2 + 2)}{\Delta x}$

$$= \frac{x^2 + 2x\Delta x + (\Delta x)^2 + 2 - x^2 - 2}{\Delta x}$$

$$= \frac{2x\Delta x + (\Delta x)^2}{\Delta x}$$

$$= \frac{\Delta x(2x + \Delta x)}{\Delta x}$$

$$= 2x + \Delta x, \ \Delta x \neq 0$$

注意：例題 1(d) 中之表達式是被稱爲差商（difference quotient）且在微積分中有一特殊意義，我們將在第二章中學習更多關於這個差商。

研究祕訣：在微積分領域，非常重要清晰地聯繫一函數或表達式的定義域，例如，在例題 1(d) 中兩個表達式 $\dfrac{f(x+\Delta x)-f(x)}{\Delta x}$ 與 $2x+\Delta x$，$\Delta x \neq 0$〔$\Delta x = x_2 - x_1$，是 x 的增量（increment）〕是等效的，因爲 $\Delta x = 0$ 是從每一表達式的定義域中排除，沒有敘述定義域的限制，兩個表達式將不等效。

■函數的定義域與值域

爲完全地說明一函數，除了相對應規則，及函數的定義域之外，我們必須敘述，例如，若 f 是以 $f(x) = x^2 - 1$ 定義的函數搭配定義域 $\{-1, 0, 1, 2, 3\}$（見圖 4），則值域是 $\{-1, 0, 3, 8\}$，相對應規則結合定義域，決定值域。

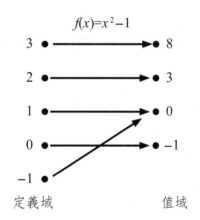

圖 4　$f(x) = x^2 - 1$ 的定義域與值域

當一函數的定義域是沒有說明，我們假設它是實數最大的集合使得函數的規則有意義，此被稱爲自然定義域和（natural domain）。我們必須記得從自然定義域排除那些被 0 除或是負數的平方根之數。

例題 2　（自然定義域）

求下列每一函數的自然定義域。

(a) $f(x) = 1/(x-2)$　(b) $g(t) = \sqrt{4-t^2}$　(c) $h(w) = \dfrac{1}{\sqrt{4-w^2}}$

(a) 我們必須從定義域排除 2，因為它將需求被 0 除。因此，自然定義域是 {x: x ≠ 2}，這個可被讀為「x's 使分母 x 是不等 2 的集合」。

(b) 為避免負數的平方根，我們必須選擇 t 使得 $4 - t^2 \geq 0$，因此，t 必須滿足 $|t| \leq 2$，所以自然定義域是 {t: |t| ≤ 2}，對於它我們可用區間符號（interval notation）[-3, 3] 指導。

(c) 現在我們必須避免被 0 除及負數的平方根，如此，我們必須從自然定義域排除 -2 及 2，因此自然定義域是（-3, 3）。　■

一函數的定義域可以被一方程式做為定義該函數而顯示或隱式的描述，隱式字義域（implied domain）是方程式被定義的所有實數的集合，然而，顯示定義域（explicitly defined domain）是與函數一道同時給予的一個，例如，函數

$$f(x) = \frac{1}{x^2 - 4}, \, 4 \leq x \leq 5$$

有給定 {x: 4 ≤ x ≤ 5} 的一個顯示定義域，換言之，函數

$$g(x) = \frac{1}{x^2 - 4}$$

有集合 {x: x ≠ ±2} 的隱式定義域。

例題 3　（求一函數的定義域及值域）

求下列函數的定義域及值域。

(a) $f(x) = \sqrt{x - 1}$　　　(b) $f(x) = \tan x$

 (a) 函數

$$f(x) = \sqrt{x - 1}$$

的定義域是 $x - 1 \geq 0$ 所有 x 值的集合，以區間符號表達是 [1, ∞)，為求值域，觀察 $f(x) = \sqrt{x - 1}$ 是不曾為負，因此，值域是區間 [0, ∞)，如圖 5 所示。

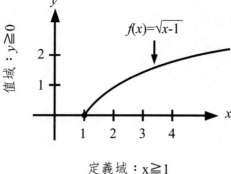

圖 5 f 的定義域是 $[1, \infty)$，值域是 $[0, \infty)$

(b) 正切函數（tangent function）

$f(x) = \tan x$

的定義域是所有 x 值的集合，使得 $x \neq \dfrac{\pi}{2} + nt$，$n$ 為整數（正切函數的定義域）此函數的值域為所有實數的集合（如圖 6 所示）。有關此函數和其他三角函數（trigonometric function）的特徵之複習將在 P.7 介紹。

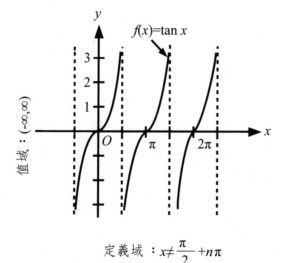

圖 6 f 的定義域是所有 x 值使得 $x \neq \dfrac{\pi}{2} + n\pi$，值域是 $(-\infty, \infty)$。 ∎

例題 4　一個以上方程式定義的函數〔分段函數（Split function）〕決定函數
的定義域及值域。
$$f(x) = \begin{cases} 1-x & \text{，若 } x < 1 \\ \sqrt{x-1} & \text{，若 } x \geq 1 \end{cases}$$

解　同為 f 被定義為 $x < 1$ 及 $x \geq 1$，定義域是整個實數集合，就 $x \geq 1$ 的定
義域部分，函數行為如例題 3(a) 所示，就 $x < 1$ 部分而言，$1 - x$ 的值
是正數。因此函數的值域是區間 $[0, \infty)$，如圖 7 所示。

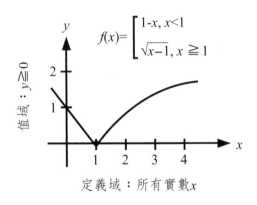

圖 7　f 的定義域是 $(-\infty, \infty)$，值域是 $[0, \infty)$　　■

　　由 X 映射至 Y 的一函數是一對一函數（one-to-one function）若對值域的每
一 y 值確實在定義域的 x 值與其對應。例如，例題 2(a) 函數是一對一，然而，例
題 2(b) 及例題 3(b) 不是一對一函數。要判斷一函數是否為一對一，可使用幾何
方法的水平線檢測法（horizontal line test），畫一水平直線垂直 y 軸，若該直線
與函數的曲線至多只有一點相交，則此函數為一對一函數，多過一點以上，則不
是一對一函數。從 X 映射至 Y 的一函數是全映射函數（onto function）若它的值
域包含所有的 Y。

　　當一函數的規則是以形如 $y = f(x)$ 的方程式給定，我們稱 x 是獨立變數及 y
是應（因）變數，定義域中的任何值可以被代入獨立變數，一旦選定，x 這個值
就完全決定相對應的應變數 y 的值。

　　一函數的規則不需要一單一實數，在許多重要應用方面，一函數是取決於一
個以上的獨立變數，例如，車子月付款經費 A 是依借貸金額 P，年利率 r，及需

要多少月數 n 付款而定，我們可將此函數寫爲 $A(P, r, n)$，$A(16000, 0.07, 48)$ 值亦即需要爲借貸 \$16,000 於 48 個月在年利率 7% 之下，每月付 \$383,14，在這個情況，沒有簡單的數學公式（mathmatical formula）可用輸入變數 P, r，及 n 表示輸出 A 值。

例題 5　令 $V(x, d)$ 表示長 x 及直徑 d 圓柱桿件的體積（見圖 8），求 (a) $V(x, d)$ 的公式　(b) V 的定義域及值域　(c) $V(8, 0.1)$

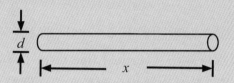

圖 8　長 x 直徑 d 的圓柱桿件

解

(a) $V(x, d) = x \cdot \pi\left(\dfrac{d}{2}\right)^2 = \dfrac{\pi x d^2}{4}$

(b) 因爲桿件的長度與直徑必須爲正數，定義域是所有序對 (x, d)，$x > 0$ 及 $d > 0$，的集合，任何正的體積是可能，所以值域是 $(0, \infty)$。

(c) $V(8, 0.1) = \dfrac{\pi \cdot 8 \cdot (0.1)^2}{4} = 0.02\pi$　　■

■ **函數的圓形**

函數 $y = f(x)$ 的圖形包含所有點 $(x, f(x))$，其中 x 是 f 的定義域，在圖 9 中，注意

x：從 y- 軸的直接距離

$f(x)$：從 x- 軸的直接距離

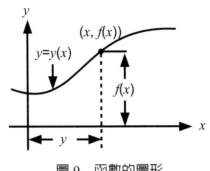

圖 9　函數的圖形

　　一垂直線可以相交於 x 函數圖形至多一次，這個觀察提供一個 x 函數的便利視覺檢測法，稱為垂直線檢測法（vertical line test），亦即，座標平面上一圖形是 f 函數的圖形若且唯若沒有垂直線相交圖形多於一個點，例如，在圖 10(a) 中，我們知道圖形不能定義 x 的函數 y，因為垂直線交於圖形二點，然而圖 10(b) 及 (c) 中，圖形可定義 x 的函數 y。

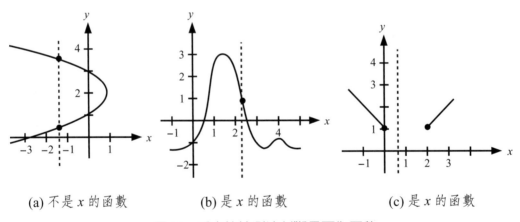

(a) 不是 x 的函數　　　(b) 是 x 的函數　　　(c) 是 x 的函數

圖 10　垂直線檢測法判斷是否為函數

圖 11 顯示 8 種基本函數圖形，我們應該可以識別這些圖形。

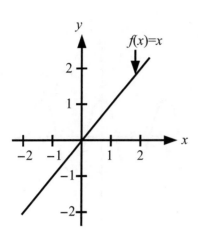

(a) 恆等函數

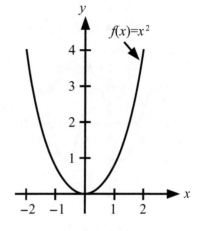

(b) 平方函數

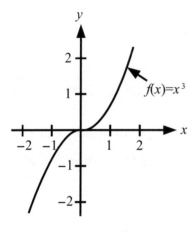

(c) 立方函數

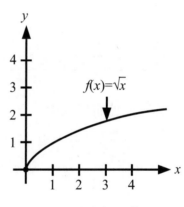

(d) 平方根函數

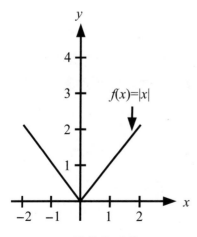

(e) 絕對值函數

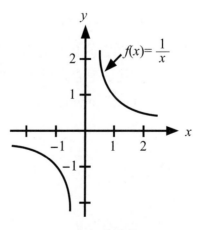

(f) 有理函數

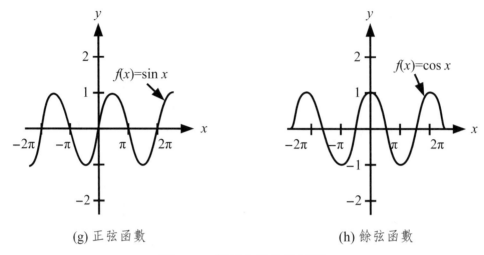

(g) 正弦函數   (h) 餘弦函數

圖 11　8 種基本函數的圖形

例題 6 繪下列函數的圖形。

(a) $f(x) = \dfrac{x}{x-1}$ (b) $g(x) = \dfrac{x^2 - 3x + 3}{x-2}$

解

(a) 此為有理函數，其自然定義域是 $x \neq 1$，在此表示 $x = 1$ 是垂直漸近線（vertical asymptote），若我們將分子與分母等除於 x，則 $f(x) = \dfrac{1}{1 - \dfrac{1}{x}}$，當 x 趨近於正負無窮大時，$y = f(x) = 1$。此為水平漸近線（horizontal asymptote），如圖 12 所示。

(b) 使用多項式長除法（long division），得

$$g(x) = \frac{x^2 - 3x + 3}{x - 2} = x - 1 + \frac{1}{x - 2}$$

此函數的自然定義域是 $x \neq 2$，也就是 $x = 2$ 必須除去，然而 $x = 2$ 就是垂直漸近線，再者，$y = x - 1$ 就是斜漸近線〔oblique（或 slant）asymptote〕，如圖 13 所示。

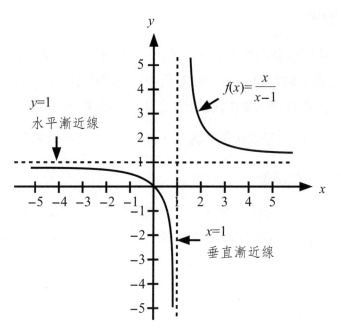

圖 12　$f(x) = \dfrac{x}{x-1}$ 的圖形

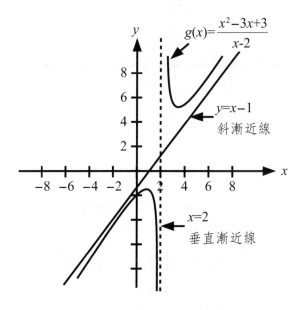

圖 13　$g(x) = \dfrac{x^2 - 3x + 3}{x - 2}$ 的圖形

■偶函數與奇函數

　　我們可以經常以檢驗函數的公式預測一函數圖形的對稱，若對所有 x，$f(-x)$ $= f(x)$，則圖形是對 y 軸對稱，像這種函數被稱為偶函數（even function），或許因為函數 $f(x)$ 表示為僅是 x 的偶數冪方之和是偶函數，函數 $f(x) = x^2 - 2$，$f(-x)$ $= (-x)^2 - 2 = x^2 - 2 = f(x)$，是偶函數，因此，$f(x) = 3x^6 - 2x^4 + 11x^2 - 5$，$f(x) = \dfrac{x^2}{1 + x^4}$，及 $f(x) = \dfrac{x^3 - 2x}{3x}$ 也是偶函數。

　　若對所有 x，$f(-x) = -f(x)$，圖形是對原點對稱，我們稱此函數為奇函數（odd function），函數 $f(x)$ 表示為僅是 x 的奇數冪方之和是奇函數，因此 $g(x) = x^3 -$ $2x$，$g(-x) = (-x)^3 - 2(-x) = -x^3 + 2x = -(x^3 - 2x) = -g(x)$，是奇函數（見圖 14）。

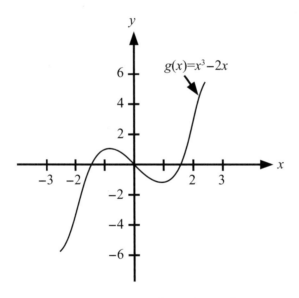

圖 14　$g(x) = x^3 - 2x$ 的圖形

　　考慮例題 6(a) $f(x) = \dfrac{x}{x - 1}$，如圖 12 所示，它既不是偶函數，也不是奇函數，為知道這個，觀察 $f(-x) = \dfrac{-x}{-x - 1}$，既不等於 $f(x)$，也不等於 $-f(x)$，注意 $y = f(x)$ 是圖形既不對 y 軸，也不對稱原點。

　　在 P.4 節的對稱檢測獲得下列偶函數是奇函數的檢測。

偶函數與奇函數的檢測

　　函數 $y = f(x)$ 是偶函數若 $f(-x) = f(x)$

　　函數 $y = f(x)$ 是奇函數若 $f(-x) = -f(x)$

注意：除常數函數 $f(x) = 0$ 之外，x 的函數之圖形不能有對 x 軸對稱，因爲垂直線檢測法對此種函數應該是失效的。

例題 7（偶及奇函數與函數的根）

　　決定每一函數是偶函數，奇函數，或兩者都不是，接著求函數的根。

　　(a) $f(x) = x^3 - x$　　(b) $g(x) = 1 + \cos x$

解　　(a) 這個函數是奇函數，因爲

$$f(-x) = (-x)^3 - (-x) = -x^3 + x = -(x^3 - x) = -f(x)$$

f 的根求得如下。

$$x^3 - x = 0 \qquad （令 f(x) = 0）$$
$$x(x^2 - 1) = x(x - 1)(x + 1) = 0 \quad （因式分解）$$
$$x = 0, 1, -1 \qquad （f 的根）$$

參見圖 15。

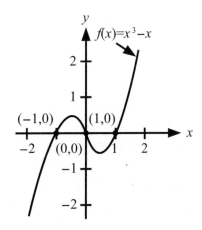

圖 15　奇函數 $f(x) = x^3 - x$ 的圖形

(b) 此函數是偶函數，因為

$g(-x) = 1 + \cos(-x) = 1 + \cos x = g(x)$　　（$\cos(-x) = \cos x$）

g 的根求得如下。

$1 + \cos x = 0$　　　　　　　　　　（令 $g(x) = 0$）

$\cos x = -1$　　　　　　　　　　　（等號兩邊減 1）

$x = (2n + 1)\pi$，n 是整數　　（g 的根）

參見圖 16。

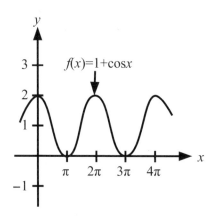

圖 16　偶函數 $g(x) = 1 + \cos x$ 的圖形　　■

注意：例題 7 的每一函數不是奇函數，就是偶函數，然而，有些函數，例如 $f(x) = x^2 + x + 1$ 既不是偶函數，也不是奇函數。

■最大整數函數

　　最大整數函數（the greatest integer function），或稱為高斯函數（Gauss' function）定義為

$f(x) = [\![x]\!] = n$，其中 n 為小於或等於 x（亦即 $n \leq x$）之最大整數

$= \begin{cases} x - 1, & n - 1 \leq x < n \\ x, & n \leq x < n + 1 \end{cases}$　n 為整數（integer）I

例如 $[\![2.1]\!] = 2$，$[\![2]\!] = 2$，$[\![-3.2]\!] = -4$。見表 1 及圖 17。

表 1　最大整數函數（高斯函數）

x	$f(x) = [\mskip x \mskip]$
$-3 \leq x < -2$	
$-2 \leq x < -1$	
$-1 \leq x < 0$	
$0 \leq x < 1$	
$1 \leq x < 2$	
$2 \leq x < 3$	
$3 \leq x < 4$	

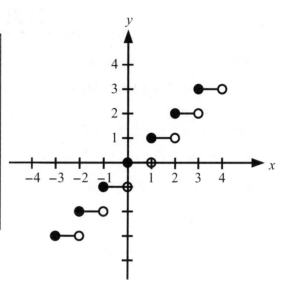

圖 17　最大整數函數 $y = f(x) = [\mskip x \mskip]$

最大整數函數（或高斯函數）的性質：

1. 高斯不等式（Gauss's inequality）

    (1) $\forall x \in R, [\mskip x \mskip] \leq x \leq [\mskip x \mskip] + 1$

    (2) $\forall x \in R, x - 1 < [\mskip x \mskip] \leq x$

2. 高斯恆等式（Gauss's identity）

    (1) $\forall x \in R, m \in I$（整數），$[\mskip x + m \mskip] = [\mskip x \mskip] + m$

    (2) $\forall x \in R, m \in I, [\mskip x - m \mskip] = [\mskip x \mskip] - m$

例題 8　已知 $f(x) = [\mskip x + 1 \mskip]$，求 $f(1.3)$，$f(0.1)$，及 $f(-2.8)$。

解

$f(1.3) = [\mskip 1.3 + 1 \mskip] = [\mskip 1.3 \mskip] + 1 = 2$

$f(2.1) = [\mskip 2.1 + 1 \mskip] = [\mskip 2.1 \mskip] + 1 = 3$

$f(-2.8) = [\mskip -2.8 - 1 \mskip] = [\mskip -2.8 \mskip] - 1 = -3$ ∎

習題 P.5

1. 對於 $f(x) = 1 - x^2$，求每一個值。

   (a) $f(1)$　(b) $f(-2)$　(c) $f(0)$　(d) $f(k)$　(e) $f(-5)$　(f) $f\left(\dfrac{1}{4}\right)$　(g) $f(1 + h)$　(h) $f(1 + h) - f(1)$

   (i) $f(2 + h) - f(2)$

2. 關於 $F(x) = x^3 + 3x$，求每一個值。

   (a) $F(1)$　(b) $F(\sqrt{2})$　(c) $F\left(\dfrac{1}{4}\right)$　(d) $F(1 + h)$　(e) $F(1 + h) - F(1)$　(f) $F(2 + h) - F(2)$

3. 對於 $G(y) = \dfrac{1}{y - 1}$，求每一個值。

   (a) $G(0)$　(b) $G(0.999)$　(c) $G(1.01)$　(d) $G(y^2)$　(e) $G(-x)$　(f) $G\left(\dfrac{1}{x^2}\right)$

4. 關於 $\Phi(u) = \dfrac{u + u^2}{\sqrt{u}}$，求每一個值（$\Phi$ 是大寫的希臘字母 phi。）

   (a) $\Phi(1)$　(b) $\Phi(-t)$　(c) $\Phi\left(\dfrac{1}{2}\right)$　(d) $\Phi(u + 1)$　(e) $\Phi(x^2)$　(f) $\Phi(x^2 + x)$

5. 對於 $f(x) = \dfrac{1}{\sqrt{x - 3}}$，求每一個值。

   (a) $f(0.25)$　(b) $f(\pi)$　(c) $f(3 + \sqrt{2})$

6. 對於 $f(x) = \sqrt{x^2 + 9}/(x - \sqrt{3})$，求每一個值。

   (a) $f(0.79)$　(b) $f(12.26)$　(c) $f(\sqrt{3})$

7. 下列具有 $y = f(x)$ 公式的函數，哪一個是函數？關於那些這樣表示的，求 $f(x)$。提示：以 x 表示 y，且注意函數的定義是對於每一個 x 需要單一 y 相對應。

   (a) $x^2 + y^2 = 1$　(b) $xy + y + x = 1$, $x \neq -1$　(c) $x = \sqrt{2y + 1}$　(d) $x = \dfrac{y}{y + 1}$

8. 圖 18 中的圖形哪一個是函數的圖形？此問題建議一個規則：關於一圖形被稱為是函數的圖形，每一條垂直線必須至多與曲線相交一點。

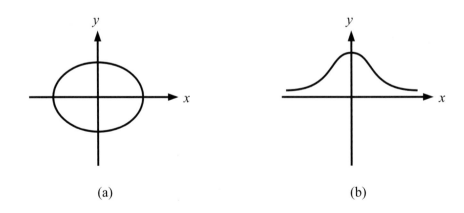

(a)　　　　　　　　　　　　　　(b)

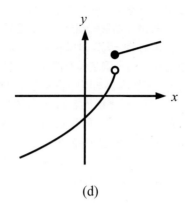

(c)　　　　　　　　　　　　(d)

圖 18

9. 關於 $f(x) = 2x^2 - 1$，求並簡化 $[f(a+h) - f(a)]/h$。

10. 對於 $F(t) = 4t^3$，求並簡化 $[F(a+h) - F(a)]/h$。

11. 關於 $g(u) = 3/(u-2)$，求並簡化 $[g(x+h) - g(x)]/h$。

12. 對於 $G(t) = t/(t+4)$，求並簡化 $[G(a+h) - G(a)]/h$。

13. 求下列每一個函數的自然定義域。

   (a) $F(z) = \sqrt{2z+3}$　(b) $g(v) = 1/(4v-1)$　(c) $\psi(x) = \sqrt{x^2 - 9}$　(d) $H(y) = -\sqrt{625 - y^4}$

14. 求每一案例的自然定義域。

   (a) $f(x) = \dfrac{4 - x^2}{x^2 - x - 6}$　(b) $G(y) = \sqrt{(y+1)^{-1}}$　(c) $\phi(u) = |2u+3|$　(d) $F(t) = t^{\frac{2}{3}} - 4$

   在第 15 至 30 題中，說明給定的函數是偶函數，奇函數，或兩者皆不是，接著繪其圖形。

15. $f(x) = -4$　　　　　　16. $f(x) = 3x$　　　　　　17. $F(x) = 2x + 1$

18. $F(x) = 3x - \sqrt{2}$　　　19. $g(x) = 3x^2 + 2x - 1$　　20. $g(u) = \dfrac{u^3}{8}$

21. $g(x) = \dfrac{x}{x^2 - 1}$　　　22. $\phi(z) = \dfrac{2z+1}{z-1}$　　　23. $f(\omega) = \sqrt{\omega - 1}$

24. $h(x) = \sqrt{x^2 + 4}$　　　25. $f(x) = |2x|$　　　26. $F(t) = -|t+3|$

27. $g(x) = \left[\!\left|\dfrac{x}{2}\right|\!\right]$　　　28. $G(x) = [\![2x - 1]\!]$　　29. $g(t) = \begin{cases} 1 & \text{若 } t \le 0 \\ t+1 & \text{若 } 0 < t < 2 \\ t^2 - 1 & \text{若 } t \ge 2 \end{cases}$

30. $h(x) = \begin{cases} -x^2 + 4 & \text{若 } x \le 1 \\ 3x & \text{若 } x > 1 \end{cases}$

31. 一工廠有能力每天生產從 0 到 100 部電腦，工廠每日的總開銷是 \$5000，且生產一部電腦的直接成本（勞工與材料）是 \$805，寫出一公式 $T(x)$，一天生產 x 部電腦的總成本，及同時的單位成本 $u(x)$（每部電腦的平均成本），這些函數的定義域是什麼？

32. ABC 公司使用成本 $400 + 5\sqrt{x(x-4)}$ 元製造玩具爐，每個賣 6 元。

   (a) 求製造 x 玩具爐總利潤 $P(x)$ 之公式。

   (b) 計算 $P(200)$ 及 $P(1000)$。

   (c) ABC 公司必須製造多少爐剛好損益平衡？

33. 求以一數 x 超越它的平方之量 $E(x)$ 之公式，畫關於 $0 \le x \le 1$ 之 $E(x)$ 的圖形，使用此圖形以最

大量估計正數小於或等於 1 超越它的平方。

34. 令 P 為等邊三角形的周長，求此三角形的面積公式。

35. 一正三角形有一固定斜邊長 h 及一股長 x，求另一股長 $L(x)$ 的公式。

36. 一正三角形有一固定斜邊長 h 及一股長 x，求三角形面積 $A(x)$ 的公式。

37. Acme 汽車出租公司租一部車每天收費 $24，加上每哩需要收 $0.40。
    (a) 寫出租一天總租費用 $E(x)$，x 為行駛哩數。
    (b) 若你租車一日，費用 $120 你行駛多少哩數？

38. 一半徑 r 的正圓柱內接於半徑 $2r$ 的球形，求以 r 表示圓柱體積的公式 $V(r)$。

39. 一哩軌跡有平行邊及相等半圓端，求由軌跡包圍的面積，此面積以半圓直徑 d 表示的公式，此函數的自然定義域是什麼？

40. 令 $A(c)$ 表示由從直線 $y = x + 1$ 以下，從 y 軸右邊，從 x 軸上方，及從直線 $x = c$ 的左邊所圍區域的面積，此函數被稱為累積函數（accumulation function）（見圖 19），求 (a) $A(1)$　(b) $A(2)$　(c) $A(0)$　(d) $A(c)$　(e) 繪 $A(c)$ 的圖形，(f) A 的定義域及值域是什麼？

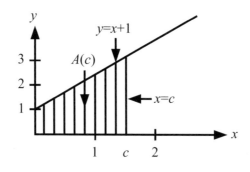

圖 19　累積函數

41. 令 $B(c)$ 表示從曲線 $y = x(1 - x)$ 的圖形以下，從 x 軸上方，及從直線 $x = c$ 的左邊所圍區域的面積，B 的定義域是區間 $[0, 1)$（見圖 20），已知 $B(1) = \dfrac{1}{6}$，(a) 求 $B(0)$，(b) 求 $B\left(\dfrac{1}{2}\right)$，(c) 繪 $B(c)$ 的圖形。

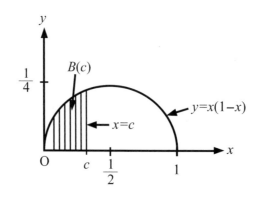

圖 20　$B(c)$ 區域面積

42. 對於所有實數 x 及 y，下列函數哪一個會滿足 $f(x+y)=f(x)+f(y)$ ？
    (a) $f(t)=2t$　(b) $f(t)=t^2$　(c) $f(t)=2t+1$　(d) $f(t)=-3t$

43. 對所有 x 及 y，令 $f(x+y)=f(x)+f(y)$，證明對所有有理數 t 有一數 m 使得 $f(t)=mt$。提示：首先 m 被決定是什麼，接著是進行步驟，開始 $f(0)=0$，對於自然數 P，$f(P)=mP$，$f\left(\dfrac{1}{P}\right)=\dfrac{m}{P}$，等等。

44. 一棒球場是邊長 90 bt 的四方形，一打擊者，在全壘打之後，在 10 ft/sec 緩慢繞棒球場，令 s 表示在 t 秒後從本壘板打擊者的距離。
    (a) 以四部分公式表示 s 是 t 的函數。
    (b) 以三部分公式表示 s 是 t 的函數。

P.6　函數的運算

　　正如兩個數 a 與 b 可以被加起來產生新的數（new number）$a+b$，如此，兩個函數 f 與 g 可以被加起來產生新函數（new function）$f+g$，這是剛如幾個函數的運算（operation of functions）之一，本節將介紹函數的運算。

■ 減、乘、除、根號與冪方

　　考慮函數搭配公式

$$f(x)=\frac{x-3}{2}\text{，}\ g(x)=\sqrt{x}$$

我們已經指定 x，可以製造新函數 $f(x)+g(x)=(x-3)/2+\sqrt{x}$，亦即

$$(f+g)(x)=f(x)+g(x)=\frac{x-3}{2}+\sqrt{x}$$

當然對於定義域我們必須小心，顯然地，x 必須是一數使得 f 與 g 兩者可以運算，換言之，$f+g$ 的定義域是 f 與 g 的定義域之交點（intersection）（公有部分（common pant）），如圖 1 所示。

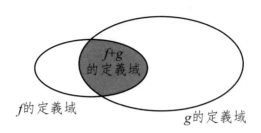

圖 1　f 與 g 定義域的交集

函數 $f - g$，$f \cdot g$，與 f/g 以完全類比方式被介紹，假設 f 與 g 有它們的自然定義域，現說明如下：

公式		定義域
$(f+g)(x) = f(x) + g(x) = \dfrac{x-3}{2} + \sqrt{x}$	（和）	$[0, \infty)$
$(f-g)(x) = f(x) - g(x) = \dfrac{x-3}{2} - \sqrt{x}$	（差）	$[0, \infty)$
$(f \cdot g)(x) = f(x) \cdot g(x) = \dfrac{x-3}{2}\sqrt{x}$	（乘）	$[0, \infty]$
$\left(\dfrac{f}{g}\right)(x) = \dfrac{f(x)}{g(x)} = \dfrac{x-3}{2\sqrt{x}}$	（高）	$(0, \infty)$

我們必須從 $\dfrac{f}{g}$ 的定義域排除 0 為避免被 0 除。

同時我們可以讓一函數自乘，使用 f^n，我們的意思是函數指定 x 可求 $[f(x)]^n$ 的值，因此

$$g^3(x) = [g(x)]^3 = (\sqrt{x})^3 = x^{\frac{3}{2}}$$

對於上述的指數（exponents）有一個例外，就是當 $n = -1$，我們保留符號 f^{-1} 表示反函數（inverse function），因此 f^{-1} 不是 $\dfrac{1}{f}\left(f^{-1} \neq \dfrac{1}{f}\right)$。

例題 1　令 $F(x) = \sqrt[4]{x+1}$ 與 $G(x) = \sqrt{9-x^2}$，搭配相對應的自然定義域 $[-1, \infty]$ 與 $[-3, 3]$，求關於 $F + G$，$F - G$，$F \cdot G$，F/G，及 F^5 的公式，並給予它們的自然定義域。

解

公式	定義域
$(F+G)(x)=F(x)+G(x)=\sqrt[4]{x+1}+\sqrt{9-x^2}$	$[-1, 3]$
$(F-G)(x)=F(x)-G(x)=\sqrt[4]{x+1}-\sqrt{9-x^2}$	$[-1, 3]$
$(F \cdot G)(x)=F(x) \cdot G(x)=\sqrt[4]{x+1}\sqrt{9-x^2}$	$[-1, 3]$
$\left(\dfrac{F}{G}\right)(x)=\dfrac{F(x)}{G(x)}=\dfrac{\sqrt[4]{x+1}}{\sqrt{9-x^2}}$	$[-1, 3)$
$F^5(x)=[F(x)]^5=(\sqrt[4]{x+1})^5=(x+1)^{\frac{5}{4}}$	$[-1, \infty]$

■

■函數的分類與結合

函數的現代觀念是許多 17 和 18 世紀數學家努力推導出來的，特別要注意的是 Leonhard Euler，我們是受惠的是關於函數符號 $y = f(x)$，在 18 世紀末，數學家與科學家已經結論取自一群函數〔稱為基本函數（elementary functions）〕的數學模型（mathematical models）可以描述真實領域現象。基本函數可分成三種類：

1. 代數函數（algebraic functions）〔多項式（polynomial），根號（nadical），有理函數（rational functions）〕

2. 三角函數（trigonometric functions）〔正弦（sine），餘弦（cosine），正切（tangent）等〕

3. 指數（exponential）與對數（logarithmic）函數。

代數函數最常用型號是多項式函數（polynomial function）

1
$$f(x)=a_n x^n+a^{n-1}x^{n-1}+\cdots+a_2 x^2+a_1 x+a_0 , a_n \neq 0$$

式中正整數 n 是多項式函數的次方（degree），常數（constants）a_i 是係數（coefficients），搭配多項式函數的首項係數（leading coefficient）a_n 及常數項（constant term）a_0，它是公用使用下註標符號表示一般多項式函數的係數，但是對於低次方的多項式函數，下列更簡單形式是經常被使用。

0 次方（zeroth degree）$= f(x) = a$〔常數函數（constant function）〕

1 次方（first degree）$= f(x) = x$〔恆等函數（identity function）〕

1 次方（first degree）$= f(x) = ax + b$〔線性函數（linear function）〕

2 次方（second degree）$= f(x) = ax^2 + bx + c$〔二次函數（quadratic function）〕

3 次方（thrird degree）$= f(x) = ax^3 + bx^2 + cx + d$〔三次函數（cubic function）〕

註記：Leonhard Euler（1707-1783）

　　除了對大部數學的每一支做出主要貢獻之外，*Euler* 是最先應用微積分至物理的真實生活問題之一，他延伸發表著作主題包括造船，聲學，光學，天文學，力學，及磁學。

　　縱使非常數多項式函數的圖形可以有許多翻轉（turns），最後當 x 向右或向左移動，圖形將無界限的上升或下降，最後 (1) 式的圖形上升或下降是由函數的次方（奇數或偶數）及領導係數（$a_n > 0$ 或 $a_n < 0$）所決定，如圖 2 所示，注意圖形虛線部分表示首項係數檢測法（leading coefficient test）僅決定圖形向右及向左的行為。

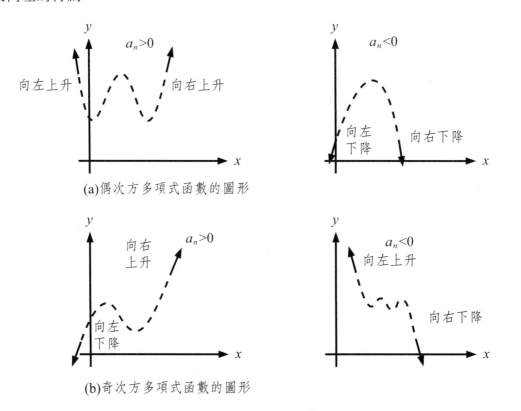

(a)偶次方多項式函數的圖形

(b)奇次方多項式函數的圖形

圖 2　關於多項式函數的首項係數檢測法

多項式函數的商（quotients）被稱為有理函數（rational function），因此 f 是一有理函數，若它是有這種形式

$$\boxed{2} \quad \boxed{f(x)=\dfrac{p(x)}{q(x)}=\dfrac{a_nx^n+a_{n-1}x^{n-1}+\cdots+a_1x+a_0}{b_mx^m+b_{m-1}x^{m-1}+\cdots+b_1x+b_1}\,,\ q(x)\neq0,\,a_n\neq0,\,b_m\neq0}$$

式中 $p(x)$ 及 $q(x)$ 為多項式，有理函數的定義域包括分母不為 0 的那些實數。

多項式函數和有理函數是代數函數〔algebraic functions 或顯式代數函數（explicit algebraic functions）〕的例子，x 的一個代數函數是一個可以被表示為和〔sums 或加（addition）〕，差〔difference 或減（subtractron）〕、乘（multiples 或 multiplicatron）、商〔quotients 或除（divisions）〕，及根號〔radicals 或開方法（root extraction）〕包含 x^n，例如 $f(x)=3x^{\frac{2}{5}}=3\sqrt[5]{x^2}$ 及 $g(x)=\dfrac{(x+2)\sqrt{x}}{x^3+\sqrt[3]{x^2-1}}$ 是代數函數。不是代數函數是超越函數（transcendental function），例如三角函數是超越函數。

註記：一個圖形的 x 截距是被定義在點 $(a, 0)$ 處圖形橫過 x 軸，若此圖形表示一函數 f，數 a 是 f 的根（zero），換句話說，一函數 f 的根是方程式 $f(x)=0$ 的解（solution），例如，函數 $f(x)=x-4$ 在 $x=4$ 有一個根因為 $f(4)=0$。

註記：實用及歷史的重要地方占據的問題，求得問題方程式的解為

$$\boxed{3} \quad \boxed{f(x)=0}$$

若 $f(x)$ 可以多項式函數表示 $f(x)=a_nx^n+a_{n-1}x^{n-1}+\cdots+a_1x+a$，$a_n\neq0$，則 (3) 式被稱為代數函數（algebraic functions）或多項式函數被稱為超越函數（transcendental functions）。三角函數，反三角函數，指數函數，及對數函數等是超越函數。

基本函數（elementary function）：多項式函數，有理函數，冪方函數，指數函數，對數函數，三角及反三角函數，雙曲線及反雙曲線函數且這些函數可以使用加、減、乘、除，根號，及合成等表達得到。

非基本函數（nonelementary function）：不是基本函數。

封閉型解（a closed-form solutron）：一方程式的解可以基本函數表達的。

非封閉型解（nonclosed form solutron）：一方程式的解無法以基本函數表達的。

我們可以使用另一個方法結合兩個函數，稱為合成（compostion），此合成出來的函數是被稱為合成函數（composite function）。

合成函數的定義

令 f 與 g 為函數，由 $(fog)(x) = f(g(x))$ 給定的函數被稱為 f 搭配 g 的合成函數，$f \circ g$ 的定義域（「$\circ$」讀作「circle」）是所有 x 在 g 的定義域的集合使得 $g(x)$ 是 f 的定義域（見圖 3）。

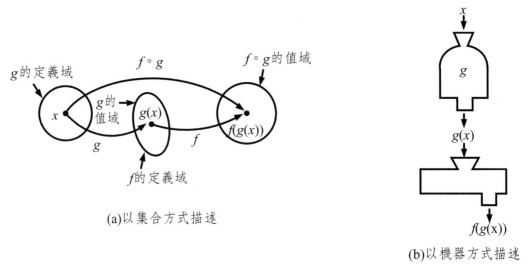

(a)以集合方式描述

(b)以機器方式描述

圖 3　合成函數 $f(g(x))$

在前面的例子，我們有 $f(x) = \dfrac{x-3}{2}$ 及 $g(x) = \sqrt{x}$，我們以兩種方式合成這兩個函數：

$$(f \circ g)(x) = f(g(x)) = f(\sqrt{x}) = \frac{\sqrt{x} - 3}{2}$$

$$(g \circ f)(x) = g(f(x)) = g\left(\frac{x-3}{2}\right) = \sqrt{\frac{x-3}{2}}$$

我們立刻注意到 $(f \circ g)(x) \neq (g \circ f)(x)$，因此我們說函數合成是不適合交換律（commutative law）。

　　我們必須小心描述合成函數的定義域，$f \circ g$ 的定義域是等於 x 滿足下列性質那些值的集合：

1. x 是在 g 的定義域內，

2. $g(x)$ 是在 f 的定義域內。

　　換句話說，若我們考慮 $(g \circ f)(x)$，則 x 必須對於 f 有效輸入，且 $f(x)$ 必須對 g 有效輸入，以我們的例子中，令 $x = 2$ 是在 f 的定義域中　，但是它並沒有在 g。f 的定義域中，因為這個將導致負數的開根號：

$$g(f(z)) = g\left(\frac{(2-3)}{2}\right) = g\left(-\frac{1}{2}\right) = \sqrt{-\frac{1}{2}}$$

$g \circ f$ 的定義域是區間 $[3, \infty)$ 因為 $f(x)$ 在這個區間上是非負數，且輸入 g 必須是非負數，$f \circ g$ 的定義域是區間 $[0, \infty)$，因此，我們知道 $g \circ f$ 及 $f \circ g$ 的定義域可以不同，圖 4 說明 $g \circ f$ 的定義域如何排除對於 $f(x)$ 不在 g 的定義域的 x 之那些值。

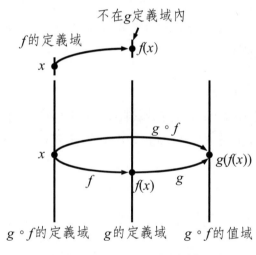

圖 4　$g \circ f$ 及 $f \circ g$ 的定義不同

例題 2（求合成函數）

　　已知 $f(x) = 2x - 3$ 及 $g(x) = \cos x$，求每一個合成函數。

　　(a) $f \circ g$　(b) $g \circ f$

解　　(a)　$(f \circ g)(x) = f(g(x))$　　　　　　　（$f \circ g$ 的定義）

　　　　　　　　　　$= f(\cos x)$　　　　　　　（對於 $g(x)$ 代入 $\cos x$）

$$= 2(cosx) - 3 \qquad (f(x) \text{ 的定義})$$

$$= 2cosx - 3 \qquad \text{簡化}$$

(b) $(g \circ f)(x) = g(f(x))$ 　　　　（$g \circ f$ 的定義）

$$= g(2x - 3) \qquad (\text{對於 } f(x) \text{ 代入 } 2x - 3)$$

$$= cos(2x - 3) \qquad (g(x) \text{ 的定義})$$

注意：$(f \circ g)(x) \neq (g \circ f)(x)$ ∎

例題 3 令 $f(x) = \dfrac{6x}{x^2 - 9}$ 及 $g(x) = \sqrt{3x}$，搭配它們的自然定義域。

解

(a) $(f \circ g)(12) = f(g(12)) = f(\sqrt{36}) = f(6) = \dfrac{6 \cdot 6}{(6)^2 - 9} = \dfrac{4}{3}$

(b) $(f \circ g) = f(g(x)) = f(\sqrt{3x}) = \dfrac{6\sqrt{3x}}{(\sqrt{3x})^2 - 9}$

$\sqrt{3x}$ 出現在分子及分母，對於 x 的任意負數將導致負數的平方根，因此，所有負數必須從 $f \circ g$ 的定義域排除，對於 $x \geq 0$，我們有 $(\sqrt{3x})^2 = 3x$，允許我們寫

$(f \circ g)(x) = \dfrac{6\sqrt{3x}}{3x - 9} = \dfrac{2\sqrt{3x}}{x - 3}$

我們同時必須由 $f \circ g$ 的定義域排除 $x = 3$，因為 $g(3)$ 是不在 f 的定義域之內（它將引起被 0 除）因此，$f \circ g$ 的定義域是 $[0,3) \cup (3, \infty)$。∎

在微積分方面，我們將經常需要對已知函數寫它成為兩個更簡單函數的合成函數，通常，這個可以許多方法施行之，例如，$p(x) = \sqrt{x^2 + 4}$ 可被寫成

$p(x) = g(f(x))$，式中 $g(x) = \sqrt{x}$ 及 $f(x) = x^2 + 4$

或

$p(x) = g(f(x))$，式中 $g(x) = \sqrt{x + 4}$ 及 $f(x) = x^2$

（我們檢驗此兩種合成函數 $P(x) = \sqrt{x^2 + 4}$ 具有定義域 $(-\infty, \infty)$），將合成函數 $p(x) = g(f(x))$ 分解（decomposition）成 $f(x) = x^2 + 4$ 與 $g(x) = \sqrt{x}$ 被認為是更簡

單且是通常認爲最好的，因此我們可以視 $p(x)=\sqrt{x^2+4}$ 爲一 x 函數的平方根（square root）。

例題 4　寫函數 $p(x) = (x + 2)^5$ 爲一合成函數 $g \circ f$。

解　　很明顯的方法分解 $p(x)$ 是將其寫爲
$p(x) = g(f(x))$，式中 $g(x) = x^5$ 及 $f(x) = x + 2$
因此我們視 $p(x) = (x + 2)^5$ 爲一 x 函數的 5 冪次方。　　■

■函數的平衡與轉換

觀察一函數如何從一個非常簡單的圖形可被建立許多輔助繪圖，我們也許問這個問題：下列這些函數的圖形彼此如何相關？

$$y = f(x)，y = f(x - 3)，y = f(x) + 2，y = f(x - 3) + 2$$

考慮 $f(x) = |x|$ 做爲一個範例，相對應的 4 個圖形被顯示，如圖 5 所示。

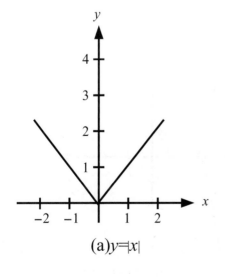

(a)$y=|x|$

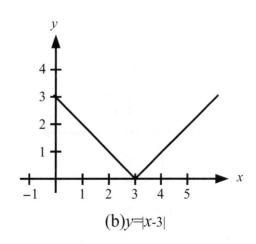

(b)$y=|x-3|$

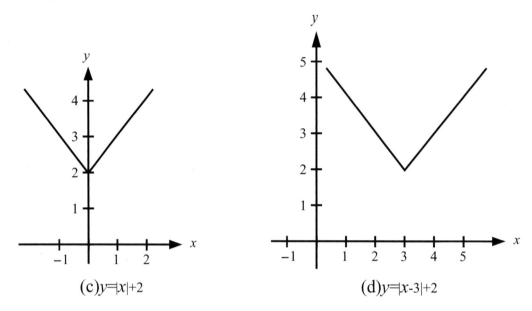

(c)$y=|x|+2$　　　　　　　　　(d)$y=|x-3|+2$

圖5　$y = |x|$ 的平移

　　注意所有 4 個圖都有相同的形狀，後 3 個是第 1 個圖形的平移〔translation，或稱移動（shift）〕的結果，(b) 圖是將 (a) 圖向右平移 3 個單位，(c) 圖是將 (a) 圖向上平移 2 單位，(d) 圖是將 (b) 圖向上移動 2 單位。

　　圖 5 說明 $f(x) = |x|$ 平移的典型範例，圖 6 提供函數 $f(x) = x^3 + x^2$ 的範例圖形說明。

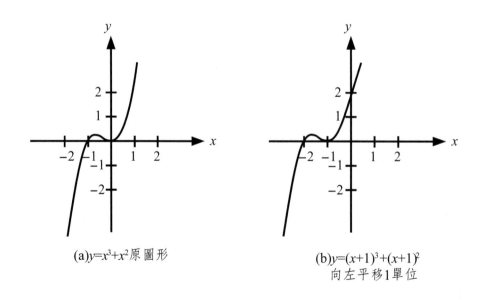

(a)$y=x^3+x^2$原圖形　　　　　　(b)$y=(x+1)^3+(x+1)^2$
　　　　　　　　　　　　　　　向左平移1單位

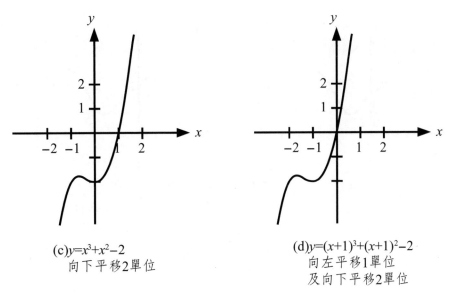

(c)$y=x^3+x^2-2$
向下平移2單位

(d)$y=(x+1)^3+(x+1)^2-2$
向左平移1單位
及向下平移2單位

圖6　$y=x^3+x^2$ 的平移

　　完全相同原理應用在一般情況，它們是以圖 7 搭配 h 及 k 兩者為正數的圖 7 說明，若 $h<0$，則平行是向左；若 $k<0$，則平移是向下。

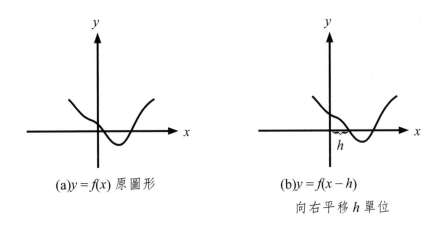

(a)$y=f(x)$ 原圖形

(b)$y=f(x-h)$
向右平移 h 單位

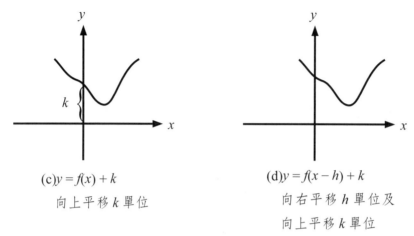

(c)$y = f(x) + k$

向上平移 k 單位

(d)$y = f(x-h) + k$

向右平移 h 單位及

向上平移 k 單位

圖 7　$y = f$ 的平移

例題 5　首先繪 $f(x) = \sqrt{x}$ 的圖形，接著使用適當平移畫 $g(x) = \sqrt{x+3} + 1$ 的圖形。

解　將 $f(x)$ 的圖形（見圖 8）向左 3 單位及向上 1 單位平行，我們得到 $g(x)$ 的圖形（見圖 9）。

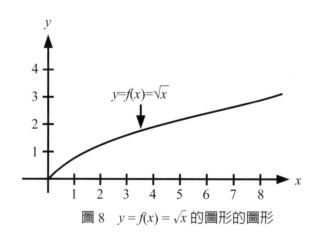

圖 8　$y = f(x) = \sqrt{x}$ 的圖形的圖形

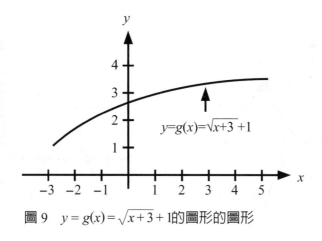

圖 9　$y = g(x) = \sqrt{x+3} + 1$ 的圖形的圖形

一些圖形族有相同基本形，例如，比較 $y = f(x) = x^2$ 與 4 個其他 2 次函數的圖形，如圖 10 所示。

圖 10 中的每一個是 $y = x^2$ 圖形的轉換（transformation），以這些圖說明了 3 種基本型的轉換是垂直移動（vertical shifts），水平移動（horizontal shifts），及反射（reflection），函數符號良好地儘力於描述平面圖形的轉換，例如，若 $f(x) = x^2$ 是圖 10 中被考慮的原圖形，轉換顯示可以被下列方程式表示

$y = f(x) + 2$　　　（垂直向上移動 2 單位）

$y = f(x + 2)$　　　（水平向左移動 2 單位）

$y = -f(x)$　　　　（對 x 軸反射）

$y = -f(x + 3) + 1$（向左移動 3 單位，對 x 軸反射，及向上移動 1 單位）

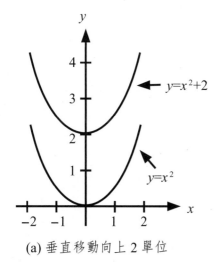

(a) 垂直移動向上 2 單位

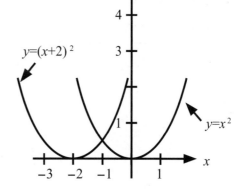

(b) 水平移動向左 2 單位

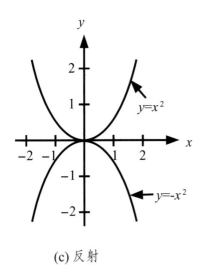
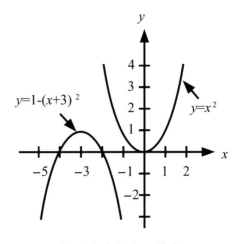

(c) 反射

(d) 水平移動向左 3 單位，
　　反射，及向上移動 1 單位

圖 10　$y = x^2$ 的平移及反射

由圖 5 至圖 10 的說明，我們給到下列有關函數的平移與轉換的一般公式。

轉換基本型（$c > 0$）

原圖形：$y = f(x)$

向右水平移動 c 單位：$y = f(x - c)$

向左水平移動 c 單位：$y = f(x + c)$

向下垂直移動 c 單位：$y = f(x) - c$

向上垂直移動 c 單位：$y = f(x) + c$

對 x 軸反射：$y = -f(x)$

對 y 軸反射：$y = f(-x)$

對原點反射：$y = -f(-x)$

4

習題 P.6

1. 對於 $f(x) = x + 3$ 及 $g(x) = x^2$，求每一值（若可能）。

   (a)$(f + g)(2)$　(b)$(f \cdot g)(0)$　(c)$\left(\dfrac{8}{f}\right)(3)$　(d)$(f \circ g)(1)$　(e)$(g \circ f)(1)$　(f)$(g \circ f)(-8)$

2. 關於 $f(x) = x^2 + x$ 與 $g(x) = \dfrac{2}{x+3}$，求每一值。

   (a)$(f - g)(2)$　(b)$(f/g)(1)$　(c)$g^2(3)$　(d)$(f \circ g)(1)$　(e)$(g \circ f)(1)$　(f)$(g \circ g)(3)$

3. 對於 $\Phi(u) = u^3 + 1$ 及 $\Psi(v) = \dfrac{1}{v}$，求每一值。

   (a)$(\Phi + \Psi)(t)$　(b)$(\Phi \circ \Psi)(r)$　(c)$(\Psi \circ \Phi)(r)$　(d)$\Phi^3(z)$　(e)$(\Phi - \Psi)(5t)$　(f)$((\Phi - \Psi) \circ \Psi)(t)$

4. 若 $f(x) = \sqrt{x^2 - 1}$ 及 $g(x) = \dfrac{2}{x}$，對於下列求公式及敘述它們的定義域。

   (a)$(f \circ g)(x)$　(b)$f^4(x) + g^4(x)$　(c)$(f \circ g)(x)$　(d)$(g \circ f)(x)$

5. 若 $f(x) = \sqrt{s^2 - 4}$ 及 $g(w) = |1 + w|$，求 $(f \circ g)(x)$ 及 $(g \circ f)(x)$ 的公式。

6. 若 $g(x) = x^2 + 1$，求 $g^3(x)$ 及 $(g \circ g \circ g)(x)$ 的公式。

7. 計算 $g(3.141)$ 若 $g(n) = \dfrac{\sqrt{n^3 + 2n}}{2 + n}$。

8. 計算 $g(2.03)$ 若 $g(x) = \dfrac{(\sqrt{x} - \sqrt[3]{x})^4}{1 - x + x^2}$。

9. 計算 $[g^2(\pi) - g(\pi)]^{\frac{1}{3}}$ 若 $g(v) = |11 - 7v|$。

10. 計算 $[g^3(\pi) - g(\pi)]^{\frac{1}{3}}$ 若 $g(x) = 6x - 11$。

11. 求 f 及 g 為的是 $F = g \circ f$。(a) $F(x) = \sqrt{x + 3}$　(b) $F(x) = (x^2 + x)^{15}$

12. 求 f 及 g 為了 $p = f \circ g$。(a) $p(x) = \dfrac{2}{(x^2 + x + 1)^3}$　(b) $p(x) = \dfrac{1}{x^3 + 3x}$

13. 以 2 種不同方法寫 $p(x) = 1/\sqrt{x^2 + 1}$ 正如 3 個函數的合成。

14. 寫 $p(x) = 1/\sqrt{x^2 + 1}$ 正如 4 個函數的合成。

15. 首先繪 $g(x) = \sqrt{x}$，接著平移畫 $f(x) = \sqrt{x - 2} - 3$ 的圖形。

16. 首先畫 $h(x) = |x|$，接著平移繪 $g(x) = |x + 3| - 4$ 的圖形。

17. 使用平移繪 $f(x) = (x - 2)^2 - 4$ 的圖形。

18. 使用平移畫 $f(x) = (x + 1)^3 - 3$ 的圖形。

19. 使用相同座標軸繪 $f(x) = (x - 3)/2$ 及 $g(x) = \sqrt{x}$ 的圖形，接著增加 y 軸繪 $f + g$ 的圖形。

20. 關於 $f(x) = x$ 及 $g(x) = |x|$，跟隨 19 題方向施作。

21. 繪 $F(t) = \dfrac{|t| - t}{t}$ 的圖形。

22. 畫 $G(t) = t - [[t]]$ 的圖形。

23. 敘述下列每一個是否是奇函數、偶函數或兩者都不是，證明你的敘述。

    (a) 兩個偶函數的和　(b) 兩個奇函數的和　(c) 兩個偶函數的積　(d) 兩個奇函數的積
    (e) 一個偶函數和一個奇函數的積

24. 令 F 是任意函數每當它的定義域包含一 x，它總是包含 x，證明下列每一個。

    (a)$F(x) - F(-x)$ 是一奇函數　(b)$F(x) + F(-x)$ 是一偶函數
    (c)F 可以總是可被表示為一奇函數與一偶函數的和。

25. 每一個偶數次方的多項式是一偶函數嗎？每一個奇數次方的多項是一奇函數嗎？請解釋。

26. 分類下列每一個為多項式函數（polynomial function），有理函數 RF（rational function，但不

是多項式函數），或兩者都不是。

(a) $f(x)=3x^{\frac{1}{2}}+1$　　(b) $f(x)=3$　　(c) $f(x)=3x^2+2x^{-1}$　　(d) $f(x)=\pi x^3-3\pi$　　(e) $f(x)=\dfrac{1}{x+1}$

(f) $f(x)=\dfrac{x+1}{\sqrt{x+3}}$

27. 對於某些產品的單位價格 P（分（cent））與需求 D（1000／單位）之間的關係式出現滿足
$P=\sqrt{29-3D+D^2}$
換言之，自從 1970 以來，需求過去 t 年依據 $D=2+\sqrt{t}$ 上升。
(a) 表示 P 為 t 的函數。
(b) 計算 $t=15$ 時的 P 值。

28. t 年經商之後，汽車製造商是每年生產 $120+2t+3t^2$ 單位，銷售價格（元／單位）依據公式 $6000+700t$ 公式上升，在 t 年後，對於製造商年收益 $R(t)$ 寫出一公式。

29. 正午開始，飛機 A 向正北方以 $400\dfrac{\text{mi}}{\text{hr}}$ 飛行，1 小時後開始，飛機 B 向正東方以 $300\dfrac{\text{mi}}{\text{hr}}$ 飛行，忽略地球的曲率及假設它們在同一高程飛行，對於 $D(t)$ 求一公式，$D(t)$ 為在中午之後兩部飛機飛行 t 小時之間的距離。提示：$D(t)$ 將有兩個公式，一為若 $0<t<1$ 及另一為若 $t\geq1$。

30. 令 $f(x)=\dfrac{ax+b}{cx-a}$，證明 $f(f(x))=x$，條件 $a^2+bc\neq0$ 及 $x\neq\dfrac{a}{c}$。

31. 令 $f(x)=\dfrac{x-3}{x+1}$，證明 $f(f(f(x)))=x$，條件 $x\neq\pm1$。

32. 令 $f(x)=\dfrac{x}{x-1}$，求並簡化每一值。
(a) $f\left(\dfrac{1}{x}\right)$　　(b) $f(f(x))$　　(c) $f\left(\dfrac{1}{f(x)}\right)$

33. 令 $f(x)=\dfrac{x}{\sqrt{x-1}}$，求並簡化。
(a) $f\left(\dfrac{1}{x}\right)$　　(b) $f(f(x))$

34. 證明函數合成的運算是結合性，亦即 $f_1\circ(f_2\circ f_3)=(f_1\circ f_2)\circ f_3$

35. 令 $f_1(x)=x$，$f_2(x)=\dfrac{1}{x}$，$f_3(x)=1-x$，$f_4(x)=\dfrac{1}{1-x}$，$f_5(x)=\dfrac{x-1}{x}$，及 $f_6(x)=\dfrac{x}{x-1}$，注意 $f_3(f_4(x))$
$=f_3\left(\dfrac{1}{1-x}\right)=1-\dfrac{1}{1-x}=\dfrac{x}{x-1}=f_6(x)$：亦即 $f_3\circ f_4=f_6$，事實上，這些函數的任兩個的合成是條列中的另一個，在圖 11 中填入合成表。

0	f_1	f_2	f_3	f_4	f_5	f_6
f_1						
f_2						
f_3				f_6		
f_4						
f_5						
f_6						

圖 11

接著使用這個表求下列每一個，從 34 題，你知道符合結合律（associative law）。

(a) $f_3 \circ f_3 \circ f_3 \circ f_3 \circ f_3$　(b)$f_1 \circ f_2 \circ f_3 \circ f_4 \circ f_5 \circ f_6$　(c)F 若 $F \circ f_6 = f_1$　(d)G 若 $G \circ f_3 \circ f_6 = f_1$

(e) H 若 $f_2 \circ f_5 \circ H = f_5$

在第 36 至 39 題中，對於一函數已經有給定圖形，求此函數的方程式

36. 聯結 $(-4, 3)$ 及 $(0, -5)$ 的線段

37. 聯結 $(1, 2)$ 及 $(5, 5)$ 的線段

38. 拋物線 $x + y^2 = 0$ 的下半部

39. 圓 $x^2 + y^2 = 4$ 的下半部

40. 寫此函數 $f(x) = |x| + |x - 2|$，不使用絕對值符號。

41. 證明此函數是奇函數。
$$f(x) = a_{2n+1}x^{2n+1} + \cdots + a_3x^3 + a_1x$$

42. 證明此函數是偶函數。
$$f(x) = a_{2n}x^{2n} + a_{2n-2}x^{2n-2} + \cdots + a_2x^2 + a_0$$

43. 證明兩偶函數（或兩奇函數）的積是偶函數。

44. 證明一奇函數與一偶函數的積是奇函數。

P.7　三角函數

　　在自然、經濟與企業上經常有許多具有規律性且重複出現的現象，例如，潮水的漲退、身體的呼吸、血液的循環及小提琴弦的振動等。

　　三角函數（trigonometric functions），尤其是正弦與餘弦函數（sine and cosine functions），可用來描述上述重複發生之現象，我們現在就開始對這些有用的數學模式（mathematical models）先做一基本介紹，其他有關的三角函數將在其他章節分別深入研究。

■角度的度量

　　角度的度量單位有度（degrees）與弳度（弧度）（radians）兩種，在微積分裡採用弳度（弧度）最自然。將圓周分成 360 等分，每一等分的圓弧所對應的圓心角（central angle）規定為 1 度，記為 1°。在圓周上取半徑之長的圓弧所對應的圓角心就規定為 1 弳度（1 弧度）。如果圓心角 $\angle A'O'B'$ 所對應的弧長為 s，圓的半徑為 r，令此圓心角為 θ，則 θ 的度量（見圖 1）為

1 　$\theta = \dfrac{s}{r}$ 弧（弳）度　或　$s = r\theta$

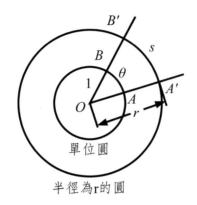

圖 1　圓心角 $\theta = \dfrac{s}{r}$ 弧度，當半徑 $r = 1$ 時，θ 正好是圓心角 $\angle AOB$ 截取單位圓的弧長。

考慮單位圓，$r = 1$，則一圓周角為 $360°$ 或 2π 弧度，令 $\theta_d =$ 度度量，$\theta_r =$ 弧（弳）度量，因此弳（弧）與度兩者間的轉換公式為

2

$$\frac{\theta_d}{360} = \frac{\theta_r}{2\pi}$$

或

3

$$\theta_r = \frac{\pi}{180}\theta_d$$
$$\theta_d = \frac{180}{\pi}\theta_r$$

在 xy 平面上，以原點為頂點，以正向 x 軸為始邊（initial side）的角，叫做標準位置角（standard positions）（圖 2）。以 x 軸為基準，逆時針旋轉的角為正角，順時針旋轉的角為負角。

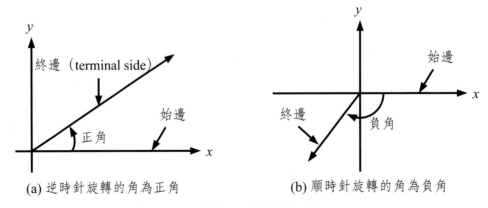

(a) 逆時針旋轉的角為正角　　　　(b) 順時針旋轉的角為負角

圖 2　在 xy 平面上的標準位置角

逆時針或順時針旋轉的角，可以超過 2π 弧度或 $360°$。因此，正角可超過 2π 弧度，負角可超過 2π 弧度（圖 3）。

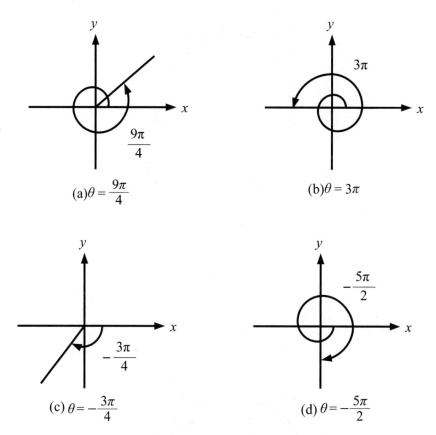

圖 3 角的度量可正可負，也可超過 2π 弧度。

角度的規約（angle convention）：採用弳（弧）度制（use radians）今後本書涉及的角皆採用弳度單位，除非另有聲音，當我們說 $\frac{\pi}{3}$ 的角度時，一概是指 $\frac{\pi}{3}$ 弳度（此時為 $60°$），而不是 $\frac{\pi}{3}$ 度。弳（弧）度制的優點是利用到圓的幾何天性，並且對微積分的運算比較簡潔。

如圖 4 所示，對 $\theta > 2\pi$，一角的弳度量為 θ 乃表示：從點 $A(1, 0)$ 以反時針向沿單位圓轉至 B 點所走之距離，而半徑 OB 旋轉 $\frac{\theta}{2\pi}$ 圈。

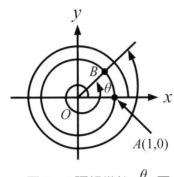

圖 4　θ 弳相當於 $\dfrac{\theta}{2\pi}$ 圈

如此，任一正數 s 就對應某角之弳度量，而且存在 $0 \le \theta \le 2\pi$ 及整數 $n = 0, 1,$ $2, \cdots$，滿足方程式

$$\boxed{4} \quad \boxed{\; s = \theta + 2n\pi \;}$$

我們稱 θ 爲該角之主輻角（principal angle），如圖 5 所示。

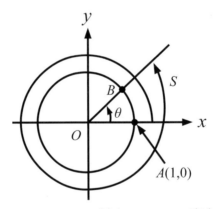

圖 5　$s = \theta + 2n\pi$，其中 $0 \le \theta \le 2\pi$ 表主輻角

兩個角若有相同的始邊與終邊，則稱它們爲同界角（coterminal angle），如：$\dfrac{\pi}{4}$ 或 $\dfrac{\pi}{4} + 2n\pi$（n 爲任意整數），皆爲同界角。

■六個基本的三角函數

讀者也許已經熟悉銳角（acute angle）三角函數（圖 6），由正三角形定義三角函數，$0 < \theta < \dfrac{\pi}{2}$。

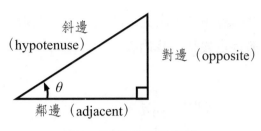

圖 6　銳角的三角函數

正弦：$\sin\theta = \dfrac{對邊}{斜邊}$　　　　餘割：$\csc\theta = \dfrac{斜邊}{對邊}$

餘弦：$\cos\theta = \dfrac{鄰邊}{斜邊}$　　　　正割：$\sec\theta = \dfrac{斜邊}{鄰邊}$

正切：$\tan\theta = \dfrac{對邊}{鄰邊}$　　　　餘切：$\cot\theta = \dfrac{鄰邊}{對邊}$

　　現在我們要把三角函數推廣到標準位置的一般角，也就是使用圓函數定義三角函數。θ 是以弧（弳）度量測的任意角。假設圓的半徑為 r，圓周上有一個點 $P(x, y)$，角的終邊與圓相交（圖 7），那麼我們就定義：

正弦：$\sin\theta = \dfrac{y}{r}$　　　　餘割：$\csc\theta = \dfrac{r}{y}$

餘弦：$\cos\theta = \dfrac{x}{r}$　　　　正割：$\sec\theta = \dfrac{r}{x}$

正切：$\tan\theta = \dfrac{y}{x}$　　　　餘切：$\cot\theta = \dfrac{x}{y}$

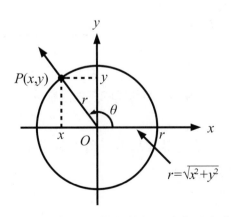

圖 7　一般角的三角函數用 x, y 與 r 來定義

這種推廣的定義，在 θ 爲銳角時，跟先前的銳角三角函數一致。

請注意：當比值都有定義時，我們有

$$\tan\theta = \frac{\sin\theta}{\cos\theta} \qquad \cot\theta = \frac{1}{\tan\theta}$$

$$\sec\theta = \frac{1}{\cos\theta} \qquad \csc\theta = \frac{1}{\sin\theta}$$

我們可以看出，當 $x = \cos\theta = 0$ 時，$\tan\theta$ 與 $\sec\theta$ 都沒有定義。這表示當 $\theta = \pm\frac{\pi}{2}$，$\pm\frac{3\pi}{2}$，…時，它們無定義。同理，當 $y = \sin\theta = 0$ 時，$\cot\theta$ 與 $\csc\theta$ 也都沒有定義。這也表示當 $\theta = 0$，$\pm\pi$, $\pm 2\pi$, …時，它們都無定義。

對於一些特殊角的三角函數值，可以由圖 8 讀出，例如：

$$\sin\frac{\pi}{4} = \frac{1}{\sqrt{2}} \qquad \sin\frac{\pi}{6} = \frac{1}{2} \qquad \sin\frac{\pi}{3} = \frac{\sqrt{3}}{2}$$

$$\cos\frac{\pi}{4} = \frac{1}{\sqrt{2}} \qquad \sin\frac{\pi}{6} = \frac{\sqrt{3}}{2} \qquad \cos\frac{\pi}{3} = \frac{1}{2}$$

$$\tan\frac{\pi}{4} = 1 \qquad \tan\frac{\pi}{6} = \frac{1}{\sqrt{3}} \qquad \tan\frac{\pi}{3} = \sqrt{3}$$

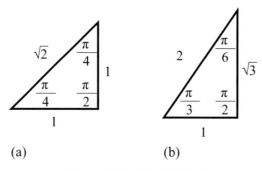

圖 8　特殊角的三角函數

CAST 規則（圖 9）對於記得當基本三角函數是正或負是有用的，例如，從圖 10 中的三角形，我們知道

$$\sin\frac{2\pi}{3} = \frac{\sqrt{3}}{2} \text{，} \cos\frac{2\pi}{3} = -\frac{1}{2} \text{，} \tan\frac{2\pi}{3} = -\sqrt{3}$$

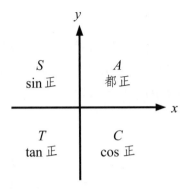

圖 9　CAST 規則，以敘述「Calculus Activates Student Thinking」記憶告訴哪一個三角函數在每一象限是正。

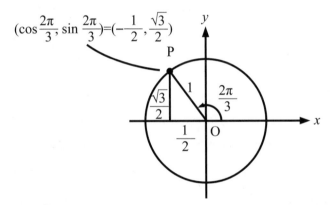

圖 10　關於計算 $\frac{2\pi}{3}$ 弳度的 sin 及 cos 之三角形，邊長來自直角三角形的幾何

■三角函數的週期性與圖形

當量測 θ 的一個角與量測 $\theta + 2\pi$ 的一個角是在標準位置中，它們的終射線（terminal rays）是重疊的，因此這兩個角有相同的三角函數值：$\sin(\theta + 2\pi) = \sin \theta$，$\tan(\theta + 2\pi) = \tan \theta$ 等等，同理，$\cos(\theta - 2\pi) = \cos \theta$，$\sin(\theta - 2\pi) = \sin \theta$ 等等，我們描述這個重複行為說這 6 個基本三角函數是週期性的。

> **定義**
>
> 　　一函數 $f(x)$ 是週期性的若有一正數 p 使得 $f(x + p) = f(x)$，對於任意 x 值，像這最小值的 p 是 f 的週期。

　　當我們在座標平面描繪三角函數時，通常我們以 x 取代 θ 表示獨立變數，圖 11 顯示正切（tan）與餘切（cot）有週期 $P = \pi$，而其他 4 函數有週期 $P = 2\pi$，同時，這些圖形的對稱性揭示餘弦（cos）與正割（sec）函數是偶函數及其他 4 函數是奇函數（縱然這沒有證明那些結果）。

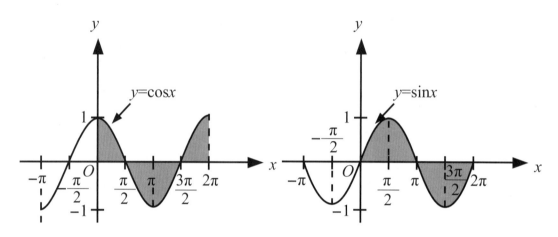

定義域：$-\infty < x < \infty$

值域：$-1 \leq y \leq 1$

週期：2π

(a)$y = \cos x$

定義域：$-\infty < x < \infty$

值域：$-1 \leq y \leq 1$

週期：2π

(b)$y = \sin x$

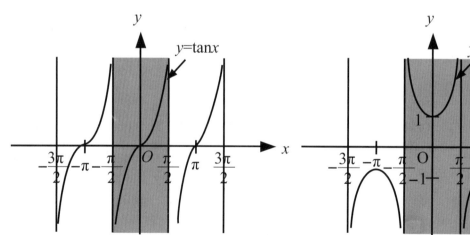

定義域：$x \neq \pm\dfrac{\pi}{2}, \pm\dfrac{3\pi}{2}, \cdots$

值域：$-\infty < y < \infty$

週期：π

(c)$y = \tan x$

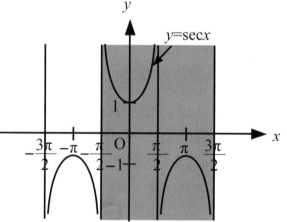

定義域：$x \neq \pm\dfrac{\pi}{2}, \pm\dfrac{3\pi}{2}, \cdots$

值域：$y \leq -1$ 或 $y \geq 1$

週期：2π

(d)$y = \sec x$

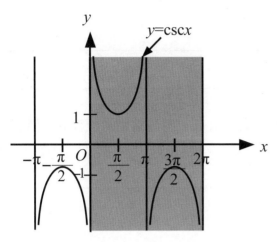

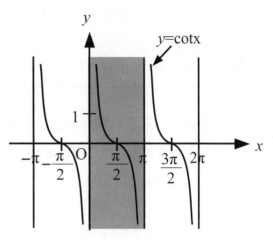

定義域：$x \neq 0, \pm\pi, \pm 2\pi, \cdots$

值域：$y \leq -1$ 或 $y \geq 1$

週期：2π

$(e) y = \csc x$

定義域：$x \neq 0, \pm\pi, \pm 2\pi, \cdots$

值域：$-\infty < y < \infty$

週期：π

$(f) y = \cot x$

圖 11　使用弳（弧）度量測 6 個基本三角函數的圖形，對於每一三角函數的陰影區表示它的週期。

由圖 11 我們得到 6 個基本三角函數的週期、偶函數與奇函數的性質。

三角函數的週期
週期 π：$\tan(x + \pi) = \tan x$
$\cot(x + \pi) = \cot x$
週期 2π：$\sin(x + 2\pi) = \sin x$
$\cos(x + 2\pi) = \cos x$
$\sec(x + 2\pi) = \sec x$
$\csc(x + 2\pi) = \csc x$

偶函數
$\cos(-x) = \cos x$
$\sec(-x) = \sec x$

奇函數
$\sin(-x) = -\sin x$
$\tan(-x) = -\tan x$
$\sec(-x) = -\sec x$
$\cot(-x) = -\cot x$

■三角恆等式

根據定義 $\cos\theta = \dfrac{x}{r}$ 與 $\sin\theta = \dfrac{y}{r}$，就得到

$$x = r\cos\theta，y = r\sin\theta$$

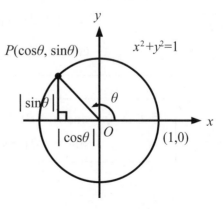

圖 12　一般角 θ 的參考直角三角形

當 $r = 1$ 時,利用畢氏定理(圖 12),就有

5
$$\cos^2\theta + \sin^2\theta = 1$$

這個公式在三角學中對於所有 θ 值都成立,這是一個最常用的恆等式。將它分別除以 $\cos^2\theta$ 與 $\sin^2\theta$,就得到

6
$$1 + \tan^2\theta = \sec^2\theta$$
$$1 + \cot^2\theta = \csc^2\theta$$

結合 6 個基本三角函數的定義,(5) 及 (6) 式,我們可得 Johnson 六邊形,如圖 13 所示。

事實上,(5) 與 (6) 式的三個恆等式是隱藏在三角學中的畢氏定理,不同的表現,下面的和角式與差角式,對於任何 A 與 B 皆成立。

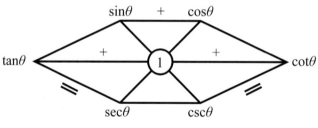

圖 13　Johnson 六邊形

7
和角公式　$\cos(A + B) = \cos A \cos B - \sin A \sin B$
$\sin(A + B) = \sin A \cos B + \cos A \sin B$
$\tan(A + B) = \dfrac{\tan A + \tan B}{1 - \tan A \tan B}$

8
差角公式　$\cos(A - B) = \cos A \cos B + \sin A \sin B$
$\sin(A - B) = \sin A \cos B - \cos A \sin B$

由 (7) 與 (8) 式，可得到下列的三角乘積恆等式。

三角乘積恆等式（trigonometric product identities）

9
$$\sin A \cos B = \frac{1}{2}[\sin (A - B) + \sin (A + B)]$$
$$\sin A \sin B = \frac{1}{2}[\cos (A - B) - \cos (A + B)]$$
$$\cos A \cos B = \frac{1}{2}[\cos (A - B) + \cos (A + B)]$$
$$\cos A \sin B = \frac{1}{2}[\sin (A + B) - \sin (A - B)]$$

由 (8) 式，或描繪 $y = \sin \theta$ 和 $y = \cos\left(\theta - \frac{\pi}{2}\right)$ 的圖形，與由 (8) 式，或描繪 $y = \cos \theta$ 和 $y = \sin\left(\theta - \frac{\pi}{2}\right)$ 的圖形，可以得到下列的餘函數恆等式（cofunction identities）

10
$$\sin \theta = \cos\left(\theta - \frac{\pi}{2}\right) \qquad \cot \theta = \tan\left(\theta - \frac{\pi}{2}\right)$$
$$\cos \theta = \sin\left(\theta - \frac{\pi}{2}\right)$$

本書所需的三角恆等式，皆可由 (5) 式與 (7) 式推導出來。例如：在和角公式中，令 A 與 B 皆為 θ，則得

二倍角公式（double-angle formulas）

11
$$\cos 2\theta = \cos^2 \theta - \sin^2 \theta = 2\cos^2 \theta - 1 = 1 - 2\sin^2 \theta$$
$$\sin 2\theta = 2\sin \theta \cos \theta$$

結合下列兩式：

$$\cos^2 \theta + \sin^2 \theta = 1 \text{，} \cos^2 \theta - \sin^2 \theta = \cos 2\theta$$

就可得到更多的恆等式。例如：將此兩式相加，得到 $2\cos^2 \theta = 1 + \cos 2\theta$，第一

式減去第二式，得到 $2\sin^2\theta = 1 - \cos 2\theta$。

　　從而，得到求算積分時很重要的公式：

半角公式（half-angle formulas）

$$\cos^2\theta = \frac{1 + \cos 2\theta}{2}$$

$$\sin^2\theta = \frac{1 - \cos 2\theta}{2}$$

12

■餘弦定律

　　設 a, b, c 爲 $\triangle ABC$ 的三個邊，若 θ 爲 c 邊所對應的角，則

13

$$c^2 = a^2 + b^2 - 2ab \cos \theta$$

此式叫做餘弦定律（the law of cosines）。

　　爲了證明餘弦定律，我們引入座標系，以 C 爲原點，三角形的一邊在 x 軸上，如圖 14 所示。A 點的座標爲 $(b, 0)$，B 點的座標爲 $[a \cos \theta, a \sin\theta]$，於是 A 與 B 之間的距離平方爲

$$
\begin{aligned}
c^2 &= (a \cos \theta - b)^2 + (a \sin \theta)^2 \\
&= a^2(\cos^2\theta + \sin^2 \theta) + b^2 - 2ab \cos \theta \quad (\cos^2\theta + \sin^2 \theta = 1) \\
&= a^2 + b^2 - 2ab \cos \theta
\end{aligned}
$$

餘弦定律是畢氏定理的推廣或一般化。若 $\theta = \dfrac{\pi}{2}$，則 $\cos \theta = 0$，且 $c^2 = a^2 + b^2$。

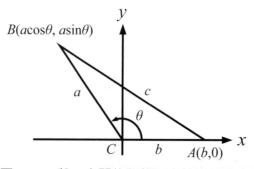

圖 14　A 與 B 之間的距離平方給出餘弦定律

■正弦定律

若 a, b, c 為一個三角形的三邊，它們的對應角為 A, B, C，則有

14
$$\frac{a}{\sin A} = \frac{b}{\sin B} = \frac{c}{\sin C}$$

此式稱為正弦定律（the law of sines）。

為了證明正弦定律，我們將 C 角分為銳角（acute angle）及鈍角（obtuse angle）兩種，如圖 15 所示。

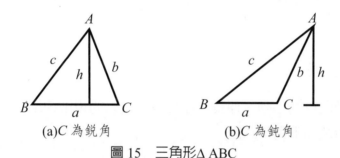

(a)C 為銳角　　　　(b)C 為鈍角

圖 15　三角形Δ ABC

由圖 15 知$\sin B = \dfrac{h}{c}$，若 C 是一銳角，則 $\sin C = \dfrac{h}{b}$，換言之，若 C 是一鈍角，則$\sin C = \sin(\pi - C) = \dfrac{h}{b}$，因此，在兩種案例中，

$$h = b \sin C = c \sin B$$

將上式乘以 a 得到

$$ah = ab \sin C = ac \sin B$$

由餘弦定律知 $\cos C = \dfrac{a^2 + b^2 - c^2}{2ab}$ 及 $\cos B = \dfrac{a^2 + b^2 - c^2}{2ac}$，再者，因為一三角形的內角和是 π，我們有

$$\sin A = \sin(\pi - (B + C)) = \sin(B + C) = \sin B \cos C + \cos B \sin C$$

$$= \left(\frac{h}{c}\right)\left[\frac{a^2+b^2-c^2}{2ab}\right] + \left[\frac{a^2+c^2-b^2}{2ac}\right]\left(\frac{h}{b}\right)$$

$$= \frac{h}{2abc}(2a^2+b^2-c^2+c^2-b^2)$$

$$= \frac{ah}{hc}$$

即 $ah = bc \sin A$。

結合我們的結果，我們有 $ah = ab \sin C$，$ah = ac \sin B$，及 $ah = bc \sin A$，除於 abc 得到

$$\frac{h}{bc} = \frac{\sin A}{a} = \frac{\sin C}{c} = \frac{\sin B}{b}$$　　即為正弦定律。

■三角圖形的轉換

對於一函數圖形的移動、伸長、縮短，及反射的規則總結我們已經在本節討論應用的三角函數為下列示意圖

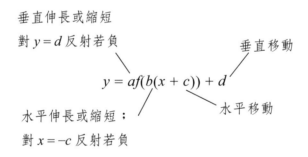

轉換規則（transformation rules）應用到正弦函數給出一般正弦函數（general sine function）或正弦波公式（sinusoid formula）

$$\boxed{15}\quad \boxed{f(x) = A\sin\left(\frac{2\pi}{B}(x-C)\right) + D}$$

式中 $|A|$ 為振幅（amplitude），$|B|$ 是週期（period），C 是水平移動（horizontal shift），及 D 為垂直移動（vertical shift），各種術語的圖形解釋（graphical interpretation）是如圖 16 所示。

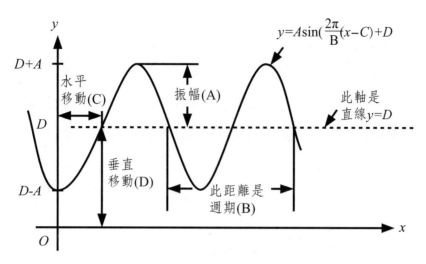

圖 16　正弦波公式的圖形解釋

例題 1　對於美國密蘇里州聖露易市的正常高溫範圍從 1 月 15 日 37°*F* 到 7 月 15 日 89°*F*，正常高溫大致上符合正弦波曲線。

(a)　求 *D*, *A*, *B* 與 *C* 值使得

$$y(x) = A \sin\left(\frac{2\pi}{B}(x - C)\right) + D$$

式中 *x* 表示月自 1 月 1 日起，對於正常高溫是一合理模式（a reasonable model）。

(b)　用此模式求 5 月 15 日的近似正常高溫。

解　因為季節每 12 個月重複，所以需求函數必須有週期 *B* = 12，振幅是最低與最高點之間距離的一半，在此案例中，$A = \frac{1}{2}(89 - 37) = 26$，*D* 值是等於低溫與高溫的中點，因此 $D = \frac{1}{2}(89 + 37) = 63$，函數 *y*(*x*) 必須有這種型式

$$y(x) = 26 \sin\left(\frac{2\pi}{12}(x - C)\right) + 63$$

唯一常數 *C* 待求，最低正常高溫是 37，它發生在 1 月 15 日，大約地是 1 月中旬，因此，我們的函數必須滿足 $y\left(\frac{1}{2}\right) = 37$，及此函數必須當 $x = \frac{1}{2}$ 時達到它的最低點 37，圖 17 是我們到此時資訊的總結。當 $\frac{2\pi x}{12}$

$=-\dfrac{\pi}{2}$，亦即當 $x=-3$ 時函數 $26\sin\left(\dfrac{2\pi}{12}x\right)+63$ 達到它的最低點，因此

我們必須將曲線 $y=26\sin\left(\dfrac{2\pi x}{12}\right)+63$ 向右平移 $\dfrac{1}{2}-(-3)=\dfrac{7}{2}$，在 P.6 節

中，我們曾經顯示 $y=f(x)$ 的圖形以 $x-C$ 取代 x 向右平移 C 單位，因此，

為平移 $y=26\sin\left(\dfrac{2\pi x}{12}\right)+63$ 向右平移 $\dfrac{7}{2}$ 單位，我們必須以 $x-\dfrac{7}{2}$ 取代 x，

因此

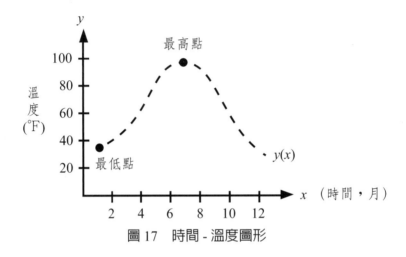

圖 17　時間 - 溫度圖形

$$y(x)=26\sin\left(\dfrac{2\pi}{12}\left(x-\dfrac{7}{2}\right)\right)+63$$

圖 18 說明正常高溫 y 做為時間 x 的函數，式中 x 表示月。

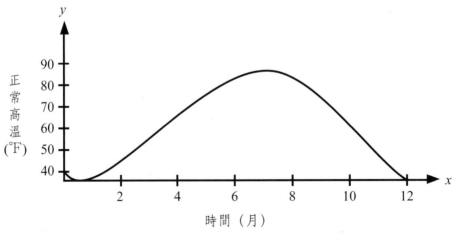

圖 18　正常高溫 $y(x)=26\sin\dfrac{2\pi}{12}\left(x-\dfrac{7}{2}\right)+63$ 的圖形

(b) 為估計 5 月 15 日的正常高溫，我們代入 $x = 4.5$（因為 5 月中旬是該年的 4 及 $\frac{1}{2}$ 月）得到

$$y(4.5) = 26 \sin\left(\frac{2\pi}{12}(4.5 - 3.5)\right) + 63 = 76$$

對於聖露易在 5 月 15 日的正常高溫實際上是 75°F，因此，我們的模式（model）多預測 1°F，考慮給予這麼少的資訊它是顯著的精確。 ∎

註記：模式（模型）（models）與模型建立（modeling）

　　所有模式像例題 1 是真實性的簡化（那是為什麼它們被稱為模式），它是非常重要，必須記得，縱然像這種模式是固有地真實性的簡化，許多模式仍然是有效預測。

例題 2　說明正切（tan）是一奇函數。

證明　$\tan(-\theta) = \dfrac{\sin(-\theta)}{\cos(-\theta)} = \dfrac{-\sin(\theta)}{\cos\theta} = -\tan(\theta)$ ∎

例題 3　驗證下列是恆等式
$$1 + \tan^2\theta = \sec^2\theta, \quad 1 + \cot^2\theta = \csc^2\theta$$

解
$$1 + \tan^2\theta = 1 + \frac{\sin^2\theta}{\cos^2\theta} = \frac{\cos^2\theta + \sin^2\theta}{\cos^2\theta} = \frac{1}{\cos^2\theta} = \sec^2\theta$$
$$1 + \cot^2\theta = 1 + \frac{\cos^2\theta}{\sin^2\theta} = \frac{\sin^2\theta + \cos^2\theta}{\sin^2\theta} = \frac{1}{\sin^2\theta} = \csc^2\theta$$
∎

例題 4　證明下列和恆等式（sum identities）
$$\sin A + \sin B = 2\sin\left(\frac{A+B}{2}\right)\cos\left(\frac{A-B}{2}\right)$$
$$\cos A + \cos B = 2\cos\left(\frac{A+B}{2}\right)\cos\left(\frac{A-B}{2}\right)$$

證明　利用三角乘積恆等式

$$2 \sin\left(\frac{A+B}{2}\right)\cos\left(\frac{A-B}{2}\right) = \sin\left(\frac{A+B}{2}+\frac{A-B}{2}\right) + \sin\left(\frac{A+B}{2}-\frac{A-B}{2}\right)$$

$$= \sin A + \sin B$$

$$2 \cos\left(\frac{A+B}{2}\right)\cos\left(\frac{A-B}{2}\right) = \cos\left(\frac{A+B}{2}+\frac{A-B}{2}\right) + \cos\left(\frac{A+B}{2}-\frac{A-B}{2}\right)$$

$$= \cos A + \cos B \qquad \blacksquare$$

■兩個特殊不等式

對於任意 θ，以弧度量測，

16　$\boxed{-|\theta| \le \sin\theta \le |\theta| \text{ 與 } -|\theta| \le 1 - \cos\theta \le |\theta|}$

為建立這兩個不等式，我們畫 θ 為在標準位置不等零的角，如圖 19 所示，圖 19 是一單位圓，如此 $|\theta|$ 等於圓弧（circular arc）AP 的長，線段 AP 的長是小於 $|\theta|$。

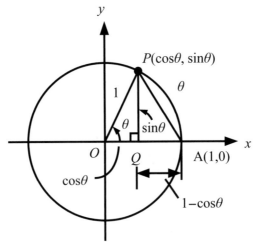

圖 19　從這個圓的幾何性，對於 $\theta > 0$ 畫出，我們得到不等式 $\sin^2\theta + (1 - \cos\theta)^2 \le \theta^2$

$\triangle APQ$ 是一直角三角形，其邊長

$$QP = |\sin\theta|，AQ = 1 - \cos\theta$$

由畢氏定理及事實 $AP < |\theta|$，我們得到

$$\boxed{17} \quad \sin^2 \theta + (1 - \cos \theta)^2 = (AP)^2 \le \theta^2$$

方程式（17）的左邊的項是兩個正數，如此每一個小於它們的和且因此是小於或等於 θ^2：

$$\sin^2 \theta \le \theta^2 \ \text{與} \ (1 - \cos \theta)^2 \le \theta^2$$

藉由取平方根，這是等同說是

$$|\sin \ \theta| \le |\theta| \ \text{與} \ |1 - \cos \theta| \le |\theta|$$

如此

$$-|\theta| \le \sin \theta \le |\theta| \ \text{與} \ -|\theta| \le 1 - \cos \theta \le |\theta|$$

這些不等式在另一章是有用的。

習題 P.7

1. 換算下列度度量成弧度量（留 π 在你的答案）。
   (a)30°　(b)45°　(c)−60°　(d)240°　(e)−370°　(f)10°

2. 換算下列弧度量成度度量。
   (a) $\dfrac{7}{6}\pi$　(b) $\dfrac{3}{4}\pi$　(c) $-\dfrac{1}{3}\pi$　(d) $\dfrac{4}{3}\pi$　(e) $-\dfrac{35}{18}\pi$　(f) $\dfrac{3}{18}\pi$

3. 換算下列度度量成弧度量（$1° = \dfrac{\pi}{180} \approx 1.7453 \times 10^{-2}$ 弧度）。
   (a)33.3°　(b)46°　(c)−66.6°　(d)240.11°　(e)−369°　(f)11°

4. 換算下列弧度量成度度量（1 弧度 $= \dfrac{180}{\pi} \approx 57.296$ 度）。
   (a)3.141　(b)6.28　(c)5.00　(d)0.001　(e)−0.1　(f)36.0

5. 計算（確信你的計算機是需要弧度量或度度量模態）。
   (a) $\dfrac{56.4 \tan 34.2°}{\sin 34.1°}$　(b) $\dfrac{5.34 \tan 21.3°}{\sin 3.1° + \cot 23.5°}$　(c)tan 0.452　(d)sin(−0.361)

6. 計算

(a) $\dfrac{234.1 \sin 1.56}{\cos 0.34}$　(b) $\sin^2 2.51 + \sqrt{\cos 0.51}$

7. 計算

(a) $\dfrac{56.3 \tan 34.2°}{\sin 56.1°}$　(b) $\left(\dfrac{\sin 35°}{\sin 26° + \cos 26°}\right)^3$

8. 不使用計算機計算

(a) $\tan \dfrac{\pi}{6}$　(b)$\sec \pi$　(c) $\sec \dfrac{3\pi}{4}$　(d) $\csc \dfrac{\pi}{2}$　(e) $\cot \dfrac{\pi}{4}$　(f) $\tan\left(-\dfrac{\pi}{4}\right)$

9. 不使用計算機計算

(a) $\tan \dfrac{\pi}{3}$　(b) $\sec \dfrac{\pi}{3}$　(c) $\cot \dfrac{\pi}{3}$　(d) $\csc \dfrac{\pi}{4}$　(e) $\tan\left(-\dfrac{\pi}{6}\right)$　(f) $\cos\left(-\dfrac{\pi}{3}\right)$

10. 驗證下列是恆等式（見例題 3）。

(a) $(1 + \sin z)(1 - \sin z) = \dfrac{1}{\sec^2 z}$

(b) $(\sec t - 1)(\sec t + 1) = \tan^2 t$

(c) $\sec t - \sin t \tan t = \cos t$

(d) $\dfrac{\sec^2 t - 1}{\sec^2 t} = \sin^2 t$

11. 驗證下列是恆等式（見例題 3）

(a) $\sin^2 v + \dfrac{1}{\sin^2 v} = 1$

(b) $\cos 3t = 4\cos^3 t - 3\cos t$（提示：使用倍角恆等式）

(c) $\sin 4x = 8\sin x \cos^3 x - 4\sin x \cos x$（提示：使用倍角恆等式兩次）

(d) $(1 + \cos \theta)(1 - \cos\theta) = \sin^2 \theta$

12. 驗證下列是恆等式。

(a) $\dfrac{\sin u}{\csc u} + \dfrac{\cos u}{\sec u} = 1$

(b) $(1 - \cos^2 x)(1 + \cot^2 x) = 1$

(c) $\sin t(\csc t - \sin t) = \cos^2 t$

(d) $\dfrac{1 - \csc^2 t}{\csc^2 t} = \dfrac{-1}{\sec^2 t}$

13. 畫下列在 $[-\pi, 2\pi]$ 的圖形。

(a)$y = \sin 2x$　(b)$y = 2\sin t$　(c) $y = \cos\left(x - \dfrac{\pi}{4}\right)$　(d)$y = \sec t$

14. 畫下列在 $[-\pi, 2\pi]$ 的圖形。

(a)$y = \csc t$　(b)$y = 2\cos t$　(c)$y = \cos 3t$　(d) $y = \cos\left(t + \dfrac{\pi}{3}\right)$

在第 15～22 題中，求週期，振幅，及平移（水平及垂直兩者），並且繪函數在區間 $-5 \le x \le 5$ 的圖形。

15. $y = 3\cos \dfrac{x}{2}$　　　　16.$y = 2\sin 2x$　　　　17.$y = \tan x$　　　　18. $y = 2 + \dfrac{1}{6}\cot 2x$

19. $y = 3 + \sec(x - \pi)$　20.$y = 21 + 7 \sin(2x + 3)$　21. $y = 3\cos\left(x - \dfrac{\pi}{2}\right) - 1$　22.$y = \tan\left(2x - \dfrac{\pi}{3}\right)$

23. 下列哪一個表達相同圖形？使用三角恆等式檢驗你的分析結果。

(a) $y = \sin\left(x + \dfrac{\pi}{2}\right)$　　(b) $y = \cos\left(x + \dfrac{\pi}{2}\right)$　　　　(c)$y = -\sin(x + \pi)$　　(d)$y = \cos(x - \pi)$

(e)$y = -\sin(\pi - x)$　　(f) $y = \cos\left(x - \dfrac{\pi}{2}\right)$　　　　(g)$y = -\cos(\pi - x)$　　(h) $y = \sin\left(x - \dfrac{\pi}{2}\right)$

24. 下列哪一個是奇函數？偶函數？兩者都不是？

    (a)$t \sin t$　(b)$\sin^2 t$　(c)$\csc t$　(d)$|\sin t|$　(e)$\sin(\cos t)$　(f)$x + \sin x$

25. 下列哪一個是奇函數？偶函數？兩者都不是？

    (a)$\cot t + \sin t$　(b)$\sin^3 t$　(c)$\sec t$　(d)$\sqrt{\sin^4 t}$　(e)$\cos(\sin t)$　(f)$x^2 + \sin x$

在第 26～30 題中，求精確值。提示：半角恆等式也許有幫助。

26. $\cos^2 \dfrac{\pi}{3}$　27. $\sin^2 \dfrac{\pi}{6}$　28. $\sin^3 \dfrac{\pi}{6}$　29. $\cos^2 \dfrac{\pi}{12}$　30. $\sin^2 \dfrac{\pi}{8}$

31. 求對於每一個表達式類似加法恆等式的減法恆等式

    (a)$\sin(x - y)$　(b)$\cos(x - y)$　(c)$\tan(x - y)$

32. 對於正切使用加法恆等式證明對於所有 t 在 $\tan t$ 的定義域內 $\tan(t + \pi) = \tan t$。

33. 證明對於所有 x $\cos(x - \pi) = -\cos x$。

34. 假設運貨車的輪船的外徑是 2.5ft，當這貨運車以速度 $60 \dfrac{\text{mile}}{\text{hr}}$ 運行時輪胎將是每分鐘多少轉？

35. 一半徑 2ft 的飛輪沿水平地面滾動 150 轉會是多遠？

36. 一輸送帶繞過兩個轉輪，如圖 20 所示，當大轉輪以 $21 \dfrac{轉}{秒}$ 運轉時，小轉輪產生每秒多少轉？

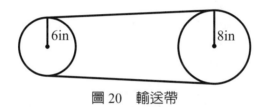

圖 20　輸送帶

37. 一直線的傾斜角 α 是從正 x 軸到直線的最小正角（$\alpha = 0$ 是水平線），證明此直線的斜率等於 $\tan \alpha$。

38. 求下列直線（見 37 題）的傾斜角。

    (a) $y = \sqrt{3}x - 7$　(b) $\sqrt{3}x + 3y = 6$

39. 令 ℓ_1 與 ℓ_2 是兩條非垂直相交直線，其相對應的斜率為 m_1 與 m_2，若 θ 是從 ℓ_1 到 ℓ_2 的角不是直角，則

    $$\tan \theta = \frac{m_2 - m_1}{1 + m_1 m_2}$$

    證明此式使用 $\theta = \theta_2 - \theta_1$，如圖 21 所示。

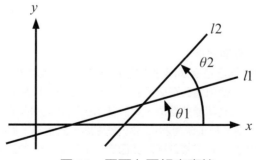

圖 21　平面上兩相交直線

40. 求從第一直線到第二直線的角（見 39 題）（弳度）

    (a)$y = 2x$, $y = 3x$　　(b) $y = \dfrac{x}{2}$, $y = -x$　　(c)$2x - 6y = 12$, $2x + y = 0$

41. 推導一圓的一扇形面積公式$A = \dfrac{1}{2}r^2 t$，這裡 r 是半徑及 t 是圓心角的弳度量（見圖 22）

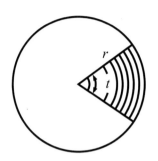

圖 22　一圓的扇形面積

42. 求半徑 5cm 及圓心角 2 弳度圓的扇形面積（見 41 題）。

43. 一正 n 邊多邊形是內接於半徑 r 的圓，求以 n 及 r 表達的周邊公式 P 及面積公式 A。

44. 一等腰三角形是被半圓表示其頂邊，如圖 23 所示，求以邊長 r 及角 t（弳度）表示整個圖的面積 A 之公式（我們說 A 是兩個獨立變數 r 及 t 的函數。）。

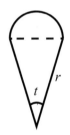

圖 23　等腰三角形及半圓圖

45. 從乘積恆等式，我們得到

    $$\cos\frac{x}{2}\cos\frac{x}{4} = \frac{1}{2}\left[\cos\left(\frac{3}{4}x\right) + \cos\left(\frac{1}{4}x\right)\right]$$

    求關於

    $$\cos\frac{x}{2}\cos\frac{x}{4}\cos\frac{x}{8}\cos\frac{x}{16}$$

    相對應 cos 的和，你看出廣義化嗎？

46. 對於美國內華達的拉斯維加之正常高溫是 1 月 15 日為 55°F 及 7 月 15 日為 105°F，假設這些是那年的極端高溫及低溫，使用這個資訊近似 11 月 15 日的平均高溫。

47. 潮水經常是在某些位置任意高程標誌量測，假設當水位 12ft 高發生在中午的一高水潮，6 小時後，水位 5ft 發生一低水潮，及午夜時水位 12ft 發生另一高水潮，假設水位是週期性的，使用此資訊求水位是時間函數的公式，最後使用此函數求下午 5：30 的近似水位。

48. 我們現在仔細研究 $A \sin(wt) + B \cos(wt)$ 與 $C \sin(wt + \phi)$ 之間的相關式。

    (a) 使用和角公式展開 $\sin(wt + \phi)$，證明若 $A = C \cos\phi$ 及 $B = C \sin\phi$ 則兩個表達式是等同的。

(b) 因此，證明 $A^2 + B^2 = C^2$ 及 ϕ 滿足方程式 $\tan\phi = \dfrac{B}{A}$。

(c) 歸納你的結果敘述關於 $A_1 \sin(wt + \phi_1) + A_2 \sin(wt + \phi_2) + A_3 \sin(wt + \phi_3)$ 的命題。

(d) 以你自己的字詞，寫出一簡短的論文有關重要恆等式 $A \sin(wt) + B \cos(wt)$ 與 $C \sin(wt + \phi)$ 之間的表達式，務必注意到 $|C| \geq \max(|A|, |B|)$ 及僅當你是相同頻率的 sin 及 cos 以線性結合的型式（單一冪方加及或減相乘）恆等式才符合。

在第 49 ～ 52 題中，解角 θ，此處 $0 \leq \theta \leq 2\pi$。

49. $\sin^2\theta = \dfrac{3}{4}$　　50. $\sin^2\theta = \cos^2\theta$　　51. $\sin 2\theta - \cos\theta = 0$　　52. $\cos 2\theta + \cos\theta = 0$

53. 推導　(a) $\tan(A+B) = \dfrac{\tan A + \tan B}{1 - \tan A \tan B}$　　(b) $\tan(A-B) = \dfrac{\tan A - \tan B}{1 + \tan A \tan B}$

54. 在圖 24 中應用三角形的餘弦定律推導 $\cos(A - B)$ 的公式。

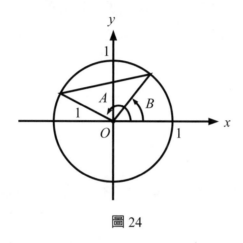

圖 24

P.8　對資料擬合模型

　　科技的研究對於人類生活有關的食衣、醫藥、資訊、住行、育樂等等非常重要，研究講求「理論至上，實驗權威，技術指導，經驗輔助」，科研工作，若有技術指導，則可以直接切入問題的研究；若有經驗輔助，則可以節省研究時間。對於科技研究而言，可以先建立理論，再以實驗驗證理論的正確與否，也可以採用實驗或搜集資料，再以統計回歸經驗模式，本節的目的就是將資料擬合模型（模式）。

■對資料擬合線性模型

　　科學的基本前提是太多物理領域可以被數學描述及許多物理現象可以預

測，這個科學觀點是在 1500 末發生在歐洲的部分科學大改革，兩個早期發表有關這個大改革，一是波蘭天文學家 Nicolaus Copernicus 的《論天球的大改革（On the Revolutions of the Heavenly Spheres）》，另一是比利時解剖學家 Andreas Vesalins 的《論人體結構（On the Structure of the Human Body）》這兩本書皆於 1543 出版，建議使用科學方法，而不要對權威豪無疑問的相信，故這兩本書都與傳統斷絕關係。

　　現代科學的一個基本技術是蒐集資料，然後以數學模式（mathematical model）描述資料，經常以函數（function）或方程式（equation）當作數學敘述，函數是描述實際世界的數學工具。一個函數可以表現爲一個方程式、一個圖形、一個數值表，或一種文字描述。而且函數是用描述自然或人文現象兩種或兩種以上相關變量之間的關係，因此函數實值等同數學模式。

例題 1　（對資料擬合線性模型）

蒐集一班 28 人的下列資料，x 表示他們的身高，y 表示手臂全長（化整到最接近的 in）。

$(60, 61), (65, 65), (68, 67), (72, 73), (61, 62), (63, 63), (70, 71)$
$(75, 74), (71, 72), (62, 60), (65, 65), (66, 68), (62, 62), (72, 73)$
$(70, 70), (69, 68), (69, 70), (60, 61), (63, 63), (64, 64), (71, 71)$
$(68, 67), (69, 70), (70, 72), (65, 65), (64, 63), (71, 70), (67, 67)$

求一線性模型表達這些資料。

解　有不同方法可以使用一方程式模擬這些資料，最簡單的方法將是觀察相同的 x 與 y 而列出簡單的 $y = x$ 之模型，小心分析將是從統計學（statistics）的線性回歸（linear regression）的使用程序，對於這些資料由最小平方回歸直線（least squares regression line）得到

　　　$y = 1.006x - 0.23$（最小平方回歸直線）

模型的圖形和資料如圖 1 所示，由此模型，你可以知道一個人的手臂全長趨近於相同他或她的身高。

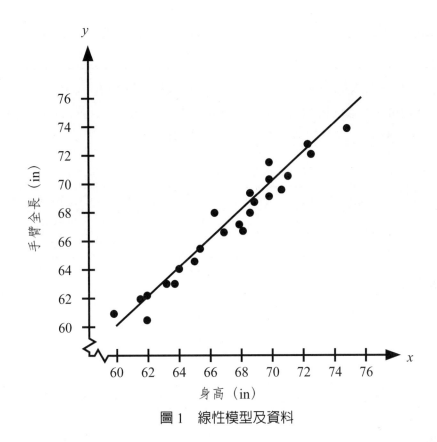

圖 1　線性模型及資料

註記：

1. 當我們說 y 是 x 的一線性函數，我們的意思是此函數的圖形是一條直線，因此我們可以使用斜截式的直線方程式，寫出此函數的公式

$$y = f(x) = mx + b$$

式中 m 為直線的斜率，及 b 為 y 的截距。

2. 若沒有物理定律或原理幫助我們以公式表式模型，我們建議是一經驗模型（empirical model），它是完全的基於蒐集的資料，我們尋找一條曲線擬合（或套配）資料，意義上是它捕捉資料點的基本趨勢。

技術：最小平方法（least squares method）是基於資料點和回歸線之間垂直距離平方和的最小值，許多電腦及繪圖計算機已經建立最小平方回歸程式，典型上，你按入資料進入計算機，接著演算線性回歸程式，通常程式顯示斜率和最佳擬合直線的 y 截距，以及相關係數（correlation coefficient）r，相關係數給予量測模型擬合資料如何，$|r|$ 趨近於 1，表示模型擬合資料非常好，例如例題 1 的 $r \approx 0.97$，說明模型是良好的擬合資料，若 r 值是

正數，變數有一正相關，如例題1所示，若 r 值是負數，變數有一負相關。

例題 2　表 1 列出大氣中平均二氧化碳量（carbon dioxide level），從 1980 至 2008 在 Mauna Loa Observatory 以 parts per million（ppm）量測，使用表 1 的資料建立二氧化碳量的模型。

表 1

年	CO_2 量（ppm）	年	CO_2 量（ppm）
1980	338.7	1996	362.4
1982	341.2	1998	366.5
1984	344.4	2000	369.4
1986	347.2	2002	373.2
1988	351.5	2004	377.5
1990	354.2	2006	381.9
1992	356.3	2008	385.6
1994	358.6		

解　令 t 表時間（年）及 C 表 CO_2 量（ppm），對於表 1 資料由最小平方回歸直線得到

1 | $C = 1.65429t - 2938.07$（最小平方回歸直線）

圖 2 說明回歸直線的圖形及資料點。

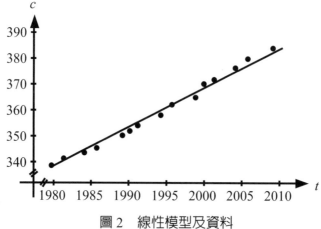

圖 2　線性模型及資料

例題 3 使用例題 2 的線性模型方程式 (1) 計算 1987 年平均 CO_2 量及預測 2015 年的量，根據這個模型，CO_2 量何時超過 420ppm？

解 使用方程式 (1)，將 $t = 1987$ 代入式 (1)，我們估計 1987 年平均 CO_2 量
$$C(1987) = (1.65429)(1987) - 2938.07 \approx 349.00$$
這是一個內插法（interpolation）的例題，因為我已經估計兩個觀察值之間的值（事實上，Mauna Loa Observatory 報告 1987 年平均 CO_2 量是 348.93ppm，因此，我們估計的是非常精確。）。

以 $t = 2015$ 代入式 (1)，得到
$$C(2015) = (1.65429)(2015) - 2938.07 \approx 395.32$$
因此，我們預測在 2015 年平均 CO_2 量將是 395.32ppm，這是一個外插法（extrapolation）的例題，因為我們已經預測區域外邊的一值，因此，我們是非常小於我們的預測精確值。

使用方程式 (1)，我們知道 CO_2 量超過 420ppm，當
$$1.65429t - 2938.07 > 420$$
解此不等式，我們得到
$$t > \frac{3358.07}{1.65429} \approx 2029.92$$
因此，我們預測在 2030 年之前 CO_2 量將超過 420ppm，這個預測是危險的，因為它包含從我們觀測的時間太遠了，事實上，由圖 2 知對於 CO_2 量的趨勢在 2010 年已經快速增加，因此，這個量也許在 2030 年前將超過 420ppm。∎

■對資料擬合二次模型

一函數以時間 t 表示一落體的高度 s 被稱為一位置函數（position function），若不考慮空氣阻力（air resistance），一落體的位置可以被模型表示為

2 $$s(t) = \frac{1}{2}gt^2 + v_0 t + s_0$$

式中 g 爲重力加速度，v_0 爲初期速度，及 s_0 爲初期高度，g 值依何處物體落下而定，在地球上，$g = -32\,\dfrac{\text{ft}}{\text{sec}^2} = -9.8\,\dfrac{m}{\text{sec}^2}$。

爲顯示實驗的 g 值，我們可能記錄在許多增加落體高度，如例題 4 所示。

例題 4 （對資料擬合二次模型）

一籃球從高度大約 $5\frac{1}{4}$ ft 落下，籃球的高度是在 0.02 秒的區間記錄 23 次，結果如下表所示。

時間	0.0	0.02	0.04	0.06	0.08	0.099996
高度	5.23594	5.20353	5.16031	5.0991	5.02707	4.95146

時間	0.119996	0.139992	0.159988	0.179988	0.199984	0.219984
高度	4.85062	4.74979	4.63096	4.50132	4.35728	4.19523

時間	0.23998	0.25993	0.27998	0.299976	0.319972	0.339961
高度	4.02958	3.84593	3.65507	3.44981	3.23375	3.01048

時間	0.359961	0.379951	0.399941	0.419941	0.439941	
高度	2.76921	2.52074	2.25786	1.98058	1.63488	

求一模型擬合這些資料，然後使用此模型預測當此籃球將到達地面的時間。

解　開始繪資料的散佈圖（scatter plot），如圖 3 所示，從散佈圖，我們知道資料出現不是線性，然而，它出現的也許是二次式，爲檢驗這個，輸入資料進入計算機或電腦有二次回歸程式，我們得到的模型爲

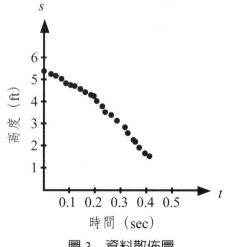

圖 3　資料散佈圖

$$s = -15.45t^2 - 1.30t + 5.234 \text{（最小二平方回歸二次式）。}$$

利用此模型，當籃球到達地面，令 $s = 0$，則我們可以預測時間，并解此時間 t 的方程式。

$$0 = -15.45t^2 - 1.30t + 5.234 \text{（令 } s = 0\text{）}$$

$$t = \frac{1.30 \pm \sqrt{(-1.30)^2 - 4(-15.45)(5.234)}}{2(-15.45)} \text{（二次公式）}$$

$$t \approx 0.54 \text{（取正解）}$$

此解是大約 0.54 sec（秒），換言之，籃球到達地面前大約 0.1 秒或更多將連續落下。　∎

函數 p 是被稱爲多項式（polynomial）若

$$p(x) = a_n x^n + a_{n-1} x^{n-1} + \cdots + a_2 x^2 + a_1 x + a_0$$

式中 n 爲非負整數，及常數 $a_0, a_1, a_2, \cdots a_n$ 是多項式的係數（coefficients），任意多項式的定義域爲 $R = (-\infty, \infty)$，若首項係數（leading coefficients）$a_n \neq 0$，則多項式的次方（degree）是 n。$n = 1$ 的多項式有這種型 $p(x) = mx + b$，如此它是線性函數（linear function），$n = 2$ 的多項式有這種型 $P(x) = ax^2 + bx + c$，被稱爲二次函數（quadratic function）。

多項式是通常被使用模型發生在自然、經濟與人文科學的各種量，例題 5 中我們使用二次函數模擬一球的下落。

例題 5　一球是由地面上方 450m CN 塔的觀望平台上下落下，及它的地面高度 h 是在 1 sec 區間記錄在表 2，求一模型擬合資料且使用此模型預測此球到達地面的時間。

表 2	
時間（seconds）	高度（meters）
0	450
1	445
2	431
3	408
4	375
5	332
6	279
7	216
8	143
9	61

解　　首先我們將資料繪一散佈圖（見圖 4）且觀察線性模型是不適用，然而它看起來資料點也許落在一拋物線上，因此我們嘗試二次模型，使用繪圖計算機或電腦代數系統（它是使用最小平方方法），我們得到下列二次模型：

3 $\quad h = -4.90t^2 + 0.96t + 449.36$（最小平方回歸二次模型）

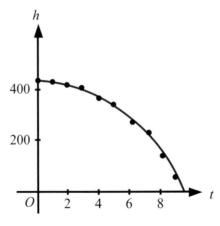

圖 4　關於一落下球的二次模型

在圖 4 中我們畫方程式 (3) 的圖形及資料點，顯然二次模型非常適合。

當 $h = 0$ 時，球到達地面，如此我們解此二次方程式

$-4.90t^2 + 0.96t + 449.36 = 0$（令 $h = 0$）

由二次公式得到

$$t = \frac{-0.96 \pm \sqrt{(0.96)^2 - 4(-4.90)(449.36)}}{2(-4.90)}$$

正根是 $t \approx 9.67$，因此我們預測大約在 9.7 秒之後球將到達地面。 ■

■對資料擬合三角模型

數學建模（mathematical modeling）是什麼？這是在書中《Guide to mathematical modeling》（Dilwyn Edwards and Mike Hamson, Boca Raton: CRC Press, 1990）被問問題之一的問題，這裡是部分答案。

1. 數學建模包含應用我們的數學技巧得到對真實問題的有用答案。

2. 學習應用數學技巧是非常不同於學習數學本身。

3. 模型是被應用在非常廣泛的範圍，它的一些初期不被出現在自然的數學。

4. 模型經常容許快速且便宜的另一方式評估，非常明顯的引導最佳解答。

5. 在數學建模方面沒有明確的規則，也沒有正確答案。

6. 建模可以僅由實做來學習。

例題 6 （對資料擬合三角模型）

在地球上日光小時數依據緯度和年的時間而定，這裡是位在北緯度 20° 日光分鐘數在該年最長及最短是：6 月 21，801 分鐘；12 月 22，655 分鐘，對於位在北緯度 20° 該年每一天日光 d（分鐘）數，利用這些資料寫一模型，如何檢驗你的模型是精確的？

解 這裡是一種方法建立一模型，我們可以假設此模型是週期 365 天的正弦函數，使用已知資料，我們可以結論圖形的振幅為 $\dfrac{(801 - 655)}{2} = 73$，如此，一個可能的模型為

$$d = -73 \sin\left(\frac{2\pi t}{365} + \frac{\pi}{2}\right) + 728$$

在這個模型中，t 為年的每一天數，$t = 0$ 表 12 月 22 日，此模型的圖形如圖 5 所示，為檢驗此模型的精確度，我們使用氣候曆書（weather almanac）位在北緯 20℃ 該年不同天的日光分鐘數，由表中我們知道此模型是非常精確。

表　日光分鐘數

日期	t 值	實際日光（min）	模型預測日光（min）
12 月 22	0	655	655
1 月 1	10	657	656
2 月 1	41	676	672
3 月 1	69	705	701
4 月 1	100	740	739
5 月 1	130	772	773
6 月 1	161	796	796
6 月 21	181	801	801
7 月 1	191	799	800
8 月 1	222	782	785
9 月 1	253	752	754
10 月 1	283	718	716
11 月 1	314	685	681
12 月 1	344	661	660

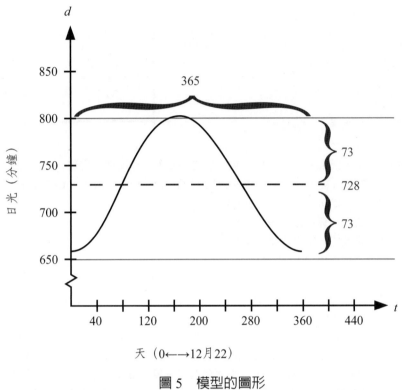

圖 5　模型的圖形

習題 P.8

在第 1～4 題中，資料的散佈圖是已知，決定資料是否可以線性函數，二次函數或三角函數模擬，或是出現 x 與 y 之間是無相關性。

1.

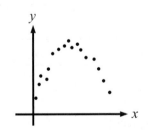

2.

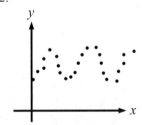

3.

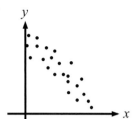

4.

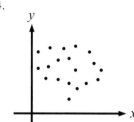

5. 每一序對 (x, y) 給出族群每 100,000 人揭發致癌物指數 x 和罹癌死亡數 y。

(3.50, 150.1), (3.58, 133.1), (4.42, 132.9), (2.26, 116.7), (2.63, 140.7), (4.85, 165.5),

(12.65, 210.7), (7.42, 181.0), (9.35, 213.4)

(a) 繪資料，由圖形，資料出現是近似線性嗎？

(b) 由目測法求資料的一線性模型，畫此模型的圖形

(c) 若 $x = 3$，則使用模型求近似值 y。

6. 序對表示有關一班 18 位學生兩次連續 15 點小考的分數。

(7, 13), (9, 7), (14, 14), (15, 15), (10, 15), (9, 7), (14, 11), (14, 15), (8, 10), (15, 9), (10, 11),

(9, 10), (11, 14), (7, 14), (11, 10), (14, 11), (10, 15), (9, 6)

(a) 繪資料圖，由圖形，連續分數之間的關係式是否出現近似線性？

(b) 若資料出現近似線性，求關於資料的線性模式，若沒有，給出一些可能解釋。

7. 虎克定律（Hooke's law）表示力量 F 需要壓縮或伸長一彈簧（在其彈性極限內）是正比於從彈簧原來的長度到壓縮或伸長的距離 d，亦即 $F = kd$，式中 k 量測彈簧的強度（stiffness），被稱為彈簧常數（spring constant），表說明當作用力 F（N. newton）彈簧伸長 d（cm）。

F(N)	20	40	60	80	100
d(cm)	1.4	2.5	4.0	5.3	6.6

(a) 使用繪圖設備的回歸能力求資料的線性模型。

(b) 使用繪圖設備畫資料及模型圖，模型擬合資料有多好？解釋你的理由。

(c) 使用模型估算當作用力 $55N$ 時彈簧伸長量。

8. 在一實驗中，學生量測一落體當它被釋出時 t 秒（seconds）速率 s（m/sec），結果是被列於表中

t(sec)	0	1	2	3	4
s(m/sec)	0	11.0	19.4	29.2	39.4

(a) 使用繪圖設備的回歸能力求資料的線性模型。

(b) 使用繪圖設備畫資料及模型圖，模型擬合資料有多好？解釋你的理由。

(c) 使用模型估計在 2.5seconds 之後落體的速率。

9. 資料顯示關於在 2000 年一些國家每人電力消耗（10^6 Btu）和每人國民生產總值（10^3 U.S \$）（資料來源：U.S. Census Bureau）

阿根廷	(73, 12.05)	孟加拉	(4, 1.59)
智利	(68, 9.1)	埃及	(32, 3.67)

希臘	(126, 16.86)	香港	(118, 25.59)
匈牙利	(105, 11.99)	印度	(13, 2.34)
墨西哥	(63, 8.79)	波蘭	(95, 9)
葡萄牙	(108, 16.99)	南韓	(167, 17.3)
西班牙	(137, 19.26)	土耳其	(47, 7.03)
英國	(166, 23.55)	委內瑞拉	(113, 5.74)

(a) 使用繪圖設備的回歸能力求資料的一線性模型，相關係數是多少？

(b) 使用繪圖設備畫資料與模型圖形。

(c) 解釋 (b) 中圖形，使用此圖形識別那三個國家不同於線性模型。

(d) 刪除從 (c) 中三個國家的資料，對於剩餘資料擬合一線性模型，並且給出相關係數。

10. 表中資料說明當溫度 $t(°F)$ 的硬化和回火時 0.35 碳鋼的布氏硬度（Brinell hardness）H

（資料來源：Standard Handbook for Mechanical Engineers）

t	200	400	600	800	1000	1200
H	534	495	415	352	269	217

(a) 使用繪圖設備的回歸能力求資料的線性模型。

(b) 使用繪圖設備畫資料與模型圖形，模型擬合資料有多好？解釋你的理由。

(c) 使用模型估算當 t 是 500°F 的硬度。

11. 表中資料說明近幾年美國使用汽車的變動成本，函數 y_1，y_2 及 y_3 相對應表示瓦斯和石油，維修和輪胎的成本 $\left(\dfrac{\text{cents}}{\text{mile}}\right)$。（資料來源：American Automobile Manufactures Association）

年	y_1	y_2	y_3
0	5.40	2.10	0.90
1	6.70	2.20	0.90
2	6.00	2.20	0.90
3	6.00	2.40	0.90
4	5.60	2.50	1.10
5	6.00	2.60	1.40
6	5.90	2.80	1.40
7	6.60	2.80	1.40

(a) 使用繪圖設備的回歸能力求 y_1 的立方模型和 y_2 及 y_3 的線性模型。

(b) 使用繪圖設備在相同視窗置 y_1，y_2，y_3 及 $y_1 + y_2 + y_3$ 的圖形，使用此模型估計年 12 每 *mile* 的總變動成本。

12. 學生實驗量測木材 2 in 厚，x in 高及 12 in 長的破壞強度（breaking strength）S(lb)，結果如下表

x	4	6	8	10	12
S	2370	5460	10,310	16,250	23,860

(a) 使用繪圖設備的回歸能力擬合資料的二次模型。

(b) 使用繪圖設備畫資料和模型圖形。

(c) 使用模型當 $x = 2$ 時的近似破壞強度。

13. 表中說明時間 t（年）從 1990 至 2002 在健康保養組織登記接受護理的人數 N〔百萬（10^6）〕
（資料來源：Centers for Disease Control）

t	1990	1991	1992	1993	1994	1995	1996	1997	1998	1999	2000	2001	2002
N	33.0	34.0	36.1	38.4	42.2	50.9	52.5	66.8	76.6	81.3	80.9	79.5	76.1

(a) 令 t 表示時間（年），$t = 0$ 就是 1990，使用繪圖設備的回歸能力求資料的線性及立方模型。

(b) 使用繪圖設備畫資料及線性與立方模型。

(c) 使用 (b) 的圖形決定那一個是比較好的模型。

(d) 使用繪圖設備求及畫資料的二次模型圖形。

(e) 使用線性及立方模型估計 2004 年接受健康保養組織護理的人數 N。

(f) 使用繪圖設備求資料的其他模型，你想那一個模型最佳表達資料？解釋之。

14. 表中說明為道奇報仇者在時間 t（seconds）要求完成汽車從停仃點開始速率達到 $s\left(\dfrac{\text{miles}}{\text{hr}}\right)$（資料來源：Rock & Track）

s	30	40	50	60	70	80	90
t	3.4	5.0	7.0	9.3	12.0	15.8	20.0

(a) 使用繪圖設備的回歸能力求資料的二次模型。

(b) 使用繪圖設備畫資料和模式圖形

(c) 使用 (b) 中圖形敘述為什麼模型不適宜求時間完成速率小於 $20\left(\dfrac{\text{miles}}{\text{hr}}\right)$？

(d) 因為測速是從停仃點開始，對資料加上點 $(0, 0)$，對修改資料擬合二次模型且畫新模型的圖形。

(e) 二次模型更加精確模擬低速率汽車的行為嗎？解釋之。

15. 一 $V8$ 引擎是耦合一動力計（dynamometer）且馬力（horsepower）y 是被量測不同引擎速率 x（仟轉／分鐘），結果是列於表內。

x	1	2	3	4	5	6
y	40	85	140	200	225	245

(a) 使用繪圖設備的回歸能力求資料的立方模型。

(b) 使用繪圖設備畫資料及模型圖形。

(c) 使用模型求當引擎速率為 4500 轉／分鐘時馬力的近似值。

16. 表說明在選擇壓力 $P\left(\dfrac{\text{lb}}{\text{in}^2}\right)$ 水沸騰的溫度 T（°F）（資料來源：Standard Handbook for mechanical Engineers）。

P	5	10	14.696（1 大氣壓）	20
T	162.24°	193.21°	212.00°	227.96°

P	30	40	60	80	100
T	250.33°	267.25°	292.71°	312.03°	327.81°

(a) 使用繪圖設備的回歸能力求資料的立方模型。

(b) 使用繪圖設備畫資料及模型圖形。

(c) 使用圖形估算壓力需要水沸騰點超過 $3000°F$。

(d) 解釋為何模型對於壓力超過 100 lb/in² 無法精確估算。

17. 一運動探測器量測一重懸掛在彈簧上的振動運動，附圖顯示資料蒐集及從平衡到近似最大（正數及負數）位移，位移 y 以 cm 量測及時間 t 以 sec 量測。

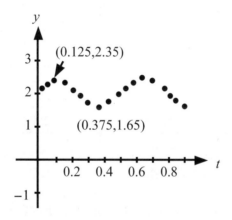

(a) y 是 t 的函數嗎？解釋之。

(b) 振動的近似振幅和週期。

(c) 求資料的模型。

(d) 使用繪圖設備畫 (c) 模型的圖形，比較結果與附圖中之資料。

18. 表說明 t 月，$t = 1$ 相對應是 1 月，檀香山（H）和芝加哥（C）的正常逐日溫度（°F），（資料來源：NOAA）

t	1	2	3	4	5	6	7	8	9	10	11	12
H	80.1	80.5	81.6	82.8	84.7	86.5	87.5	88.7	88.5	86.9	84.1	81.2
C	29.0	33.5	45.8	58.6	70.1	79.6	83.7	81.8	74.8	63.3	48.4	34.0

(a) 檀香山的模型是 $H(t) = 4.28\sin\left(\dfrac{\pi t}{6} + 3.86\right) + 84.40$，求芝加哥的模型。

(b) 使用繪圖設備畫檀香山溫度的資料和模型圖形，模型擬合有多好？

(c) 使用繪圖設備畫芝加哥溫度的資料和模型圖形，模型擬合有多好？

(d) 使用模型估計每一城市的平均年溫度，你使用模型的什麼界限？解釋之。

(e) 每一模型的週期是什麼？你期望的是什麼？

(f) 哪一個城市整年溫度有較大的變化性？模型的哪一個因數決定變化性？解釋之。

19. 下表給予關於男奧林匹克撐竿跳比賽贏者身高直到 2004 年。

年	身高（m）	年	身高（m）
1896	3.30	1960	4.70
1900	3.30	1964	5.10
1904	3.50	1968	5.40
1908	3.71	1972	5.64
1912	3.95	1976	5.64
1920	4.09	1980	5.78
1924	3.95	1984	5.75
1928	4.20	1988	5.90
1932	4.31	1992	5.87
1936	4.35	1996	5.92
1948	4.30	2000	5.90
1952	4.55	2004	5.95
1956	4.56		

(a) 做一散佈圖且決定線性模型是否適當。

(b) 求且畫回歸線圖形

(c) 使用此線性模型預測在 2008 奧林匹克贏得撐竿跳比賽的身高，並且與實際贏者身高 $5.96m$ 比較。

(d) 使用此模型預測在 2100 奧林匹克贏者身高是合理嗎？

20. 表說明棲息在 Caribbean 島的爬行和兩棲物種數 N 和島的面積 A（km^2）

島	A	N
Saba	10	5
Monserrat	104	9
Puerto Rico	8,958	40
Jamaica	11,423	39
Hispaniola	76,184	84
Cuba	114,511	76

(a) 使用冪函數模擬 N 是 A 的函數

(b) Dominica 的 Caribbean 島有面積 $754km^2$，在 Dominica 你期望求多少爬行和兩棲物種？

21. 表說明從太陽（取從地球到太陽距離的量測單位）到行量的平均距離 d 及它們的週期 T（1 年的轉動時間）

行星	d	T
水星（Mercury）	0.387	0.241
金星（Venus）	0.723	0.615
地球（Earth）	1.000	1.000
火星（Mars）	1.523	1.881
木星（Jupiter）	5.203	11.861
土星（Saturn）	9.541	29.457
天王星（Uranus）	19.190	84.008
海王星（Neptune）	30.086	164.784

(a) 對資料擬合冪模型

(b) 行星運動的 Kepler 第三定律敘述「一行星旋轉週期的平方是正比於從太陽平均距離的立方」。

你的模型證實 Kepler 第三定律嗎？

簡　答

第 P 章　預備知識

P.1

1. 16　2. 66　3. -148　4. 7　5. $\dfrac{58}{91}$　6. $-\dfrac{43}{42}$　7. $\dfrac{1}{24}$　8. $-\dfrac{1}{9}$　9. $\dfrac{6}{49}$　10. $-\dfrac{11}{2}$

11. $\dfrac{7}{15}$　12. $\dfrac{5}{3}$　13. $\dfrac{1}{3}$　14. $\dfrac{20}{7}$　15. 2　16. $8-2\sqrt{15}$　17. $3x^2-x-4$　18. $4x^2-12x+9$　19. $6x^2-15x-9$　20. $12x^2-61x+77$　21. $9t^4-6t^3+7t^2-2t+1$　22. $8t^3+36t^2+54t+27$　23. $x+2, x\neq 2$　24. $x+2, x\neq 3$　25. $t-7, t\neq -3$　26. $-\dfrac{2}{x-1}$

27. $\dfrac{2(3x+10)}{x(x+2)}$　28. $\dfrac{4y+1}{(3y+1)(3y-1)}$　29. (a) 0　（b）未定義　(c) 0　(d) 未定義　(e) 0　(f) 1　30. 省略　31. $0.08\overline{3}$　32. $0.\overline{285714}$　33. $0.1\overline{42859}$　34. $0.\overline{2941176470588235}$

35. $3.\overline{6}$　36. $0.\overline{846153}$　37. $\dfrac{136}{999}$　38. $\dfrac{43}{198}$　39. $\dfrac{254}{99}$　40. $\dfrac{389}{99}$　41. $\dfrac{1}{5}$

42. $\dfrac{2}{5}$　43. 省略　44. 省略　45. 省略　46. 省略　47. 省略　48. 省略　49. 無理數　50. 省略　51. 省略　52. 132,700,874ft　53. 省略　54. 省略　55. (a)眞　(b)僞　(c)僞　(d)眞　(e)眞　56. (a)眞　(b)僞　(c)眞　(d)眞　(e)眞　57. 省略　58. (a)3^5　(b)$2^2\cdot31$　(c)$2^2\cdot3\cdot5^2\cdot17$　59. 省略　60. 省略　61. 省略　62. 省略　63. (a)-2　(b)-2　(c)$\dfrac{22}{9}$　(d)1　(e)$\dfrac{3}{2}$　(f)$\sqrt{2}$　64. 省略

P.2

1. 省略　2. (a)$(2,7)$　(b)$[-3,4)$　(c)$(-\infty,-2]$　(d)$[-1,3]$　3. $(-2,\infty)$　4. $(1,\infty)$

5. $[-\dfrac{5}{2},\infty)$　6. $(-\infty,1)$　7. $(-2,1)$　8. $(\dfrac{3}{2},5)$　9. $[-\dfrac{1}{2},\dfrac{2}{3})$　10. $(-\dfrac{2}{3},\dfrac{1}{3})$

11. $(-1-\sqrt{13},-1+\sqrt{13})$　12. $(-\infty,-1)\cup(6,\infty)$　13. $(-\infty,-3)\cup(\dfrac{1}{2},\infty)$

14. $(-\dfrac{3}{4},2)$　15. $[-4,3)$　16. $(-\infty,\dfrac{2}{3}]\cup(1,\infty)$　17. $(-\infty,0)\cup(\dfrac{2}{5},\infty)$

18. $(-\infty,0)\cup[\dfrac{1}{4},\infty)$　19. $(-\infty,\dfrac{2}{3})\cup[\dfrac{3}{4},\infty)$　20. $(-5,-\dfrac{7}{2})$

21. $(-2,1)\cup(3,\infty)$　22. $(-\infty,-\dfrac{3}{2})\cup(\dfrac{1}{3},2)$　23. $(-\infty,\dfrac{3}{2})\cup(3,\infty)$

24. $(-\infty,1)\cup(1,\dfrac{3}{2})\cup(3,\infty)$　25. $(-\infty,-1)\cup(0,6)$　26. $(-1,1)\cup(1,\infty)$

27. (a) 僞 (b) 眞 (c) 僞　28. (a) 眞 (b) 眞 (c) 僞　29. 省略

30. (a) 僞 (b) 眞 (c) 眞 (d) 僞　31. (a)$(-2,1)$　(b)$(-2,\infty)$　(c)ϕ

32. (a) $(-\infty,1)\cup(4,\infty)$　(b) $(-\infty,4]$　(c)$(-\infty,\infty)$

33. (a) $[-3, -1] \cup [2, \infty)$　(b) $(-\infty, -2) \cup [2, \infty)$　(c) $(-2, -1) \cup (1, 2)$

34. (a) $(\dfrac{1}{2.01}, \dfrac{1}{1.99})$　(b) $(-\dfrac{5.02}{3.01}, -\dfrac{4.98}{2.99})$　35. $(-\infty, -3] \cup [7, \infty)$

36. $(-3, -1)$　37. $\left[-\dfrac{15}{4}, \dfrac{5}{4}\right]$　38. $(-\infty, -\dfrac{1}{2}) \cup (\dfrac{3}{2}, \infty)$　39. $(-\infty, -7) \cup [42, \infty)$

40. $(-8, 0)$　41. $(-\infty, 1) \cup (\dfrac{7}{5}, \infty)$　42. $(-\infty, 2) \cup (5, \infty)$

43. $(-\dfrac{1}{3}, 0) \cup (0, \dfrac{1}{9})$　44. $(-\infty, -5) \cup (-\dfrac{5}{3}, 0) \cup (0, \infty)$

45. $(-\infty, -1] \cup [4, \infty)$　46. $x = 2$　47. $(-\infty, -6) \cup (\dfrac{1}{3}, \infty)$　48. $[-\dfrac{3}{2}, \dfrac{5}{7}]$

49. 省略　50. 省略　51. 省略　52. 省略　53. $\delta = \dfrac{\varepsilon}{3}$　54. $\delta = \dfrac{\varepsilon}{4}$　55. $\delta = \dfrac{\varepsilon}{6}$

56. $\delta = \dfrac{\varepsilon}{5}$　57. 0.0064 吋　58. 2.7°F　59. $(-\infty, \dfrac{7}{3}) \cup (5, \infty)$　60. $(-\infty, 0] \cup (2, \infty)$

61. $(-\dfrac{4}{5}, \dfrac{16}{3})$　62. $(-\dfrac{11}{5}, 13)$　63. 省略　64. 省略　65. 省略　66. 省略

67. 省略　68. 省略　69. 省略　70. 省略　71. 省略　72. 省略　73. 省略

74. 省略　75. 省略　76. $(-\infty, 1)$　77. $\dfrac{60}{11} \le R \le \dfrac{120}{13}$　78. $\delta \approx 0.00004$ 吋

P.3

1. $d = 2$　2. $d = \sqrt{74} \approx 8.60$　3. $d = \sqrt{70} \approx 13.04$　4. $d = \sqrt{53} \approx 7.28$　5. 省略　6. 省略　7. $(-1, -1), (-1, 3)$；$(7, -1), (7, 3)$；$(1, 1), (5, 1)$　8. $(7, 0)$

9. $d = \sqrt{9 + \dfrac{35}{4}} \approx 3.91$　10. $d = \sqrt{5} \approx 2.24$　11. $(x - 1)^2 + (y - 1)^2 = 1$　12. $(x + 2)^2 + (y - 3)^2 = 16$　13. $(x - 2)^2 + (y + 1)^2 = 25$　14. $(x - 4)^2 + (y - 3)^2 = 5$　15. $(x - 2)^2 + (y - 5)^2 = 5$　16. $(x - 3)^2 + (y - 4)^2 = 16$　17. 圓心 $= (-1, 3)$；半徑 $= \sqrt{10}$

18. 圓心 $= (0, 3)$；半徑 $= 5$　19. 圓心 $= (6, 0)$；半徑 $= 1$　20. 圓心 $= (5, -5)$；半徑 $= 5\sqrt{2}$　21. 圓心 $= (-2, -\dfrac{3}{4})$；半徑 $= \dfrac{\sqrt{13}}{4}$　22. 圓心 $= (-2, -\dfrac{3}{8})$；半徑 $= \dfrac{\sqrt{10}}{2}$　23. 1　24. 2　25. $\dfrac{9}{7}$　26. 1　27. $-\dfrac{5}{3}$　28. 1　29. $x + y - 4 = 0$　30. $x + y - 7 = 0$　31. $2x - y + 3 = 0$　32. $0x + y - 5 = 0$　33. $5x - 2y - 4 = 0$　34. $x - 4y = 0$　35. 斜率 $= -\dfrac{2}{3}$；y 截距 $= \dfrac{1}{3}$　36. 斜率 $= -\dfrac{5}{4}$；y 截距 $= \dfrac{3}{2}$　37. 斜率 $= -5$；y 截距 $= 4$　38. 斜率 $= -\dfrac{4}{5}$；y 截距 $= -4$　39. (a) $y = 2x - 9$ (b) $y = -\dfrac{1}{2}x - \dfrac{2}{3}$ (c) $y = -\dfrac{2}{3}x - 1$ (d) $y = \dfrac{3}{2}x - \dfrac{15}{2}$ (e) $y = -\dfrac{3}{4}x - \dfrac{3}{4}$ (f) $x = 3$ (g) $y = -3$　40. (a) $c = $

–4 (b) $c = 0$ (c) $c = \dfrac{3}{2}$ (d) $c = 3$ (e) $c = 9$　41. $y = \dfrac{3}{2}x + 2$　42. (a) $k = 6$ (b) $k = -\dfrac{3}{2}$

(c) $k = \dfrac{9}{2}$　43. $(3, 9)$ 是在直線上面　44. 省略　45. 交點 $(-1, 2)$；$y = \dfrac{3}{2}x + \dfrac{7}{2}$

46. 交點 $(-3, 4)$；$y = -\dfrac{5}{4}x - \dfrac{31}{4}$　47. 交點 $(3, 1)$；$y = -\dfrac{4}{3}x + 5$　48. 交點

$\left(\dfrac{27}{19}, \dfrac{20}{19}\right)$；$y = -\dfrac{2}{5}x + \dfrac{154}{95}$　49. 內接圓 $(x - 4)^2 + (y - 1)^2 = 4$；外接圓 $(x - 4)^2 +$

$(y - 1)^2 = 8$　50. $L = 8\pi + 2\sqrt{244} \approx 56.39$　51. 省略　52. $(x - 4)^2 + (y - 2)^2 = 25$

53. 省略　54. $a^2 + b^2 > 4c$　55. $d = 2\sqrt{3} + 4 \approx 7.464$　56. $r = (3 - 2\sqrt{2})R \approx 0.1716R$

57. 省略　58. 圓心：$\left(\dfrac{1}{3}, 0\right)$；半徑：$\dfrac{\sqrt{52}}{3}$　59. 省略　60. 省略　61. $\approx 8.2 +$

$10 + 8 + 4\pi \approx 38.8$ 單位　62. $2\pi r + d_1 + d_2 + \cdots + d_n$　63. 省略　64. $d = \dfrac{7}{5}$

65. $d = \dfrac{7\sqrt{2}}{2}$　66. $d = \dfrac{18}{13}$　67. $d = \dfrac{2\sqrt{5}}{5}$　68. $d = \dfrac{\sqrt{5}}{5}$　69. $d = \dfrac{7\sqrt{74}}{74}$　70. $(3,$

$3)$　71. $r = 1$　72. $y = \dfrac{3}{5}x + \dfrac{4}{5}$　73. 省略　74. $x - \sqrt{3}y = 12$，$x + \sqrt{3}y = 12$

75. $d = \dfrac{|B - b|}{\sqrt{m^2 + 1}}$　76. 省略　77. 省略　78. $y = 8$

P.4

1.(b)　2.(d)　3.(a)　4.(c)　5-14省略　15.$(0, -2), (-2, 0), (1, 0)$　16.$(0, 0), (0, 0),$
$(\pm 2, 0)$　17.$(0, 0), (0, 0), (\pm 5, 0)$　18.$(0, -1), (1, 0)$　19.$(4, 0)$　20.$(0, 0), (0, 0),$
$(-3, 0)$　21.$(0, 0), (0, 0)$　22.$(0, -1), \left(\dfrac{\sqrt{3}}{3}, 0\right)$　23. 對 y 軸對稱　24. 對軸或原點
沒有對稱　25. 對 x 軸對稱　26. 對原點對稱　27. 對原點對稱　28. 對 x 軸對稱
29. 對軸或原點沒有對稱　30. 對原點對稱　31. 對原點對稱　32. 對 y 軸對稱

33. 對 y 軸對稱　34. 對 x 軸對稱　35. 截距：$\left(\dfrac{2}{3}, 0\right), (0, 2)$；對稱：無　36. 截
距：$(4, 0), (0, 2)$；對稱：無　37. 截距：$(8, 0), (0, -4)$；對稱：無　38. 截距 $(0,$
$1), \left(-\dfrac{3}{2}, 0\right)$；對稱：無　39. 截距：$(1, 0), (-1, 0), (0, 1)$；對稱：$y$ 軸　40. 截
距：$(0, 3)$；對稱：y- 軸　41. 截距：$(-3, 0), (0, 9)$；對稱：無　42. 截距：$(0, 0),$
$\left(-\dfrac{1}{2}, 0\right)$；對稱：無　43. 截距：$(-\sqrt[3]{2}, 0), (0, 2)$；對稱：無　44. 截距：$(0, 0), (2,$
$0), (-2, 0)$；對稱：原點　45. 截距：$(0, 0), (-2, 0)$；對稱：無，定義域：$x \geq -2$
46. 截距：$(-3, 0), (3, 0), (0, 3)$；對稱：y- 軸，定義域：$[-3, 3]$　47. 截距：$(0, 0)$；
對稱：原點　48. 截距：$(0, 2), (0, -2), (-4, 0)$；對稱：x 軸　49. 截距：無；對稱：

原點　50.截距：$(0, 10)$；對稱：y- 軸　51.截距：$(0, 6), (-6, 0), (6, 0)$；對稱：
y 軸　52.截距：$(0, 6), (6, 0)$；對稱：無　53.$(1, 1)$　54.$(2, -3)$　55.$(2, 2), (-1, 5)$
56.$(-1, -2), (2, 1)$　57.$(-1, -2), (2, 1)$　58.$(3, 4), (5, 0)$　59.$(0, 0), (-1, -1), (1, 1)$
60.$(1, -3), (-2, 0)$　61.(a)$y = -0.007t^2 + 4.82t + 35.4$　(b) 省略　(c)$y = 217$
62.(a)$y = -0.136^2 + 11.1t + 207$　(b) 省略　(c)$y = 405$ 英畝　63.$x = 3133$ 單位
64.$x^2 + (y - 4)^2 = 4$　65.$(1 - k^2)x^2 + (1 - k^2)y^2 + 4k^2x - 4k^2 = 0$

P.5

1.(a)0　(b)-3　(c)1　(d)$1 - k^2$　(e)-24　(f)$\dfrac{15}{16}$　(g)$-2h - h^2$　(h)$-2h - h^2$

(i)$-4h^2 - h^2$　2.(a)4　(b)$5\sqrt{2}$　(c)$\dfrac{49}{64}$　(d)$4 + 6h + 3h^2 + h^3$　(e)$3 + 6h + 3h^2 + h^3$

(f)$15h + 6h^2 + h^3$　3.(a)1　(b)-1000　(c)100　(d)$\dfrac{1}{y^2 - 1}$　(e)$-\dfrac{1}{x + 1}$　(f)$\dfrac{x^2}{1 - x^2}$

4.(a)2　(b)$\dfrac{t^2 - t}{\sqrt{-t}}$　(c)$\dfrac{\frac{3}{4}}{\sqrt{\frac{1}{2}}} \approx 1.06$　(d)$\dfrac{u^2 + 3u + 2}{\sqrt{u + 1}}$　(e)$\dfrac{x^2 + x^4}{|x|}$

(f)$\dfrac{x^4 + 2x^3 + 2x^2 + x}{\sqrt{x^2 + x}}$　5.(a) 沒定義　(b)$\dfrac{1}{\sqrt{x - 3}} \approx 2.658$　(c)$2^{-0.25} \approx 0.841$

6.(a)$\dfrac{\sqrt{(0.79)^2 + 9}}{0.79 - \sqrt{3}} \approx -3.293$　(b)$\dfrac{\sqrt{(12.26)^2 + 9}}{12.26 - \sqrt{3}} \approx 1.199$　(c)$\dfrac{\sqrt{(\sqrt{3})^2 + 9}}{\sqrt{3} - \sqrt{3}}$ 未定義

7.(a) $y = \pm\sqrt{-x^2}$；不是函數　(b) $y = f(x) = \dfrac{1 - x}{x + 1}$　(c) $y = f(x) = \dfrac{x^2 - 1}{2}$

(d) $y = f(x) = \dfrac{x}{1 - x}$　8.(a) 與 (c) 不是函數的圖形　(b) 與 (d) 是函數的圖形

9. $4a + 2h$　10.$12a^2 + 12ah + 4h^2$　11.$-\dfrac{3}{x^2 - 4x + hx - 2h + 4}$　12.$\dfrac{4}{a^2 + 8a + ah + 4h + 16}$

13.(a)$\{z \in \mathbb{R} : z \geq -\dfrac{3}{2}\}$　(b)$\{v \in \mathbb{R} : v \neq \dfrac{1}{4}\}$　(c)$\{x \in \mathbb{R} : |x| \geq 3\}$　(d)$\{y \in \mathbb{R} : |y| \leq 5\}$

14. (a) $\{x \in \mathbb{R} : x \neq -2, 3\}$　(b) $\{y \in \mathbb{R} : y > -1\}$　(c) $\mathbb{R}$　(d) $\mathbb{R}$　15. 偶函數　16. 奇
函數　17. 不是偶及奇函數　18. 不是偶及奇函數　19. 不是偶及奇函數　20. 奇
函數　21. 奇函數　22. 不是偶及奇函數　23. 不是偶及奇函數　24. 偶函數
25. 偶函數　26. 不是偶及奇函數　27. 不是偶及奇函數　28. 不是偶及奇函數
29. 不是偶及奇函數　30. 不是偶及奇函數　31.$T(x)$ 的定義域 $\{x \in I : 0 \leq x \leq 100\}$
$u(x)$ 的定義域 $\{x \in I : 0 < x \leq 100\}$　32.(a) $P(x) = 6x - 400 - 5\sqrt{x(x - 4)}$　(b) $P(200) \approx$

-190；$P(1000) \approx 610$　(c) $P(x) = 0$，ABC 損益，$x \approx 390$　33. $E(x) = x - x^2$，$\frac{1}{2}$ 超越它的平方的最大量　34. $A(P) = \frac{\sqrt{3}P^2}{36}$　35. $L(x) = \sqrt{h^2 - x^2}$　36. $A(x) = \frac{1}{2}x$ $\sqrt{h^2 - x^2}$　37.(a) $E(x) = 24 + 0.40x$　(b) $x = 240$ 哩　38. $V(r) = 2\pi r^3 \sqrt{3}$　39. $A(d) = \frac{2d - \pi d^2}{4}$，$\{d \in \mathbb{R} : 0 < d < \frac{1}{\pi}\}$　40.(a) $A(1) = \frac{3}{2}$，(b) $A(2) = 4$，(c) $A(0) = 0$，(d) $A(c) = \frac{1}{2}c^2 + c$，(e) 省略，(f) 定義域：$\{c \in \mathbb{R} : c \geq 0\}$，值域：$\{y \in \mathbb{R} : y \geq 0\}$

41.(a)$B(0) = 0$　(b)$B\left(\frac{1}{2}\right) = \frac{1}{12}$　(c) 省略　42.(a) $f(x+y) = f(x) + f(y)$　(b) $f(x+y) \neq f(x) + f(y)$　(c) $f(x+y) \neq f(x) + f(y)$　(d) $f(x+y) = f(x) + f(y)$　43. 省略　44. 省略

P.6

1.(a)9　(b)0　(c) $\frac{3}{2}$　(d)4　(e)16　(f)25　2.(a) $\frac{28}{5}$　(b)4　(c) $\frac{1}{9}$　(d) $\frac{3}{4}$ (e) $\frac{2}{5}$　(f) $\frac{3}{5}$　3.(a) $t^3 + 1 + \frac{1}{t}$　(b) $\frac{1}{r^3} + 1$　(c) $\frac{1}{r^3 + 1}$　(d) $(z^3 + 1)^3$ (e) $125t^3 + 1 - \frac{1}{5t}$　(f) $\frac{1}{t^3} + 1 - t$　4.(a) $\frac{2\sqrt{x^2 - 1}}{x}$，$(-\infty, -1] \cup [1, \infty)$

(b) $(x^2 - 1)^2 + \frac{16}{x^4}$，$(-\infty, -0) \cup (0, \infty)$　(c) $\sqrt{\frac{4}{x^2} - 1}$，$[-2, 0] \cup [0, 2]$

(d) $\frac{2}{\sqrt{x^2 - 1}}$，$(-\infty, -1] \cup [1, \infty)$　5. $\sqrt{x^2 + 2x - 3}$，$1 + \sqrt{x^2 - 4}$

6. $x^6 + 3x^4 + 3x^2 + 1$，$x^8 + 4x^6 + 8x^4 + 8x^2 + 5$　7.$g(3.141) \approx 1.188$　8. $g(2.03) \approx 0.000205$

9. ≈ 4.789　10. ≈ 2.807　11.(a) $g(x) = \sqrt{x}$，$f(x) = x + 7$　(b)$g(x) = x^{15}$，$f(x) = x^2 + x$

12.(a) $f(x) = \frac{2}{x^3}$，$g(x) = x^2 + x + 1$　(b) $f(x) = \frac{1}{x}$，$g(x) = x^3 + 3x$

13. $f(x) = \frac{1}{x}$，$g(x) = \sqrt{x}$，$h(x) = x^2 + 1$；$f(x) = \frac{1}{\sqrt{x}}$，$g(x) = x + 1$，$h(x) = x^2$

14. $f(x) = \frac{1}{x}$，$g(x) = \sqrt{x}$，$h(x) = x + 1$，$l(x) = x^2$

15-22 省略　23.(a) 偶函數　(b) 奇函數　(c) 偶函數　(d) 偶函數　(e) 奇函數

24.(a)$F(x) - F(-x)$ 是奇函數　(b)$F(x) + F(-x)$ 是偶函數　(c) $\frac{F(x) - F(-x)}{2}$ 是奇函數

(d) $\frac{F(x) + F(-x)}{2}$ 是偶函數　25. 省略　26.(a) 都不是　(b)PF　(c)RF　(d)PF

(e)RF　(f) 都不是　27.(a) $P = \sqrt{t + \sqrt{t + 27}}$　(b) $P = \sqrt{15 + \sqrt{15 + 27}} \approx 6.773$

28. $R(t) = 2100t^3 + 19{,}400t^2 + 96{,}000t + 720{,}000$

29. 省略　30，$f(f(x)) = x$；若 $a^2 + bc = 0$，$f(f(x))$ 是沒定義；若 $x = \dfrac{a}{c}$，$f(x)$ 是沒定義

31. $f(f(f(x))) = x$；若 $x = -1$，$f(x)$ 是沒定義；若 $x = 1$，$f(f(x))$ 是沒定義

32. (a) $f(t) = \dfrac{1}{1-x}$　(b) $f(f(x)) = x$　(c) $f\!\left(\dfrac{1}{f(x)}\right) = 1 - x$　33. (a) $f\!\left(\dfrac{1}{x}\right) = \dfrac{1}{\sqrt{x} - x}$

(b) $f(f(x)) = \dfrac{x}{\sqrt{x(\sqrt{x} - 1)} + 1 - \sqrt{x}}$　34-44. 省略

P.7

1. (a) $\dfrac{\pi}{6}$　(b) $\dfrac{\pi}{4}$　(c) $-\dfrac{\pi}{3}$　(d) $\dfrac{4\pi}{3}$　(e) $-\dfrac{37\pi}{18}$　(f) $\dfrac{\pi}{18}$　2. (a)210°　(b)135°
(c)−60°　(d)240°　(e)−350°　(f)30°　3. (a)0.5812　(b)0.8029　(c)−1.1624
(d)4.1903　(e)−6.4403　(f)0.1920　4. (a)180°　(b)359.8°　(c)286.5°　(d)0.057°
(e)−5.73°　(f)2062.6°　5. (a)68.37　(b)0.8845　(c)0.4855　(d)−0.3532
6. (a)248.3　(b)1.2828　7. (a)46.097　(b)0.0789　8. (a) $\dfrac{\sqrt{3}}{3}$　(b)−1　(c) $-\sqrt{2}$
(d)1　(e)1　(f)−1　9. (a) $\sqrt{3}$　(b)2　(c) $\dfrac{\sqrt{3}}{3}$　(d) $\sqrt{2}$　(e) $-\dfrac{\sqrt{3}}{2}$　(f) $\dfrac{1}{2}$　10-22
省略　23. (a) 與 (g)；(b) 與 (e)；(c) 與 (f)；(d) 與 (h)　24. (a) 偶函數　(b) 偶函
數　(c) 奇函數　(d) 偶函數　(e) 偶函數　(f) 奇函數　25. (a) 奇函數　(b) 奇
函數　(c) 偶函數　(d) 偶函數　(e) 偶函數　(f) 兩者都不是　26. $\dfrac{1}{4}$　27. $\dfrac{1}{4}$
28. $\dfrac{1}{8}$　29. $\dfrac{2 + \sqrt{3}}{4}$　30. $\dfrac{2 - \sqrt{2}}{4}$　31-33 省略　34. $336 \dfrac{\text{rev}}{\text{min}}$　35. 1885ft
36. $t_1 = 28 \dfrac{\text{rev}}{\text{min}}$　37. 省略　38. (a) $\alpha = \dfrac{\pi}{3}$　(b) $\alpha = \dfrac{5\pi}{6}$　39. 省略　40. (a)$\theta \approx 0.1419$
(b)$\theta \approx 1.8925$　(c)$\theta \approx 1.7127$　41. 省略　42. $A = 25\text{cm}^2$　43. $P = 2rn\sin\dfrac{\pi}{n}$，
$A = nr^2\cos\dfrac{\pi}{n}\sin\dfrac{\pi}{n}$　44. $A = r^2\sin t\cos\dfrac{t}{2} + \dfrac{nr^2}{2}\sin^2\dfrac{t}{2}$　45. 省略　46. $f(10.5) =$
$67.5°\text{F}$　47. $f(x) = 3.5\sin\!\left(\dfrac{2\pi}{12}(x - 9)\right) + 8.5$，$f(17.5) = 5.12\text{ft}$　48. 省略　49. $\theta = \dfrac{\pi}{3}$，
$\dfrac{2\pi}{3}, \dfrac{4\pi}{3}, \dfrac{5\pi}{3}$　50. $\theta = \dfrac{\pi}{4}, \dfrac{3\pi}{4}, \dfrac{5\pi}{4}, \dfrac{7\pi}{4}$　51. $\theta = \dfrac{\pi}{6}, \dfrac{\pi}{2}, \dfrac{5\pi}{6}, \dfrac{3\pi}{2}$　52. $\theta = \dfrac{\pi}{3}, \pi, \dfrac{5\pi}{3}$
53-54 省略

P.8

1. 二次函數　2. 三角函數　3. 線性函數　4. 沒有相關性
5. (a), (b) 省略　(c) $x = 3$，$y = 136$　6. 省略
7. (a) $d = 0.066F$ 或 $F = 15.13d + 0.1$　(b) 省略　(c) $F = 55$，$d = 3.63\text{cm}$

8. (a) $S = 9.7t + 0.4$　(b) 省略　(c) $t = 2.5$，$s = 24.65 \dfrac{\text{m}}{\text{sec}}$

9. (a) $y = 0.124x + 0.82$，$r = 0.838$　(b), (c) 省略

　(d) 移除 $(118, 25.69)$，$(113, 5.94)$ 和 $(167, 17.3)$　$y = 0.134x + 0.28$，$r \approx 0.968$

10. (a) $H = -0.3323t + 612.9333$　(b) 省略　(c) $t = 500$，$H \approx 446.78$

11. (a) $y_1 = 0.0343t^3 - 0.3451t^2 + 0.8837t + 5.6061$，$y_2 = 0.1095t + 2.0667$，

　　$y_3 = 0.0917t + 0.7913$

　(b) 省略，$t = 12$，$y_1 + y_2 + y_3 = 31.06 \dfrac{\text{cents}}{\text{mile}}$

12. (a) $S = 180.89x^2 - 205.79x + 272$　(b) 省略　(c) $x = 2$，$S = 583.9816$

13. (a) 線性：$y_1 = 4.83t + 28.6$，立方：$y_2 = -0.1289t^3 + 2.235t^2 - 4.86t + 35.2$

　(b) 省略　(c) 立方模型較好　(d) $y = -0.084t^2 + 5.84t + 26.7$

　(e) $t = 14$，$y_1 = 96.2$ million，$y_2 \approx 51.5$ million　(f) 答案將變化

14. (a) $t = 0.00271S^2 - 0.0529S + 2.671$　(b) 省略　(c) 對於 $S < 20$，曲線底去掉

　(d) $t = 0.002S^2 + 0.0346S + 0.183$　(e) 模型對於低速較好

15. (a) $y = -1.806x^3 + 14.58x^2 + 16.4x + 10$　(b) 省略　(c) $x = 4.5$，$y \approx 214$ 馬力

16. (a) $T = 2.9856 \times 10^{-4}P^3 - 0.0641P^2 + 5.2826P + 143.1$　(b) 省略

　(c) $T = 300°F$，$P \approx 68.29 \dfrac{16}{\text{in}^2}$　(d) 此模型是根據資料向上到達 $100 \dfrac{16}{\text{in}^2}$

17. (a) 是 (b) 振幅 0.35，週期 0.5　(c) $y = 0.35\sin(4\pi t) + 2$　(d) 省略

18. (a) $H = 4.28\sin\left(\dfrac{\pi t}{6} + 3.86\right) + 84.4$，$C(t) = 27\sin\left(\dfrac{\pi t}{6} + 4.1\right) + 58$　(b)(c) 省略

　(d) 檀香山的平均是 84.4，芝加哥的平均是 58　(e) 週期是 12 個月（1 年）

　(f) 芝加哥有較好的變化性

19. (a) 線性模型似乎近似所考慮的整個時間區間　(b) $y = 0.0265x - 46.8759$

　(c) $x = 2008$，$y = 6.27$m　(d) 沒有理由

20. (a) $N = 2.3356A^{0.3072}$，(b) $A = 754$，$N = 17.88$ 取 $N = 18$

21. (a) $T = 1.000431227d^{1.499528750}$　(b) 取近似 $T = d^{1.5}$

　　$T^2 = d^3$ 與 Kepler 第三定律 $T^2 = kd^3$ 一致

解 答

第 P 章　預備知識

P.1

1. 解：$4 - 2(8 - 11) + 6 = 4 - 2(-3) + 6 = 4 + 6 + 6 = 16$

2. 解：$3[2 - 4(7 - 12)] = 3[2 - 4(-5)] = 3[2 + 20] = 3(22) = 66$

3. 解：$-4[5(-3 + 12 - 4) + 2(13 - 7)] = -4[5(5) + 2(6)] = -4[25 + 12] = -4[37]$
   $= -148$

4. 解：$5[-1(7 + 12 - 16) + 4] + 2 = 5[-1(3) + 4] + 2 = 5[-3 + 4] + 2 = 5(1) + 2$
   $= 5 + 2 = 7$

5. 解：$\dfrac{5}{7} - \dfrac{1}{13} = \dfrac{65}{91} - \dfrac{7}{91} = \dfrac{58}{91}$

6. 解：$\dfrac{3}{4-7} + \dfrac{3}{21} - \dfrac{1}{6} = \dfrac{3}{-3} + \dfrac{3}{21} - \dfrac{1}{6} = -\dfrac{42}{40} + \dfrac{6}{42} - \dfrac{7}{42} = -\dfrac{43}{42}$

7. 解：$\dfrac{1}{3}\left[\dfrac{1}{2}\left(\dfrac{1}{4} - \dfrac{1}{3}\right) + \dfrac{1}{6}\right] = \dfrac{1}{3}\left[\dfrac{1}{2}\left(\dfrac{3-4}{12}\right) + \dfrac{1}{6}\right] = \dfrac{1}{3}\left[\dfrac{1}{2}\left(-\dfrac{1}{12}\right) + \dfrac{1}{6}\right]$
   $= \dfrac{1}{3}\left[-\dfrac{1}{24} + \dfrac{4}{24}\right] = \dfrac{1}{3}\left(\dfrac{3}{24}\right) = \dfrac{1}{24}$

8. 解：$-\dfrac{1}{3}\left[\dfrac{2}{5} - \dfrac{1}{2}\left(\dfrac{1}{3} - \dfrac{1}{5}\right)\right] = -\dfrac{1}{3}\left[\dfrac{2}{5} - \dfrac{1}{2}\left(\dfrac{2}{15}\right)\right] = -\dfrac{1}{3}\left[\dfrac{2}{5} - \dfrac{1}{15}\right]$
   $= -\dfrac{1}{3}\left[\dfrac{6}{15} - \dfrac{1}{15}\right] = -\dfrac{1}{3}\left(\dfrac{5}{15}\right) = -\dfrac{1}{9}$

9. 解：$\dfrac{14}{21}\left(\dfrac{2}{5 - \frac{1}{3}}\right)^2 = \dfrac{14}{21}\left(\dfrac{2}{\frac{14}{3}}\right)^2 = \dfrac{14}{21}\left(\dfrac{6}{14}\right)^2 = \dfrac{14}{21}\left(\dfrac{3}{7}\right)^2 = \dfrac{14}{21}\left(\dfrac{9}{49}\right) = \dfrac{6}{49}$

10. 解：$\dfrac{\left(\dfrac{2}{7} - 5\right)}{\left(1 - \dfrac{1}{7}\right)} = \dfrac{\left(\dfrac{2}{7} - \dfrac{35}{7}\right)}{\left(\dfrac{7}{7} - \dfrac{1}{7}\right)} = \dfrac{\left(-\dfrac{33}{7}\right)}{\left(\dfrac{6}{7}\right)} = -\dfrac{33}{6} = -\dfrac{11}{2}$

11. 解：$\dfrac{\dfrac{11}{7} - \dfrac{12}{21}}{\dfrac{11}{7} + \dfrac{12}{21}} = \dfrac{\dfrac{11}{7} - \dfrac{4}{7}}{\dfrac{11}{7} + \dfrac{4}{7}} = \dfrac{\dfrac{7}{7}}{\dfrac{15}{7}} = \dfrac{7}{15}$

12. 解：$\dfrac{\dfrac{1}{2} - \dfrac{3}{4} + \dfrac{7}{8}}{\dfrac{1}{2} + \dfrac{3}{4} - \dfrac{7}{8}} = \dfrac{\dfrac{4}{8} - \dfrac{6}{8} + \dfrac{7}{8}}{\dfrac{4}{8} + \dfrac{6}{8} - \dfrac{7}{8}} = \dfrac{\dfrac{5}{8}}{\dfrac{3}{8}} = \dfrac{5}{3}$

13. 解：$1 - \dfrac{1}{1 + \dfrac{1}{2}} = 1 - \dfrac{1}{\dfrac{3}{2}} = 1 - \dfrac{2}{3} = \dfrac{3}{3} - \dfrac{2}{3} = \dfrac{1}{3}$

14. 解：$2 + \dfrac{3}{1 + \dfrac{5}{2}} = 2 + \dfrac{3}{\dfrac{2}{2} + \dfrac{5}{2}} = 2 + \dfrac{3}{\dfrac{7}{2}} = 2 + \dfrac{6}{7} = \dfrac{14}{7} + \dfrac{6}{7} = \dfrac{20}{7}$

15. 解 : $(\sqrt{5}+\sqrt{3})(\sqrt{5}-\sqrt{3})=(\sqrt{5})^2-(\sqrt{3})^2=5-3=2$

16. 解 : $(\sqrt{5}-\sqrt{3})^2=(\sqrt{5})^2-2(\sqrt{5})(\sqrt{3})+(\sqrt{3})^2=5-2\sqrt{15}+3=8-2\sqrt{15}$

17. 解 : $(3x-4)(x+1)=3x^2+3x-4x-4=3x^2-x-4$

18. 解 : $(2x-3)^2=4x^2-12x+9$

19. 解 : $(3x-9)(2x+1)=6x^2+3x-18x-9=6x^2-5x-9$

20. 解 : $(4x-11)(3x-7)=12x^2-28x-33x+77=12x^2-61x+77$

21. 解 : $(3t^2-t+1)^2=(3t^2)^2+(-t)^2+1^2+2(3t^2)(-t)+2(-t)(1)+2(1)(3t^2)$
$$=9t^4+t^2+1-6t^3-2t+6t^2=9t^4-6t^3+7t^2-2t+1$$

22. 解 : $(2t+3)^3=(2t)^3+3(2t)^2(3)+3(2t)(3)^2+(3)^3=8t^3+36t^2+54t+27$

23. 解 : $\dfrac{x^2-4}{x-2}=\dfrac{(x-2)(x+2)}{x-2}=x+2,\ x\neq 2$

24. 解 : $\dfrac{x^2-x-6}{x-3}=\dfrac{(x-3)(x+2)}{x-3}=x+2,\ x\neq 3$

25. 解 : $\dfrac{t^2-4t-21}{t+3}=\dfrac{(t+3)(t-7)}{t+3}=t-7,\ t\neq -3$

26. 解 : $\dfrac{2x-2x^2}{x^3-2x^2+x}=\dfrac{2x(1-x)}{x(x^2-2x+1)}=\dfrac{-2x(x-1)}{x(x-1)(x-1)}=-\dfrac{2}{x-1}$

27. 解 : $\dfrac{12}{x^2+2x}+\dfrac{4}{x}+\dfrac{2}{x+2}=\dfrac{12}{x(x+2)}+\dfrac{4(x+2)}{x(x+2)}+\dfrac{2x}{x(x+2)}=\dfrac{12+4x+8+2x}{x(x+2)}$
$$=\dfrac{6x+20}{x(x+2)}=\dfrac{2(3x+10)}{x(x+2)}$$

28. 解 : $\dfrac{2}{6y-2}+\dfrac{2}{9y^2-1}=\dfrac{2}{2(3y-1)}+\dfrac{y}{(3y+1)(3y-1)}$
$$=\dfrac{2(3y+1)}{2(3y+1)(3y-1)}+\dfrac{2y}{2(3y+1)(3y-1)}=\dfrac{6y+2+2y}{2(3y+1)(3y-1)}$$
$$=\dfrac{8y+2}{2(3y+1)(3y-1)}=\dfrac{2(4y+1)}{2(3y+1)(3y-1)}=\dfrac{4y+1}{2(3y+1)(3y-1)}$$

29. 解 : (a)$0\cdot 0=0$ (b) $\dfrac{0}{0}$未定義 (c) $\dfrac{0}{17}=0$ (d) $\dfrac{3}{0}$未定義 (e) $0^5=0$
(f) $17^\circ=1$

30. 解 : 若 $\dfrac{0}{0}=a$，則 $0=0\cdot a$，但是這是沒意義，因為 a 是任意實數，沒有
單一值滿足 $\dfrac{0}{0}=a$。

31.　解 ：

$$
\begin{array}{r}
.083\overline{3} \\
12\overline{)1.00} \\
96 \\
\hline
40 \\
36 \\
\hline
40
\end{array}
$$

32.　解 ：

$$
\begin{array}{r}
\overline{.285714} \\
7\overline{)2.0} \\
14 \\
\hline
60 \\
56 \\
\hline
40 \\
35 \\
\hline
50 \\
49 \\
\hline
10 \\
7 \\
\hline
30 \\
28 \\
\hline
2
\end{array}
$$

33.　解 ：

$$
\begin{array}{r}
\overline{.142857} \\
7\overline{)1.00} \\
7 \\
\hline
30 \\
28 \\
\hline
20 \\
14 \\
\hline
60 \\
56 \\
\hline
40 \\
35 \\
\hline
50
\end{array}
$$

34. 　解　：

$$
17 \overline{)\,5.000000}^{\,.294117\cdots} \quad \rightarrow \quad 0.\overline{2941176470588235}
$$

$$
\begin{array}{r}
.294117\cdots \\
17\,\overline{)\,5.000000} \\
\underline{3\ 4} \\
1\ 60 \\
\underline{1\ 53} \\
70 \\
\underline{68} \\
20 \\
\underline{17} \\
30 \\
\underline{17} \\
130 \\
\underline{119} \\
11 \\
\vdots
\end{array}
$$

35. 　解　：

$$
\begin{array}{r}
3.\overline{6} \\
3\,\overline{)\,11.0} \\
\underline{9} \\
20 \\
\underline{18} \\
2
\end{array}
$$

36. 　解　：

$$
\begin{array}{r}
.\overline{846153} \\
13\,\overline{)\,11.000000} \\
\underline{104} \\
60 \\
\underline{52} \\
80 \\
\underline{78} \\
20 \\
\underline{13} \\
70 \\
\underline{65} \\
50 \\
\underline{39} \\
11
\end{array}
$$

37. 解 ：
$$x = 0.136136136\cdots$$
$$1000x = 136.136136\cdots$$
$$x = 0.136136136\cdots$$
$$\overline{}$$
$$999x = 136$$
$$x = \frac{136}{999}$$

38. 解 ：
$$x = 0.217171717\cdots$$
$$1000x = 217.171717\cdots$$
$$10x = 2.17171717\cdots$$
$$\overline{}$$
$$990x = 215$$
$$x = \frac{215}{990} = \frac{43}{198}$$

39. 解 ：
$$x = 2.56565656\cdots$$
$$100x = 256.565656\cdots$$
$$x = 2.565656\cdots$$
$$\overline{}$$
$$99x = 254$$
$$x = \frac{254}{99}$$

40. 解 ：
$$x = 3.929292\cdots$$
$$100x = 3.929292\cdots$$
$$x = 3.929292\cdots$$
$$\overline{}$$
$$99x = 389$$
$$x = \frac{389}{99}$$

41. 解 ：
$$x = 0.1999999\cdots$$
$$100x = 19.9999\cdots$$
$$10x = 1.9999\cdots$$
$$\overline{}$$
$$90x = 18$$
$$x = \frac{18}{90} = \frac{1}{5}$$

42. 解：
$$x = 0.39999\cdots$$
$$100x = 39.9999\cdots$$
$$10x = 3.9999\cdots$$
$$90x = 36$$
$$x = \frac{36}{90} = \frac{2}{5}$$

43. 解：那些有理數，可以終止小數接著多數 0 表示。

44. 解：$\frac{p}{q} = p\left(\frac{1}{q}\right)$，如此我們只需要看 $\frac{1}{q}$，若 $q = 2^n \cdot 5^m$；則 $\frac{1}{q} = \left(\frac{1}{2}\right)^n \cdot \left(\frac{1}{5}\right)^m$ $= (0.5)^n \cdot (0.2)^m$ 終止小數的任何數同時是一終止小數，如此 $(0.5)^n$ 及 $(0.2)^m$，及它們的乘積，$\frac{1}{q}$ 是一終止小數，因此，$\frac{p}{q}$ 有一終止小數展開。

45. 解：答案將變化，可能答案：0.000001，$\frac{1}{\pi^n} \approx 0.0000010819\cdots$

46. 解：最小的正整數 = 1；沒有最小的正有理數或無理數。

47. 解：答案將變化，可能答案：3.14159101001$\cdots$

48. 解：沒有實數介於 0.9999$\cdots$（循環 9's）與 1 之間，0.9999$\cdots$ 與 1 表示相同實數。

49. 解：無理數

50. 解：答案將變化，可能答案：$-\pi$ 與 π，$-\sqrt{2}$ 與 $\sqrt{2}$。

51. 解：令 a 與 b 為實數且 $a < b$，令 n 為自然數滿足 $\frac{1}{n} < b - a$，令 $S = \left\{k: \frac{k}{n} > b\right\}$，因為非空的整數集合是由含有最小參數以下所包圍，有 $k_o \in S$ 使得 $\frac{k_o}{n} > b$ 但 $\frac{(k_o - 1)}{n} \leq b$，則
$$\frac{k_o - 1}{n} = \frac{k_o}{n} - \frac{1}{n} > b - \frac{1}{n} > a$$
因此，$a < \frac{k_o - 1}{n} \leq b$，
若 $\frac{k_o - 1}{n} < b$，則選擇 $r = \frac{k_o - 1}{n}$，否則，選擇 $r = \frac{k_o - 2}{n}$
注意 $a < b - \frac{1}{n} < r$
已知 $a < b$，選擇 r 使得 $a < r_1 < b$，則選擇 r_2, r_3 使得 $a < r_2 < r_1 < r_3 < b$ 等等。

52. 解：$r = 4000 \text{ mi} \times 5280 \dfrac{\text{ft}}{\text{mi}} = 21{,}120{,}000 \text{ft}$

赤道 $= 2\pi r = 2\pi(21{,}120{,}000) \approx 132{,}700{,}874 \text{ft}$

53. 解：(a)若一三角形中直角三角形，則 $a^2 + b^2 = c^2$；若一三角形不是直角三角形，則 $a^2 + b^2 \neq c^2$。

(b)若角 ABC 的量測值是大於 $0°$ 且小於 $90°$，它是銳角；若角 ABC 的量測值是小於 $0°$ 且大於 $90°$，則它不是銳角。

54. 解：(a)有些自然數不是有理數，原敘述是真。

(b)每一個圓有面積小於或等於 9π，原敘述是真。

(c)有些實數小於或等於它的平方，否定是真。

55. 解：(a)真；若 x 是正數，則 x^2 是正數。

(b)偽；取 $x = -2$，則 $x^2 > 0$ 但 $x < 0$。

(c)偽；取 $x = -\dfrac{1}{2}$，則 $x^2 = \dfrac{1}{4} < x$。

(d)真；令 x 為任意數，取 $y = x^2 + 1$ 則 $y > x^2$

(e)真；令 y 為任意正數，取 $x = \dfrac{y}{2}$，則 $0 < x < y$。

56. 解：(a)真；$x + (-x) < x + 1 + (-x)$：$0 < 1$

(b)偽；有無窮多質數

(c)真；令 x 為任意數，取 $y = \dfrac{1}{x} + 1$，則 $y > \dfrac{1}{x}$

(d)真；$\dfrac{1}{n}$ 可以被作出任意接近 0。

(e)真；$\dfrac{1}{2^n}$ 可以被作出任意接近 0。

57. 解：(a)若 n 是奇數，則有一整數 k 使得 $n = 2k + 1$，則

$n^2 = (2k + 1)^2 = 4k^2 + 4k + 1 = 2(2k^2 + 2k) + 1$

(b)證明對照性，假設 n 是偶數，則有一整數 k 使得 $n = 2k$，則 $n^2 = (2k)^2 = 4k^2 = 2(2k^2)$

因此 n^2 是偶數。

58. 解：(a)$243 = 3 \cdot 3 \cdot 3 \cdot 3 \cdot 3 = 3^5$

(b)$124 = 4 \cdot 31 = 2 \cdot 2 \cdot 31 = 2^2 \cdot 31$

(c)$5100 = 2 \cdot 2550 = 2 \cdot 2 \cdot 1275 = 2 \cdot 2 \cdot 3 \cdot 425 = 2 \cdot 2 \cdot 3 \cdot 5 \cdot 85 = 2 \cdot 2 \cdot 3 \cdot 5 \cdot 5 \cdot 17 = 2^2 \cdot 3 \cdot 5^2 \cdot 17$

59. 解：例如，令 $A = b \cdot c^2 \cdot d^3$；則 $A^2 = b^2 \cdot c^4 \cdot d^6$，如此數的平方是質數乘

積，它發生乘數有個偶數次方。

60. 　解　： $\sqrt{2}=\dfrac{p}{q}$ ； $2=\dfrac{p^2}{q^2}$ ； $2q^2=p^2$ ；因為 p^2 質數因數必須發生乘數的一個偶數次方， $2q^2$ 不應該有效，且 $\dfrac{p}{q}=\sqrt{2}$ 必須是無理數。

61. 　解　：令 a, b, p 及 q 為自然數，如此 $\dfrac{a}{b}$ 及 $\dfrac{p}{q}$ 是有理數， $\dfrac{a}{b}+\dfrac{p}{q}=\dfrac{aq+bp}{bq}$ ，這個和是自然數的商，如此它同時是有理數。

62. 　解　：假設 a 是無理數， $\dfrac{p}{q}\neq 0$ 是有理數，及 $a\cdot\dfrac{p}{q}=\dfrac{r}{s}$ 是有理數，則 $a=\dfrac{q\cdot r}{p\cdot s}$ 是有理數，這是矛盾的。

63. 　解　：(a)−2　　　(b)−2

(c)　 $x=2.4444\cdots$

$10x=24.444\cdots$

$x=2.4444\cdots$

$\overline{}$

$9x=22$

$x=\dfrac{22}{9}$

(d)1

(e) $n=1$ ： $x=0$ ， $n=2$ ： $x=\dfrac{3}{2}$ ， $n=3$ ： $x=\dfrac{-2}{3}$ ，

$n=4$ ： $x=\dfrac{5}{4}$ 上界是 $\dfrac{3}{2}$

(f) $\sqrt{2}$

64. 　解　：(a)答案將變化，可能的答案：一個例子是 $S=\{x=x^2<5$ ， x 是一有理數 $\}$ ，在此最小上界是 $\sqrt{5}$ ，它是實數，卻是無理數。

(b)眞

P.2

1. 解 ： (a) ![number line from −4 to 4, interval from −1 to 1]

(b) ![number line from −4 to 5, interval from −4 to 1]

(c) ![number line from −4 to 5, interval from −4 to 1]

(d) ![number line from −4 to 5, interval from 1 to 4]

(e) ![number line from −4 to 5, ray from −1 rightward]

(f) ![number line from −4 to 5, ray leftward to 0]

2. 解 ： (a)$(2, 7)$　(b)$[-3, 4)$　(c)$(-\infty, -2]$　(d)$[-1, 3]$

3. 解 ： $x - 7 < 2x - 5 \Leftrightarrow -2 < x \Leftrightarrow (-2, \infty)$

![number line showing interval from −2 rightward]

4. 解 ： $3x - 5 < 4x - 6 \Leftrightarrow 1 < x \Leftrightarrow (1, \infty)$

![number line showing interval from 1 rightward]

5. 解 ： $7x - 2 \le 9x + 3 \Leftrightarrow -5 \le 2x \Leftrightarrow -\dfrac{5}{2} \le x \Leftrightarrow [-\dfrac{5}{2}, \infty)$

![number line showing interval from −5/2 rightward]

6. 解 ： $5x - 3 > 6x - 4 \Leftrightarrow 1 > x \Leftrightarrow (-\infty, 1)$

![number line showing interval leftward to 1]

7. 解 ： $-4 < 3x + 2 < 5 \Leftrightarrow -6 < 3x < 3 \Leftrightarrow -2 < x < 1 \Leftrightarrow (-2, 1)$

![number line showing interval from −2 to 1]

8. 解 ： $-3 < 4x - 9 < 11 \Leftrightarrow 6 < 4x < 20 \Leftrightarrow \dfrac{3}{2} < x < 5 \Leftrightarrow (\dfrac{3}{2}, 5)$

![number line showing interval from 3/2 to 5]

9. 解 : $-3 < 1 - 6x \le 4 \Leftrightarrow -4 < -6x \le 3 \Leftrightarrow \dfrac{2}{3} > x \ge -\dfrac{1}{2} \Leftrightarrow \left[-\dfrac{1}{2}, \dfrac{2}{3}\right)$

10. 解 : $4 < 5 - 3x < 7 \Leftrightarrow -1 < -3x < 2 \Leftrightarrow \dfrac{1}{3} > x > -\dfrac{2}{3} \Leftrightarrow \left(-\dfrac{2}{3}, \dfrac{1}{3}\right)$

11. 解 : $x^2 + 2x - 12 \Leftrightarrow x = \dfrac{-2 \pm \sqrt{(2)^2 - 4(1)(-12)}}{2(1)} = \dfrac{-2 \pm \sqrt{52}}{2}$

$$= -1 \pm \sqrt{13} \Leftrightarrow [x - (-1 + \sqrt{13})][x - (-1 - \sqrt{13})] < 0$$

$$\Leftrightarrow (-1 - \sqrt{13}, -1 + \sqrt{13})$$

12. 解 : $x^2 - 5x - 6 > 0 \Leftrightarrow (x + 1)(x - 6) > 0 \Leftrightarrow (-\infty, -1) \cup (6, \infty)$

13. 解 : $2x^2 + 5x - 3 > 0 \Leftrightarrow (2x - 1)(x + 3) > 0 \Leftrightarrow (-\infty, -3) \cup \left(\dfrac{1}{2}, \infty\right)$

14. 解 : $4x^2 - 5x - 6 < 0 \Leftrightarrow (4x + 3)(x - 2) < 0 \Leftrightarrow \left(-\dfrac{3}{4}, 2\right)$

15. 解 : $\dfrac{x + 4}{x - 3} \le 0 \Leftrightarrow [-4, 3)$

16. 解 : $\dfrac{3x - 2}{x - 1} \ge 0 \Leftrightarrow \left(-\infty, \dfrac{2}{3}\right] \cup (1, \infty)$

17. 解 : $\dfrac{2}{x}<5 \Leftrightarrow \dfrac{2}{x}-5<0 \Leftrightarrow \dfrac{2-5x}{x}<0 \Leftrightarrow (-\infty,0)\cup(\dfrac{2}{5},\infty)$

18. 解 : $\dfrac{7}{4x}\leq 7 \Leftrightarrow \dfrac{7}{4x}-7\leq 0 \Leftrightarrow \dfrac{7-28x}{4x}\leq 0 \Leftrightarrow (-\infty,0)\cup[\dfrac{1}{4},\infty)$

19. 解 : $\dfrac{1}{3x-2}\leq 4 \Leftrightarrow \dfrac{1}{3x-2}-4\leq 0 \Leftrightarrow \dfrac{1-4(3x-2)}{3x-2}\leq 0 \Leftrightarrow \dfrac{9-12x}{3x-2}\leq 0$

$\Leftrightarrow (-\infty,\dfrac{2}{3})\cup[\dfrac{3}{4},\infty)$

20. 解 : $\dfrac{3}{x+5}>2 \Leftrightarrow \dfrac{3}{x+5}-2>0 \Leftrightarrow \dfrac{3-2(x+5)}{x+5}>0 \Leftrightarrow \dfrac{-2x-7}{x+5}>0 \Leftrightarrow (-5,-\dfrac{7}{2})$

21. 解 : $(x+2)(x-1)(x-3)>0 \Leftrightarrow (-2,1)\cup(3,\infty)$

22. 解 : $(2x+3)(3x-1)(x-2)<0 \Leftrightarrow (-\infty,-\dfrac{3}{2})\cup(\dfrac{1}{3},2)$

23. 解 : $(2x-3)(x-1)^2(x-3)\geq 0 \Leftrightarrow (-\infty,\dfrac{3}{2}]\cup(3,\infty)$

24. 解 : $(2x-3)(x-1)^2(x-3)>0 \Leftrightarrow (-\infty,1)\cup(1,\dfrac{3}{2})\cup(3,\infty)$

25. 解 ： $x^3 - 5x^2 - 6x < 0 \Leftrightarrow x(x^2 - 5x - 6) < 0 \Leftrightarrow x(x+1)(x-6) < 0$
$$\Leftrightarrow (-\infty, -1) \cup (0, 6)$$

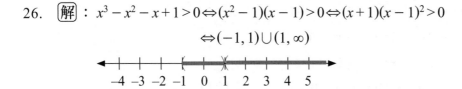

26. 解 ： $x^3 - x^2 - x + 1 > 0 \Leftrightarrow (x^2 - 1)(x - 1) > 0 \Leftrightarrow (x+1)(x-1)^2 > 0$
$$\Leftrightarrow (-1, 1) \cup (1, \infty)$$

27. 解 ： (a) 偽　(b) 眞　(c) 偽

28. 解 ： (a) 眞　(b) 眞　(c) 偽

29. 解 ： (a) $\Rightarrow$ 令 $a < b$，如此 $ab < b^2$，同時 $a^2 < ab$，因此 $a^2 < ab < b^2$ 及 $a^2 < b^2$
$\Leftarrow$ 令 $a^2 < b^2$，如此 $a \neq b$，則
$$0 < (a - b)^2 = a^2 - 2ab + b^2 < b^2 - 2ab + b^2 = 2b(b - a)$$
因爲 $b > 0$，我們可以 $2b$ 除線到 $b - a > 0$
(b) 我們可以任何正數商或乘一不等式
$$a < b \Rightarrow \frac{a}{b} < 1 \Leftrightarrow \frac{1}{b} < \frac{1}{a}$$

30. 解 ： (a) 偽取 $a = -1$，$b = 1$，(b) 眞　(c) 眞　(d) 偽：若 $a \leq b$，則 $-a \geq -b$

31. 解 ： (a) $3x + 7 > 1$ 與 $2x + 1 < 3$
$3x > -6$ 與 $2x < 2$
$x > -2$ 與 $x < 1 \Leftrightarrow (-2, 1)$
(b) $3x + 7 > 1$ 與 $2x + 1 > -4$
$3x > -6$ 與 $2x > -5$
$x > -2$ 與 $x > -\dfrac{5}{2} \Leftrightarrow (-2, \infty)$
(c) $3x + 7 > 1$ 與 $2x + 1 < -4$
$x > -2$ 與 $\Leftrightarrow x < -\dfrac{5}{2} \Leftrightarrow \phi$

32. 解 ： (a) $2x - 7 > 1$ 或 $2x + 1 < 3$
$2x > 8$ 或 $2x < 2$
$x > 4$ 或 $x < 1 \Leftrightarrow (-\infty, 1) \cup (4, \infty)$
(b) $2x - 7 \leq 1$ 或 $2x + 1 < 3$
$2x \leq 8$ 或 $2x < 2$

$x \le 4$ 或 $x < 1 \Leftrightarrow (-\infty, 4]$

(c) $2x - 7 \le 1$ 或 $2x + 1 > 3$

$2x \le 8$ 或 $2x > 2$

$x \le 4$ 或 $x > 1 \Leftrightarrow (-\infty, \infty)$

33. 解： (a) $(x + 1)(x^2 + 2x - 7) \ge x^2 - 1$

$x^3 + 3x^2 - 5x - 7 \ge x^2 - 1$

$x^3 + 2x^2 - 5x - 6 \ge 0$

$(x + 3)(x + 1)(x - 2) \ge 0 \Leftrightarrow [-3, -1] \cup [2, \infty)$

(b) $x^4 - 2x^2 \ge 8$

$x^4 - 2x^2 - 8 \ge 0$

$(x^2 - 4)(x^2 + 2) \ge 0$

$(x^2 + 2)(x + 2)(x - 2) \ge 0 \Leftrightarrow (-\infty, -2] \cup [2, \infty)$

(c) $(x^2 + 1)^2 - 7(x^2 + 1) + 10 < 0$

$[(x^2 + 1) - 5][(x^2 + 1) - 2] < 0$

$(x^2 - 4)(x^2 - 1) < 0$

$(x + 2)(x + 1)(x - 1)(x - 2) < 0 \Leftrightarrow (-2, -1) \cup (1, 2)$

34. 解： (a) $1.99 < \dfrac{1}{x} < 2.01$

$1.99x < 1 < 2.01x$

$1.99x < 1$ 與 $1 < 2.01x$

$x < \dfrac{1}{1.99}$ 與 $x > \dfrac{1}{2.01}$

$\dfrac{1}{2.01} < x < \dfrac{1}{1.99} \Leftrightarrow \left(\dfrac{1}{2.01}, \dfrac{1}{1.99}\right)$

(b) $2.99 < \dfrac{1}{x + 2} < 3.01$

$2.99(x + 2) < 1 < 3.01(x + 2)$

$2.99x + 5.98 < 1$ 與 $1 < 3.01x + 6.02$

$x < \dfrac{-4.98}{2.99}$ 與 $x > \dfrac{-5.02}{3.01}$

$-\dfrac{5.02}{3.01} < x < -\dfrac{4.98}{2.99} \Leftrightarrow \left(-\dfrac{5.02}{3.07}, -\dfrac{4.98}{2.99}\right)$

35. 解 ： $|x - 2| \geq 5$

$x - 2 \leq -5$ 或 $x - 2 \geq 5$

$x \leq -3$ 或 $x \geq 7 \Leftrightarrow (-\infty, -3] \cup [7, \infty)$

36. 解 ： $|x + 2| < 1$

$-1 < x + 2 < 1$

$-3 < x < -1 \Leftrightarrow (-3, -1)$

37. 解 ： $|4x + 5| \leq 10$

$-10 \leq 4x + 5 \leq 10$

$-15 \leq 4x \leq 5$

$-\dfrac{15}{4} \leq x \leq \dfrac{5}{4} \Leftrightarrow \left[-\dfrac{15}{4}, \dfrac{5}{4} \right]$

38. 解 ： $|2x - 1| > 2$

$2x - 1 < -2$ 或 $2x - 1 > 2$

$2x < -1$ 或 $2x > 3$

$x < -\dfrac{1}{2}$ 或 $x > \dfrac{3}{2} \Leftrightarrow (-\infty, -\dfrac{1}{2}) \cup (\dfrac{3}{2}, \infty)$

39. 解 ： $\left| \dfrac{2x}{7} - 5 \right| \geq 7$

$\dfrac{2x}{7} - 5 \leq -7$ 或 $\dfrac{2x}{7} - 5 \geq 7$

$\dfrac{2x}{7} \leq -2$ 或 $\dfrac{2x}{7} \geq 12$

$x \leq -7$ 或 $x \geq 42 \Leftrightarrow (-\infty, -7] \cup [42, \infty)$

40. 解 ： $\left| \dfrac{x}{4} + 1 \right| < 1$

$-1 < \dfrac{x}{4} + 1 < 1$

$-2 < \dfrac{x}{4} < 0$

$-8 < x < 0 \Leftrightarrow (-8, 0)$

41. 解 ： $|5x - 6| > 1$

$5x - 6 < -1$ 或 $5x - 6 > 1$

$5x < 5$ 或 $5x > 7$

$x < 1$ 或 $x > \dfrac{7}{5} \Leftrightarrow (-\infty, 1) \cup (\dfrac{7}{5}, \infty)$

42. 解 ： $|2x - 7| > 3$

$2x - 7 < -3$ 或 $2x - 7 > 3$

$2x < 4$ 或 $2x > 10$

$x < 2$ 或 $x > 5 \Leftrightarrow (-\infty, 2) \cup (5, \infty)$

43. 解 ： $\left| \dfrac{1}{x} - 3 \right| > 6$

$\dfrac{1}{x} - 3 < -6$ 或 $\dfrac{1}{x} - 3 > 6$

$\dfrac{1}{x} + 3 < 0$ 或 $\dfrac{1}{x} - 9 > 0$

$\dfrac{1 + 3x}{x} < 0$ 或 $\dfrac{1 - 9x}{x} > 0 \Leftrightarrow \left(-\dfrac{1}{3}, 0 \right) \cup \left(0, \dfrac{1}{9} \right)$

44. 解 ： $\left| 2 + \dfrac{5}{x} \right| > 1$

$2 + \dfrac{5}{x} < -1$ 或 $2 + \dfrac{5}{x} > 1$

$3 + \dfrac{5}{x} < 0$ 或 $1 + \dfrac{5}{x} > 0$

$\dfrac{3x + 5}{x} < 0$ 或 $\dfrac{x + 5}{x} > 0 \Leftrightarrow (-\infty, -5) \cup \left(-\dfrac{5}{3}, 0 \right) \cup (0, \infty)$

45. 解 ： $x^2 - 3x - 4 \geq 0$

$x = \dfrac{3 \pm \sqrt{(-3)^2 - 4(1)(-4)}}{2(1)} = \dfrac{3 \pm 5}{2} = \begin{cases} -1 \\ 4 \end{cases}$

$(x + 1)(x - 4) = 0$

$(-\infty, -1] \cup [4, \infty)$

46. 解 ： $x^2 - 4x + 4 \leq 0$ ； $x = \dfrac{4 \pm \sqrt{(-4)^2 - 4(1)(4)}}{2(1)} = 2$

$(x - 2)(x - 2) \leq 0$ ； $x = 2$

47. 解 ： $3x^2 + 17x - 6 > 0$

$x = \dfrac{-17 \pm \sqrt{(17)^2 - 4(3)(-6)}}{2(3)} = \dfrac{-17 \pm 19}{6} = \begin{cases} -6 \\ \dfrac{1}{3} \end{cases}$

$(3x - 1)(x + 6) > 0$ ； $(-\infty, -6) \cup \left(\dfrac{1}{3}, \infty \right)$

48. 解 ： $14x^2 + 11x - 15 \leq 0$

$x = \dfrac{-11 \pm \sqrt{(11)^2 - 4(14)(-15)}}{2(14)} = \dfrac{-11 \pm 31}{28} = \begin{cases} -\dfrac{3}{2} \\ \dfrac{5}{7} \end{cases}$

$$\left(x+\frac{3}{2}\right)\left(x-\frac{5}{7}\right)\le 0\;;\;\left[-\frac{3}{2},\frac{5}{7}\right]$$

49. 解：$|x-3|<0.5\Rightarrow 5|x-3|<5(0.5)\Rightarrow |5x-15|<2.5$

50. 解：$|x+2|<0.3\Rightarrow 4|x+2|<4(0.3)\Rightarrow |4x+18|<1.2$

51. 解：$|x-2|<\dfrac{\varepsilon}{6}\Rightarrow 6|x-2|<\varepsilon\Rightarrow |6x-12|<\varepsilon$

52. 解：$|x+4|<\dfrac{\varepsilon}{2}\Rightarrow 2|x+4|<\varepsilon\Rightarrow |2x+8|<\varepsilon$

53. 解：$|3x-15|<\varepsilon\Rightarrow |3(x-5)|<\varepsilon\Rightarrow 3|x-5|<\varepsilon\Rightarrow |x-5|<\dfrac{\varepsilon}{3}\;;\;\delta=\dfrac{\varepsilon}{3}$

54. 解：$|4x-8|<\varepsilon\Rightarrow |4(x-2)|<\varepsilon\Rightarrow 4|x-2|<\varepsilon\Rightarrow |x-2|<\dfrac{\varepsilon}{4}\;;\;\delta=\dfrac{\varepsilon}{4}$

55. 解：$|6x+36|<\varepsilon\Rightarrow |6(x+6)|<\varepsilon\Rightarrow 6|x+6|<\varepsilon\Rightarrow |x+6|<\dfrac{\varepsilon}{6}\;;\;\delta=\dfrac{\varepsilon}{6}$

56. 解：$|5x+25|<\varepsilon\Rightarrow |5(x+5)|<\varepsilon\Rightarrow 5|x+5|<\varepsilon\Rightarrow |x+5|<\dfrac{\varepsilon}{5}\;;\;\delta=\dfrac{\varepsilon}{5}$

57. 解：$C=\pi d$

$$|C-10|\le 0.02$$

$$|\pi d-10|\le 0.02$$

$$\left|\pi\left(d-\frac{10}{\pi}\right)\right|=0.02$$

$$\left|d-\frac{10}{\pi}\right|\le\frac{0.02}{\pi}\approx 0.0064$$

我們必須量測直徑到 0.0064 時的精確值。

58. 解：$|C-50|\le 1.5$

$$\left|\frac{5}{9}(F-32)-50\right|\le 1.5$$

$$\frac{5}{9}|(F-32)-50|\le 1.5$$

$$|F-82|\le 2.7$$

我們是允許誤差 2.7°F

59. 解：$|x-1|<2|x-3|$

$$|x-1|<|2x-6|$$

$$(x-1)^2<(2x-6)^2$$

$$x^2-2x+1<4x^2-24x+36$$

$$3x^2-22x+35>0$$

$$(3x-7)(x-5)>0\;;$$

$$(-\infty, \frac{7}{3}) \cup (5, \infty)$$

60. 　解 ： $|2x-1| \geq |x+1|$

$$(2x-1)^2 \geq (x+1)^2$$

$$4x^2 - 4x + 1 \geq x^2 + 2x + 1$$

$$3x^2 - 6x \geq 0$$

$$3x(x-2) \geq 0 ;$$

$$(-\infty, 0] \cup [2, \infty)$$

61. 　解 ： $2|2x-3| < |x+10|$

$$|4x-6| < |x+10|$$

$$(4x-6)^2 < (x+10)^2$$

$$16x^2 - 48x + 36 < x^2 + 20x + 100$$

$$15x^2 - 68x - 64 < 0$$

$$(5x+4)(3x-16) < 0 ;$$

$$\left(-\frac{4}{5}, \frac{16}{3}\right)$$

62. 　解 ： $|3x-1| < 2|x+6|$

$$|3x-1| < |2x+12|$$

$$(3x-1)^2 < (2x+12)^2$$

$$9x^2 - 64 + 1 < 4x^2 + 48x + 144$$

$$5x^2 - 54x - 143 < 0$$

$$(5x+11)(x-13) < 0 ;$$

$$\left(-\frac{11}{5}, 13\right)$$

63. 　解 ： $|x| < |y| \Rightarrow |x||x| \leq |x||y|$ 與 $|x||y| < |y||y|$（次序性質：$x < y \Leftrightarrow xz < yz$ 當 z 是正數）

$$\Rightarrow |x|^2 \leq |y|^2 （傳遞性）$$

$$\Rightarrow x^2 \leq y^2 　(|x|^2 = x^2)$$

反之，

$$x^2 \leq y^2 \Rightarrow |x|^2 < |y|^2 　　(x^2 = |x|^2)$$

$$\Rightarrow |x|^2 - |y|^2 < 0 （兩邊減 |y|^2）$$

$$\Rightarrow (|x|-|y|)(|x|+|y|) = 0 （因式分解兩平方差）$$

$$\Rightarrow |x| - |y| < 0 （這是唯一可能是負的因式）$$

$\Rightarrow |x| < |y|$（加 $|y|$ 至兩邊）

64. 解：$0 < a < b \Rightarrow a = (\sqrt{a})^2$ 與 $b = (\sqrt{b})^2$，如此

$(\sqrt{a})^2 < (\sqrt{b})^2$，與，參見習題 63

$|\sqrt{a}| < |\sqrt{b}| \Rightarrow \sqrt{a} < \sqrt{b}$

65. 解：(a) $|a - b| = |a + (-b)| \le |a| + |-b| = |a| + |b|$

(b) $|a - b| \ge ||a| - |b|| \ge |a| - |b|$（使用絕對值性質 4）

(c) $|a + b + c| = |(a + b) + c| \le |a + b| + |c| \le |a| + |b| + |c|$

66. 解：$\left| \dfrac{1}{x^2 + 3} - \dfrac{1}{|x| + 2} \right| = \left| \dfrac{1}{x^2 + 3} + \left(-\dfrac{1}{|x| + 2} \right) \right|$

$\qquad\qquad \le \left| \dfrac{1}{x^2 + 3} \right| + \left| -\dfrac{1}{|x| + 2} \right|$

$\qquad\qquad = \left| \dfrac{1}{x^2 + 3} \right| + \left| \dfrac{1}{|x| + 2} \right|$

$\qquad\qquad = \dfrac{1}{x^2 + 3} + \dfrac{1}{|x| + 2}$

藉由三角不等式，及因為

$x^2 + 3 > 0$，$|x| + 2 > 0 \Rightarrow \dfrac{1}{x^2 + 3} > 0$，$\dfrac{1}{|x| + 2} > 0$

$x^2 + 3 \ge 3$ 及 $|x| + 2 > 2$，如此

$\dfrac{1}{x^2 + 3} \le \dfrac{1}{3}$ 及 $\dfrac{1}{|x| + 2} \le \dfrac{1}{2}$，因此

$\dfrac{1}{x^2 + 3} + \dfrac{1}{|x| + 2} \le \dfrac{1}{3} + \dfrac{1}{2}$

67. 解：$\left| \dfrac{x - 2}{x^2 + 9} \right| = \left| \dfrac{x + (-2)}{x^2 + 9} \right|$

$\left| \dfrac{x - 2}{x^2 + 9} \right| \le \left| \dfrac{x}{x^2 + 9} \right| + \left| \dfrac{-2}{x^2 + 9} \right|$

$\left| \dfrac{x - 2}{x^2 + 9} \right| \le \dfrac{|x|}{x^2 + 9} + \dfrac{2}{x^2 + 9} = \dfrac{|x| + 2}{x^2 + 9}$

因為 $x^2 + 9 \ge 9$，$\dfrac{1}{x^2 + 9} \le \dfrac{1}{9}$

$\dfrac{|x| + 2}{x^2 + 9} \le \dfrac{|x| + 2}{9}$

$\left| \dfrac{x - 2}{x^2 + 9} \right| \le \dfrac{|x| + 2}{9}$

68. 解：$|x| \le 2 \Rightarrow |x^2 + 2x + 7| \le |x^2| + |2x| + 7$

$\qquad\qquad \le 4 + 4 + 7 = 15$

與 $|x^2+1| \geq 1$ 如此 $\dfrac{1}{x^2+1} \leq 1$

因此，$\left| \dfrac{x^2+2x+7}{x^2+1} \right| = |x^2+2x+7| \left| \dfrac{1}{x^2+1} \right|$

$\leq 15 \cdot 1 = 15$

69. 　解 ：$\left| x^4 + \dfrac{1}{2}x^3 + \dfrac{1}{4}x^2 + \dfrac{1}{8}x + \dfrac{1}{16} \right|$

$\leq |x^4| + \dfrac{1}{2}|x^3| + \dfrac{1}{4}|x^2| + \dfrac{1}{8}|x| + \dfrac{1}{16}$

$\leq 1 + \dfrac{1}{2} + \dfrac{1}{4} + \dfrac{1}{8} + \dfrac{1}{16}$　　因為 $|x| \leq 1$

如此

$\left| x^4 + \dfrac{1}{2}x^3 + \dfrac{1}{4}x^2 + \dfrac{1}{8}x + \dfrac{1}{16} \right| \leq 1.9375 < 2$

70. 　解 ：(a) $x < x^2$

$x - x^2 < 0$

$x(1-x) < 0$

$x < 0$ 或 $x > 1$

(b) $x^2 < x$

$x^2 - x < 0$

$x(x-1) < 0$

$0 < x < 1$

71. 　解 ：$a \neq 0 \Rightarrow \left(a - \dfrac{1}{a} \right)^2 = a^2 - 2 + \dfrac{1}{a}$

如此，$2 \leq a^2 + \dfrac{1}{a^2}$ 或 $a^2 + \dfrac{1}{a^2} \geq 2$

72. 　解 ：$a < b$

$a + a < a + b$ 與 $a + b < b + b$

$2a < a + b < 2b$

$a < \dfrac{a+b}{2} < b$

73. 　解 ：$0 < a < b$

$a^2 < ab$ 與 $ab < b^2$

$a^2 < ab < b^2$

$a < \sqrt{ab} < b$

74. 　解 ：$\sqrt{ab} \leq \dfrac{1}{2}(a+b) \Leftrightarrow ab \leq \dfrac{1}{4}(a^2 + 2ab + b^2)$

$$\Leftrightarrow 0 \le \frac{1}{4}a^2 - \frac{1}{2}ab + \frac{1}{4}b^2 = \frac{1}{4}(a^2 - 2ab + b^2)$$

$$\Leftrightarrow 0 \le \frac{1}{4}(a-b^2) \text{ 它總是真}$$

75. 〔解〕：一矩形的面積是 ab，一四方形的面積是 $a^2 = \left(\frac{a+b}{2}\right)^2$

由習題 74，$\sqrt{ab} \le \frac{1}{2}(a+b) \Leftrightarrow ab \le \left(\frac{a+b}{2}\right)^2$

如此四方形有最大的面積。

76. 〔解〕：$1 + x + x^2 + x^3 + \cdots + x^{99} \le 0$

因為 $S = \frac{a}{1-r}$，$r = x$

所以 $S = \frac{1}{1-x} \le 0 \Leftrightarrow (-\infty, 1]$

77. 〔解〕：$\frac{1}{R} \le \frac{1}{10} + \frac{1}{20} + \frac{1}{30}$

$\frac{1}{R} \le \frac{6+3+2}{60}$

$\frac{1}{R} \le \frac{11}{60}$

$R \ge \frac{60}{11}$

$\frac{1}{R} \ge \frac{1}{20} + \frac{1}{30} + \frac{1}{40}$

$\frac{1}{R} \ge \frac{6+4+3}{120}$

$R \le \frac{120}{13}$

因此　$\frac{60}{11} \le R \le \frac{120}{13}$

78. 〔解〕：$A = 4\pi r^2$；$A = 4\pi(10)^2 = 400\pi$

$|4\pi r^2 - 400\pi| \le 0.01$

$4\pi|r^2 - 100| < 0.01$

$|r^2 - 100| < \frac{0.01}{4\pi}$

$-\frac{0.01}{4\pi} < r^2 - 100 < \frac{0.01}{4\pi}$

$\sqrt{100 - \frac{0.01}{4\pi}} < r < \sqrt{100 + \frac{0.01}{4\pi}}$

$9.999960211 < r < 10.00003978$

$\therefore \delta \approx 0.00004$ 吋

P.3

1.　解：

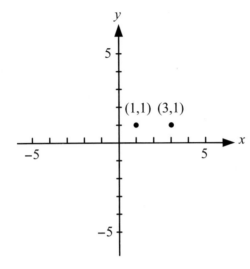

$$d = \sqrt{(3-1)^2 + (1-1)^2} = \sqrt{4} = 2$$

2.　解：

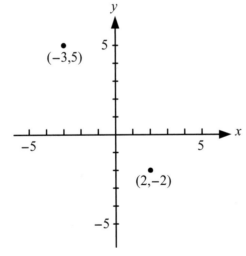

$$d = \sqrt{(-3-2)^2 + (5+2)^2} = \sqrt{74} \approx 8.60$$

3. 　解 ：

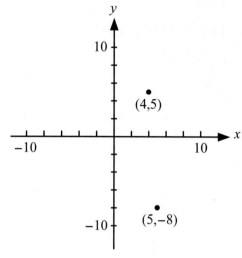

$$d=\sqrt{(4-5)^2+(5+8)^2}=\sqrt{70}\approx13.04$$

4. 　解 ：

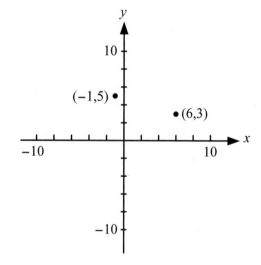

$$d=\sqrt{(-1-6)^2+(5-3)^2}=\sqrt{53}\approx7.28$$

5. 　解 ： $d_1=\sqrt{(5+2)^2+(3-4)^2}=\sqrt{49+1}=\sqrt{50}$

　　　　　 $d_2=\sqrt{(5-10)^2+(3-8)^2}=\sqrt{25+25}=\sqrt{50}$

　　　　　 $d_3=\sqrt{(-2-10)^2+(4-8)^2}=\sqrt{144+16}=\sqrt{160}$

　　　　　 $d_1=d_2$ 如此三角形是等邊三角形

6. 　解 ： $a=\sqrt{(2-4)^2+(-4-0)^2}=\sqrt{4+16}=\sqrt{20}$

　　　　　 $b=\sqrt{(4-8)^2+(0+2)^2}=\sqrt{16+4}=\sqrt{20}$

　　　　　 $c=\sqrt{(2-8)^2+(-4+2)^2}=\sqrt{36+4}=\sqrt{40}$

$a^2 + b^2 = c^2$，如此三角形是一直角三角形

7. 解：$(-1, -1), (-1, 3)$；$(7, -1)$；$(7, 3)$；$(1, 1), (5, 1)$

8. 解：$\sqrt{(x-3)^2 + (0-1)^2} = \sqrt{(x-6)^2 + (0-4)^2}$

$x^2 - 6x + 10 = x^2 - 12x + 52$

$6x = 42$

$x = 7 \Rightarrow (7, 0)$

9. 解：$\left(\dfrac{-2+4}{2}, \dfrac{-2+3}{2}\right) = \left(1, \dfrac{1}{2}\right)$

$d = \sqrt{(1+2)^2 + \left(\dfrac{1}{2} - 3\right)^2} = \sqrt{9 + \dfrac{25}{4}} \approx 3.91$

10. 解：AB 的中點 $= \left(\dfrac{1+2}{2}, \dfrac{3+6}{2}\right) = \left(\dfrac{3}{2}, \dfrac{9}{2}\right)$

CD 的中點 $= \left(\dfrac{4+3}{2}, \dfrac{7+4}{2}\right) = \left(\dfrac{7}{2}, \dfrac{11}{2}\right)$

$d = \sqrt{\left(\dfrac{3}{2} - \dfrac{7}{2}\right)^2 + \left(\dfrac{9}{2} - \dfrac{11}{2}\right)^2} = \sqrt{4 + 1} = \sqrt{5} \approx 2.24$

11. 解：$(x-1)^2 + (y-1)^2 = 1$

12. 解：$(x+2)^2 + (y-3)^2 = 4^2$

$(x+2)^2 + (y-3)^2 = 16$

13. 解：$(x-2)^2 + (y+1)^2 = r^2$

$(5-2)^2 + (3+1)^2 = r^2$

$r^2 = 9 + 16 = 25$

$(x-2)^2 + (y+1)^2 = 25$

14. 解：$(x-4)^2 + (y-3)^2 = r^2$

$(6-4)^2 + (2-1)^2 = r^2$

$r^2 = 4 + 1 = 5$

$(x-4)^2 + (y-3)^2 = 5$

15. 解：圓心 $= \left(\dfrac{1+3}{2}, \dfrac{3+7}{2}\right) = (2, 5)$

半徑 $= \dfrac{1}{2}\sqrt{(1-3)^2 + (3-7)^2} = \dfrac{1}{2}\sqrt{4+16} = \dfrac{1}{2}\sqrt{20} = \sqrt{5}$

$(x-2)^2 + (y-5)^2 = 5$

16. 解：因為圓是切於 x 軸，所以 $r = 4$

$(x-3)^2 + (y-4)^2 = 16$

17. 解：$x^2 + 2x + 10 + y^2 - 6y - 10 = 0$

$x^2 + 2x + y^2 - 6y = 0$

$(x^2 + 2x + 1) - (y^2 - 6y + 9) = 1 + 9$

$(x + 1)^2 + (y - 3)^2 = 10$

圓心 $= (-1, 3)$；半徑 $= \sqrt{10}$

18. 解：$x^2 + y^2 - 6y = 16$

$x^2 + (y^2 - 6y + 9) = 16 + 9$

$x^2 + (y - 3)^2 = 25$

圓心 $= (0, 3)$；半徑 $= 5$

19. 解：$x^2 + y^2 - 12x + 35 = 0$

$x^2 - 12x + y^2 = -35$

$(x^2 - 12x + 36) + y^2 = -35 + 36$

$(x - 6)^2 + y^2 = 1$

圓心 $= (6, 0)$；半徑 $= 1$

20. 解：$x^2 + y^2 - 10x + 10y = 0$

$(x^2 - 10x + 25) + (y^2 + 10y + 25) = 25 + 25$

$(x - 5)^2 + (y + 5)^2 = 50$

圓心 $= (5, -5)$；半徑 $= \sqrt{50} = 5\sqrt{2}$

21. 解：$4x^2 + 16x + 15 + 4y^2 + 6y = 0$

$4(x^2 + 4x + 4) + 4\left(y^2 + \dfrac{3}{2}y + \dfrac{9}{16}\right) = -15 + 16 + \dfrac{9}{4}$

$4(x + 2)^2 + 4\left(y + \dfrac{3}{4}\right)^2 = \dfrac{13}{4}$

$(x + 2)^2 + \left(y + \dfrac{3}{4}\right)^2 = \dfrac{13}{16}$

圓心 $= (-2, -\dfrac{3}{4})$；半徑 $= \dfrac{\sqrt{13}}{4}$

22. 解：$4x^2 + 16x + \dfrac{105}{16} + 4y^2 + 2y = 0$

$4(x^2 + 4x + 4) + 4\left(y^2 + \dfrac{3}{4}y + \dfrac{9}{64}\right) = -\dfrac{105}{16} + 16 + \dfrac{9}{16}$

$4(x + 2)^2 + 4\left(y + \dfrac{3}{8}\right)^2 = 10$

$(x + 2)^2 + \left(y + \dfrac{3}{8}\right)^2 = \dfrac{5}{2}$

圓心 $= (-2, -\dfrac{3}{8})$；半徑 $= \sqrt{\dfrac{5}{2}} = \dfrac{\sqrt{10}}{2}$

23. 解：$\dfrac{2-1}{2-1}=1$

24. 解：$\dfrac{7-5}{4-3}=2$

25. 解：$\dfrac{-6-3}{-5-2}=\dfrac{9}{7}$

26. 解：$\dfrac{-6+4}{0-2}=1$

27. 解：$\dfrac{5-0}{0-3}=-\dfrac{5}{3}$

28. 解：$\dfrac{6-0}{0+6}=1$

29. 解：$y-2=-1(x-2)$
$y-2=-x+2$
$x+y-4=0$

30. 解：$y-4=-1(x-3)$
$y-4=-x+3$
$x+y-7=0$

31. 解：$y=2x+3$
$2x-y+3=0$

32. 解：$y=0x+5$
$0x+y-5=0$

33. 解：$m=\dfrac{8-3}{4-2}=\dfrac{5}{2}$
$y-3=\dfrac{5}{2}(x-2)$
$2y-6=5x-10$
$5x-2y-4=0$

34. 解：$m=\dfrac{2-1}{8-4}=\dfrac{1}{4}$
$y-1=\dfrac{1}{4}(x-4)$
$4y-4=x-4$
$x-4y=0$

35. 解：$3y=-2x+1$
$y=-\dfrac{2}{3}x+\dfrac{1}{3}$
斜率 $=-\dfrac{2}{3}$；y 截距 $=\dfrac{1}{3}$

36. 解 : $-4y = 5x - 6$

$y = -\dfrac{5}{4}x + \dfrac{3}{2}$

斜率 $= -\dfrac{5}{4}$; y 截距 $= \dfrac{3}{2}$

37. 解 : $6 - 2y = 10x - 2$

$-2y = 10x - 8$

$y = -5x + 4$

斜率 $= -5$; y 截距 $= 4$

38. 解 : $4x + 5y = -20$

$5y = -4x - 20$

$y = -\dfrac{4}{5}x - 4$

斜率 $= -\dfrac{4}{5}$; y 截距 $= -4$

39. 解 : (a) $m = 2$

$y + 3 = 2(x - 3)$

$y = 2x - 9$

(b) $m = -\dfrac{1}{2}$

$y + 3 = -\dfrac{1}{2}(x - 3)$

$y = -\dfrac{1}{2}x - \dfrac{3}{2}$

(c) $2x + 3y = 6$

$3y = -2x + 6$

$y = -\dfrac{2}{3} + 2$

$m = -\dfrac{2}{3}$

$y + 3 = -\dfrac{2}{3}(x - 3)$

$y = -\dfrac{2}{3}x - 1$

(d) $m = \dfrac{3}{2}$

$y + 3 = \dfrac{3}{2}(x - 3)$

$y = \dfrac{3}{2}x - \dfrac{15}{2}$

$$(e)\, m = \frac{-1-2}{3+1} = -\frac{3}{4}$$

$$y+3 = -\frac{4}{3}(x-3)$$

$$y = -\frac{3}{4}x - \frac{3}{4}$$

(f) $x = 3$

(g) $y = -3$

40. 解 ： (a) $3x + cy = 5$

$$3(3) + c(1) = 5$$

$$c = -4$$

(b) $c = 0$

(c) $2x + y = -1$

$$y = -2x - 1$$

$$m = -2$$

$$3x + cy = 5$$

$$cy = -3x + 5$$

$$y = -\frac{3}{c}x + \frac{5}{c}$$

$$-2 = -\frac{3}{c}$$

$$c = \frac{3}{2}$$

(d) c 必須與 x 的係數相同

如此 $c = 3$

(e) $y - 2 = 3(x + 3)$

垂直斜率 $= -\frac{1}{3}$

$$-\frac{1}{3} = -\frac{3}{c}$$

$$c = 9$$

41. 解 ： $m = \frac{3}{2}$

$$y + 1 = \frac{3}{2}(x + 2)$$

$$y = \frac{3}{2}x + 2$$

42. 解 ： (a) $m = 2$

$$kx - 3y = 10$$

$$-3y = -kx + 10$$

$$y = \frac{k}{3}x - \frac{10}{3}$$

$$\frac{k}{3} = 2 \; ; \; k = 6$$

(b)$m = -\frac{1}{2}$

$$\frac{k}{3} = -\frac{1}{2}$$

$$k = -\frac{3}{2}$$

(c)$2x + 3y = 6$

$$3y = -2x + 6$$

$$y = -\frac{2}{3}x + 2$$

$$m = \frac{3}{2} \; ; \; \frac{k}{3} = \frac{3}{2} \; ; \; k = \frac{9}{2}$$

43. 解 ：$y = 3(3) - 1 = 8$ ；$(3, 9)$ 是在直線上面

44. 解 ：$(a, 0)$ ；$(0, b)$ ；$m = \dfrac{b - 0}{0 - a} = -\dfrac{b}{c}$

$$y = -\frac{b}{a}x + b \; ; \; \frac{bx}{a} + y = b \; ; \; \frac{x}{a} + \frac{y}{b} = 1$$

45. 解 ：$2x + 3y = 4$

$$-3x + y = 5$$

$$2x + 4y = 4$$

$$\underline{9x - 3y = -15}$$

$$11x \quad\quad = -11$$

$$x = -1$$

$$-3(-1) + y = 5$$

$$y = 2$$

交點：$(-1, 2)$

$$3y = -2x + 4$$

$$y = -\frac{2}{3}x + \frac{4}{3}$$

$$m = \frac{3}{2}$$

$$y - 2 = \frac{3}{2}(x + 1)$$

$$y = \frac{3}{2}x + \frac{7}{2}$$

46.　解：$4x - 5y = 8$

$2x + y = -10$

$4x - 5y = 8$

$\dfrac{-4x - 2y = 20}{-7y = 28}$

$y = -4$

$4x - 5(-4) = 8$

$4x = -12$

$x = -3$

交點：$(-3, -4)$

$4x - 5y = 8$

$-5y = -4x + 8$

$y = \dfrac{4}{5}x - \dfrac{8}{5}$

$m = -\dfrac{5}{4}$

$y + 4 = -\dfrac{5}{4}(x + 3)$

$y = -\dfrac{5}{4}x - \dfrac{31}{4}$

47.　解：$3x - 4y = 5$

$2x + 3y = 9$

$9x - 12y = 15$

$\dfrac{8x + 12y = 36}{17x \qquad = 51}$

$x = 3$

$3(3) - 4y = 5$

$-4y = -4$

$y = 1$

交點：$(3, 1)$；$3x - 4y = 5$

$-4y = -3x + 5$

$y = \dfrac{3}{4}x - \dfrac{5}{4}$

$m = \dfrac{3}{4}$

$$y - 1 = -\frac{4}{3}(x - 3)$$

$$y = -\frac{4}{3}x + 5$$

48. 解 : $5x - 2y = 5$

$2x + 3y = 6$

$15x - 6y = 15$

$\underline{4x + 6y = 12}$

$19x \quad = 27$

$$x = \frac{27}{19}$$

$$2\left(\frac{27}{19}\right) + 3y = 6$$

$$3y = \frac{60}{19}$$

$$y = \frac{20}{19}$$

交點 : $\left(\dfrac{27}{19}, \dfrac{20}{19}\right)$

$5x - 2y = 5$

$-2y = -5x + 5$

$$y = \frac{5}{2}x - \frac{5}{2}$$

斜率 $m = -\dfrac{2}{5}$

$$y - \frac{20}{19} = -\frac{2}{5}\left(x - \frac{27}{19}\right)$$

$$y = -\frac{2}{5}x + \frac{54}{95} + \frac{20}{19}$$

$$y = -\frac{2}{5}x + \frac{154}{95}$$

49. 解 : 圓心 : $\left(\dfrac{2+6}{2}, \dfrac{-1+3}{2}\right) = (4, 1)$

中點 : $\left(\dfrac{2+6}{2}, \dfrac{3+3}{2}\right) = (4, 3)$

內接圓 : 半徑 $= \sqrt{(4-4)^2 + (1-3)^2} = 2$

$(x - 4)^2 + (y - 1)^2 = 4$

外接圓 : 半徑 $= \sqrt{(4-2)^2 + (1-3)^2} = \sqrt{8}$

$(x - 4)^2 + (y - 1)^2 = 8$

50. 解：每一個圓的半徑是 $\sqrt{16}=4$

圓心是 $(1, -2)$ 與 $(-9, 10)$

傳動帶長是第一個周長的一半，第二個圓周長的一半，與它們圓心之間距離的 2 倍之和，

$$L = \frac{1}{2} \cdot 2\pi(4) + \frac{1}{2} \cdot 2\pi(4) + 2\sqrt{(1+9)^2 + (-2-10)^2}$$

$$= 8\pi + 2\sqrt{100 + 144}$$

$$\approx 56.37$$

51. 解：令直角三角形的頂點在原點，其他的頂點在 $(a, 0)$ 及 $(0, b)$，斜邊的中點是 $\left(\frac{a}{2}, \frac{b}{2}\right)$，三個頂點至中點的距離分別是

$$\sqrt{\left(a - \frac{a}{2}\right)^2 + \left(0 - \frac{b}{2}\right)^2} = \sqrt{\frac{a^2}{4} + \frac{b^2}{4}} = \frac{1}{2}\sqrt{a^2 + b^2}$$

$$\sqrt{\left(0 - \frac{a}{2}\right)^2 + \left(b - \frac{b}{2}\right)^2} = \sqrt{\frac{a^2}{4} + \frac{b^2}{4}} = \frac{1}{2}\sqrt{a^2 + b^2}$$

$$\sqrt{\left(0 - \frac{a}{2}\right)^2 + \left(0 - \frac{b}{2}\right)^2} = \sqrt{\frac{a^2}{4} + \frac{b^2}{4}} = \frac{1}{2}\sqrt{a^2 + b^2}$$

它們是都相同

52. 解：由習題 51，斜邊的中點是 $(4, 3)$，三個頂點至斜邊的中點是等距，這是圓的圓心，半徑是 $\sqrt{16+9}=5$

圓方程式是 $(x - 4)^2 + (y - 3)^2 = 25$

53. 解：$x^2 + y^2 - 4x - 2y - 11 = 0$

$(x^2 - 4x + 4) + (y^2 - 2y + 1) = 11 + 4 + 1$

$(x - 2)^2 + (y - 1)^2 = 16$

$x^2 + y^2 + 20x - 12y + 72 = 0$

$(x^2 - 20x + 100) + (y^2 - 12y + 36) = -72 + 100 + 36$

$(x - 10)^2 + (y - 6)^2 = 64$

第一圓的圓心：$(2, 1)$

第二圓的圓心：$(-10, 6)$

$d = \sqrt{(2+10)^2 + (1-6)^2} = \sqrt{144 + 25} = \sqrt{169} = 13$

然而，半徑和只有 $4 + 8 = 12$，因此若兩圓心間之距離是 13，則兩圓必定沒有相交。

54. 解：$x^2 + ax + y^2 + by + c = 0$

$$\left(x^2 + ax + \frac{a^2}{4}\right) + \left(y^2 + by + \frac{b^2}{4}\right) = -c + \frac{a^2}{4} + \frac{b^2}{4}$$

$$\left(x + \frac{a}{2}\right)^2 + \left(y + \frac{b}{2}\right)^2 = \frac{a^2 + b^2 - 4c}{4}$$

$$\frac{a^2 + b^2 - 4c}{4} > 0 \Rightarrow a^2 + b^2 > 4c$$

55. 解：

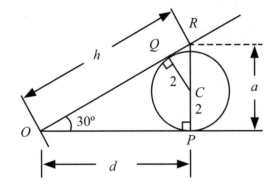

標記點 C, P, Q 及 R，如圖所示，令 $d = |OP|$，

$h = |OR|$，及 $a = |PR|$，三角形 △ OPR 與

△ CQR 是相似三角形，因爲每一個含有

一直角及他們共享角 $\angle QRC$

就角 30° 而言，$\frac{d}{h} = \frac{\sqrt{3}}{2}$ 及 $\frac{a}{h} = \frac{1}{2} \Rightarrow h = 2a$

使用相似三角形的性質，$\frac{|QC|}{|RC|} = \frac{\sqrt{3}}{2}$

$$\frac{2}{a-2} = \frac{\sqrt{3}}{2} \Rightarrow a = 2 + \frac{4}{\sqrt{3}}$$

使用畢氏定理，我們有 $d = \sqrt{h^2 + a^2} = a\sqrt{3} = 2\sqrt{3} + 4 \approx 7.464$

56. 解：

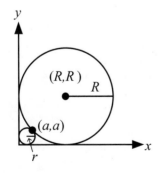

兩個圓方程式是

$$(x - R)^2 + (y - R)^2 = R^2$$

$$(x - r)^2 + (y - r)^2 = r^2$$

令 (a, a) 表示兩圓接觸的點，此點必須滿足

$$(a - k)^2 + (a - R)^2 = R^2$$

$$(a - R)^2 = \frac{R^2}{2}$$

$$a = \left(1 \pm \frac{\sqrt{2}}{2}\right)R$$

鑒於 $a < R$，$a = \left(1 - \frac{\sqrt{2}}{2}\right)R$

同時，兩個圓接觸的點必須滿足

$$(a - r)^2 + (a - r)^2 = r^2$$

$$a = \left(1 \pm \frac{\sqrt{2}}{2}\right)r$$

鑒於 $a > r$，$a = \left(1 + \frac{\sqrt{2}}{2}\right)r$

a 的兩個表達式相等得到

$$\left(1 - \frac{\sqrt{2}}{2}\right)R = \left(1 + \frac{\sqrt{2}}{2}\right)r$$

$$r = \frac{1 - \frac{\sqrt{2}}{2}}{1 + \frac{\sqrt{2}}{2}}R = \frac{\left(1 - \frac{\sqrt{2}}{2}\right)^2}{\left(1 + \frac{\sqrt{2}}{2}\right)\left(1 - \frac{\sqrt{2}}{2}\right)}R$$

$$= \frac{1 - \sqrt{2} + \frac{1}{2}}{1 - \frac{1}{2}}R = (3 - 2\sqrt{2})R \approx 0.1716R$$

57. 解：參考書本內容圖 17(b)，給定直線 l_1 的斜率 m，畫 $\triangle ABC$ 的垂直與水平邊 m 與 1，直線 l_2 是從 l_1 旋轉它繞點 A 90° 逆時鐘方向得到，三角形 ABC 是旋轉進入三角形 AED，我們讀出

$$l_2 \text{ 的斜率} = \frac{1}{-m} = -\frac{1}{m}$$

58. 解：$2\sqrt{(x-1)^2 + (y-1)^2} = \sqrt{(x-3)^2 + (y-4)^2}$

$$4(x^2 - 2x + 1 + y^2 - 2y + 1) = x^2 - 6x + 9 + y^2 - 8y + 16$$

$$3x^2 - 2x + 3y^2 = 9 + 16 - 4 - 4$$

$$3x^2 - 2x + 3y^2 = 17$$

$$x^2 - \frac{2}{3}x + y^2 = \frac{17}{3}$$

$$\left(x^2 - \frac{2}{3}x + \frac{1}{9}\right) + y^2 = \frac{17}{3} + \frac{1}{9}$$

$$\left(x - \frac{1}{3}\right)^2 + y^2 = \frac{52}{9}$$

圓心：$\left(\dfrac{1}{3},\,0\right)$；半徑：$\dfrac{\sqrt{52}}{3}$

59. 解：令 a, b 及 c 是直角三角形三邊的長，c 為斜邊的長，由畢氏定理知
$a^2 + b^2 = c^2$

如此，$\dfrac{\pi a^2}{8} + \dfrac{\pi b^2}{8} = \dfrac{\pi c^2}{8}$ 或 $\dfrac{1}{2}\pi\left(\dfrac{a}{2}\right)^2 + \dfrac{1}{2}\pi\left(\dfrac{b}{2}\right)^2 = \dfrac{1}{2}\pi\left(\dfrac{c}{2}\right)^2$

$\dfrac{1}{2}\pi\left(\dfrac{x}{2}\right)^2$ 是直徑 x 的半圓面積

如此，直角三角形兩邊半圓面積和是等於斜邊半圓的面積

由 $a^2 + b^2 = c^2$，$\dfrac{\sqrt{3}}{4}a^2 + \dfrac{\sqrt{3}}{4}b^2 = \dfrac{\sqrt{3}}{4}c^2$

$\dfrac{\sqrt{3}}{4}x^2$ 是邊長 x 的等邊三角形的面積，如此，直角三角形二邊的等邊三角形面積的和是等於斜邊的等邊三角形的面積

60. 解：

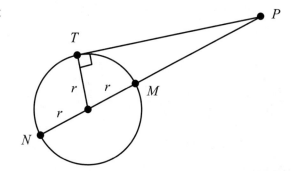

參見圖，在 T 的角是直角，如此畢氏定理給予
$(PM + r)^2 = (PT)^2 + r^2$
$\Leftrightarrow (PM)^2 + 2rPM + r^2 = (PT)^2 + r^2 \Leftrightarrow PM(PM + 2r) = (PT)^2$

$PM + 2r = PN$ 因此這個給予
$(PM)(PN) = (PT)^2$

61. 解：

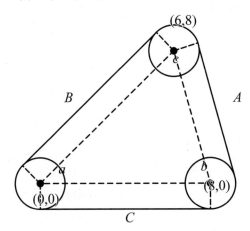

長度 A, B 及 C 是相同如相對應圖
的圓心之間的距離：

$$A = \sqrt{(-2) + (8)^2} = \sqrt{68} \approx 8.2$$

$$B = \sqrt{(6)^2 + (8)^2} = \sqrt{100} = 10$$

$$C = \sqrt{(8)^2 + (0)^2} = \sqrt{64} = 8$$

每一個圓的半徑是 2，如此傳動帶圍繞三個圓的部分是

$$2(2\pi - a - \pi) + 2(2\pi - b - \pi) + 2(2\pi - c - \pi)$$
$$= 2[3\pi - (a + b + c)] = 2[3\pi - \pi] = 2(2\pi) = 4\pi$$

因為 $a + b + c = \pi$，一三角形內角的和
傳動帶的長度是 $\approx 8.2 + 10 + 8 + 4\pi$

$$\approx 38.8 \text{ 單位}$$

62. 解：如習題 50 及 61，傳動帶由線部分的總長是 $2\pi r$，直線部分的長度是
與邊長相同，傳動帶的長度是 $2\pi r + d_1 + d_2 + \cdots + d_n$

63. 解：若 $A = 0$，則 $By + C = 0$ 是水平線 $y = -\dfrac{C}{B}$，到點 (x_1, y_1) 的距離是

$$d = \left| y_1 - \left(-\frac{C}{B} \right) \right| = \frac{|By_1 + C|}{|B|} = \frac{|Ax_1 + By_1 + C|}{\sqrt{A^2 + B^2}}$$

若 $B = 0$，則 $Ax + C = 0$ 是垂直線 $x = -\dfrac{C}{A}$

到點 (x_1, y_1) 的距離是

$$d = \left| x_1 - \left(-\frac{C}{A} \right) \right| = \frac{|Ay_1 + C|}{|A|} = \frac{|Ax_1 + By_1 + C|}{\sqrt{A^2 + B^2}}$$

（注意 A 與 B 不可以同時為 0）

直線 $Ax + By + C = 0$ 的斜率是 $-\dfrac{A}{B}$，通過 (x_1, y_1)
垂直 $Ax + By + C = 0$ 的直線方程式是

$$y - y_1 = \frac{B}{A}(x - x_1)$$

$$Ay - Ay_1 = Bx - Bx_1$$

$$Bx_1 - Ay_1 = Bx - Ay$$

這兩直線的交點是

$$Ax + By = -C \Rightarrow A^2x + ABy = -Ac \quad (1)$$

$$Bx - Ay = Bx_1 - Ay_1 \Rightarrow B^2x - ABy = B^2x_1 - ABy_1 \quad (2)$$

$$(A^2 + B^2)x = -AC + B^2x_1 - ABy_1 \quad (1) + (2)$$

$$x = \frac{-AC + B^2 x_1 - ABy_1}{A^2 + B^2}$$

$Ax + By = -C \Rightarrow ABx + B^2 y = -BC$ (3)

$Bx - Ay = Bx_1 - Ay_1 \Rightarrow -ABx + A^2 y = -ABx_1 + A^2 y_1$ (4)

$$(A^2 + B^2)y = -BC - ABx_1 + A^2 y_1 \quad (3)+(4)$$

$$y = \frac{-BC - ABx_1 + A^2 y_1}{A^2 + B^2}$$

交點 $\left(\dfrac{-AC + B^2 x_1 - ABy_1}{A^2 + B^2}, \dfrac{-BC - ABx_1 + A^2 y_1}{A^2 + B^2} \right)$

點 (x_1, y_1) 與交點間的距離給予我們點 (x_1, y_1) 與直線 $Ax + By + C = 0$ 間的距離

$$d = \sqrt{\left(\frac{-AC + B^2 x_1 - ABy_1}{A^2 + B^2} - x_1 \right)^2 + \left(\frac{-BC - ABx_1 + A^2 y_1}{A^2 + B^2} - y_1 \right)^2}$$

$$= \sqrt{\left(\frac{-AC - ABy_1 - A^2 x_1}{A^2 + B^2} \right)^2 + \left(\frac{-BC - ABx_1 - B^2 y_1}{A^2 + B^2} \right)^2}$$

$$= \sqrt{\left(\frac{-A(C + Bx_1 + Ax_1)}{A^2 + B^2} \right)^2 + \left(\frac{-B(C + Ax_1 + By_1)}{A^2 + B^2} \right)^2}$$

$$= \sqrt{\frac{(A^2 + B^2)(C + Ax_1 + By_1)^2}{(A^2 + B^2)^2}}$$

$$= \frac{|Ax_1 + By_1 + C|}{\sqrt{A^2 + B^2}}$$

64. 解：$A = 3, B = 4, C = -6$

$$d = \frac{|3(-3) + 4(2) + (-6)|}{\sqrt{(3)^2 + (4)^2}} = \frac{7}{5}$$

65. 解：$A = 2, B = -2, C = 4$

$$d = \frac{|2(4) - 2(-1) + 4|}{\sqrt{(2)^2 + (-2)^2}} = \frac{14}{\sqrt{8}} = \frac{7\sqrt{2}}{2}$$

66. 解：$A = 12, B = -5, C = 1$

$$d = \frac{|12(-2) - 5(-1) + 1|}{\sqrt{(12)^2 + (-5)^2}} = \frac{18}{13}$$

67. 解：$A = 2, B = -1, C = -5$

$$d = \frac{|2(3) - 1(-1) - 5|}{\sqrt{(2)^2 + (-1)^2}} = \frac{2}{\sqrt{5}} = \frac{2\sqrt{5}}{5}$$

68. 解：$2x + 4(0) = 5$

$$x = \frac{5}{2}$$

$$d = \frac{\left| 2\left(\frac{5}{2}\right) + 4(0) - 7 \right|}{\sqrt{(2)^2 + (4)^2}} = \frac{2}{\sqrt{20}} = \frac{\sqrt{5}}{5}$$

69. 【解】：$7(0) - 5y = -1$

$$y = \frac{1}{5}$$

$$d = \frac{\left| 7(0) - 5\left(\frac{1}{5}\right) - 6 \right|}{\sqrt{(7)^2 + (-5)^2}} = \frac{7}{\sqrt{74}} = \frac{7\sqrt{74}}{74}$$

70. 【解】：$m = \frac{0 - 4}{2 - 0} = -2$；$m = \frac{1}{2}$；通過 $\left(\frac{0+2}{2}, \frac{4+0}{2}\right) = (1, 2)$

$$y - 2 = \frac{1}{2}(x - 1)$$

$$y = \frac{1}{2}x + \frac{3}{2}$$

$$m = \frac{6 - 0}{4 - 2} = 3$；$m = -\frac{1}{3}$；通過 $\left(\frac{2+4}{2}, \frac{0+6}{2}\right) = (3, 3)$$

$$y - 3 = -\frac{1}{3}(x - 3)$$

$$y = -\frac{1}{3}x + 4$$

$$\frac{1}{2}x + \frac{3}{2} = -\frac{1}{3}x + 4$$

$$\frac{5}{6}x = \frac{5}{2}$$

$$x = 3$$

$$y = \frac{1}{2}(3) + \frac{3}{2} = 3$$

圓心 $= (3, 3)$

71. 【解】：

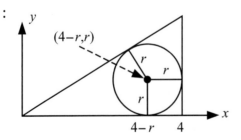

令原點在頂點，如圖所示，圓的圓心是 $(4 - r, r)$，其方程式為

$$(x - (4 - r))^2 + (x - r)^2 = r^2$$

沿長度 5 的邊，y 軸總是 $\dfrac{3}{4}$ 乘以 x 軸，

如此，我們需要求 r 值，它對

$$(x-4+r)^2+\left(\dfrac{3}{4}x-r\right)^2=r^2$$

有一精確 x 解，解得

$$x=\dfrac{16}{25}(16-r\pm\sqrt{24(-r^2+7r-6)})$$

當 $-r^2+7r-6=0$ 時，右一精確解，亦即

當 $r=1$ 或 $r=6$，根 $r=6$ 是無關的，

因此，最大內接圓於此三角形有半徑 $r=1$。

72. 解：$m=\dfrac{-2-3}{1+2}=-\dfrac{5}{3}$；$m=\dfrac{3}{5}$；通過 $\left(\dfrac{-2+1}{2},\dfrac{3-2}{2}\right)=\left(-\dfrac{1}{2},\dfrac{1}{2}\right)$

$$y-\dfrac{1}{2}=\dfrac{3}{5}\left(x+\dfrac{1}{2}\right)$$

$$y=\dfrac{3}{5}x+\dfrac{4}{5}$$

73. 解：直線切於圓上一點 (a,b) 將是垂直於直線通過點 (a,b) 及圓心 $(0,0)$，

直線通過點 (a,b) 及 $(0,0)$ 之斜率為 $m=\dfrac{0-b}{0-a}=\dfrac{b}{a}$；

$$ax+by=r^2\Rightarrow y=-\dfrac{b}{a}x+\dfrac{r^2}{b}$$

如此 $ax+by=r^2$ 有斜率且是垂直於直線通過 (a,b) 及 $(0,0)$，因此，

它是切於圓的點 (a,b)

74. 解：$12a+0b=36$

$a=3$

$3^2+b^2=36$

$b=\pm3\sqrt{3}$

$3x-3\sqrt{3}y=36$

$x-\sqrt{3}y=12$

$3x+3\sqrt{3}y=36$

$x+\sqrt{3}y=12$

75. 解：利用公式 $d=\dfrac{|Ax_1+By+C|}{\sqrt{A^2+B^2}}$，$(x,y)=(0,0)$

$A=m$，$B=-1$，$C=B-b$；(30)

$$d=\dfrac{|m(0)-1(0)+B-b|}{\sqrt{m^2+(-1)^2}}=\dfrac{B-b}{\sqrt{m^2+1}}$$

76. 解 ：邊從 $(0, 0)$ 到 $(a, 0)$ 的中點是

$$\left(\frac{0+a}{2}, \frac{0+0}{2}\right) = \left(\frac{a}{2}, 0\right)$$

邊從 $(0, 0)$ 到 (b, c) 的中點是

$$\left(\frac{0+b}{2}, \frac{0+c}{2}\right) = \left(\frac{b}{2}, \frac{c}{2}\right)$$

$$m_1 = \frac{c - 0}{b - a} = \frac{c}{b - a}$$

$$m_2 = \frac{\frac{c}{2} - 0}{\frac{b}{a} - \frac{a}{2}} = \frac{c}{b - a} \; ; \; m_1 = m_2$$

77. 解 ：

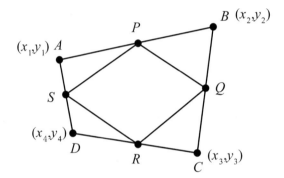

參見圖，邊的中點是

$$P\left(\frac{x_1 + x_2}{2}, \frac{y_1 + y_2}{2}\right), \; Q\left(\frac{x_2 + x_3}{2}, \frac{y_2 + y_3}{2}\right)$$

$$R\left(\frac{x_3 + x_4}{2}, \frac{y_3 + y_4}{2}\right), \; 及 \; S\left(\frac{x_1 + x_4}{2}, \frac{y_1 + y_4}{2}\right)$$

PS 的斜率是

$$\frac{\frac{1}{2}[y_1 + y_4 - (y_1 + y_2)]}{\frac{1}{2}[x_1 + x_4 - (x_1 + x_2)]} = \frac{y_4 - y_2}{x_4 - x_2}$$

QR 的斜率是

$$\frac{\frac{1}{2}[y_3 + y_4 - (y_2 + y_3)]}{\frac{1}{2}[x_3 + x_4 - (x_2 + x_3)]} = \frac{y_4 - y_2}{x_4 - x_2}$$

因此，PS 與 QR 是平行

SR 與 PQ 的斜率是 $\dfrac{y_3 - y_1}{x_3 - x_1}$

因此 $PQRS$ 是一平行四邊形。

78.　解：$x^2 + (y-6)^2 = 25$；通過點 $(3, 2)$

　　　　切線：$3x - 4y = 1$

　　　　$3(11) - 4y = 1$

　　　　$y = 8$

　　　　污物擊中牆高 $y = 8$

P.4

1. 　解：$y = -\dfrac{1}{2}x + 2$

　　　　x- 截距：$(4, 0)$

　　　　y- 截距：$(0, 2)$

　　　　與圖 (b) 相配

2. 　解：$y = \sqrt{9 - x^2}$

　　　　x- 截距：$(-3, 0), (3, 0)$

　　　　y- 截距：$(0, 3)$

　　　　與圖 (d) 相配

3. 　解：$y = 4 - x^2$

　　　　x- 截距：$(2, 0), (-2, 0)$

　　　　y- 截距：$(0, 4)$

　　　　與圖 (a) 相配

4. 　解：$y = x^3 - x$

　　　　x- 截距：$(0, 0), (-1, 0), (1, 0)$

　　　　y- 截距：$(0, 0)$

　　　　與圖 (c) 相配

5. 　解：$y = \dfrac{3}{2}x + 1$

x	-4	-2	0	2	4
y	-5	-2	1	4	7

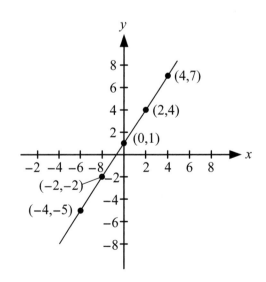

6. 　解 ： $y = 6 - 2x$

x	−2	−1	0	1	2	3	4
y	10	8	6	4	2	0	−2

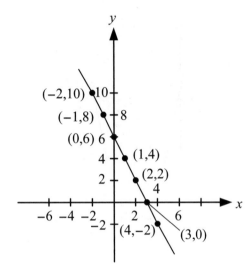

7. 　解 ： $y = 4 - x^2$

x	−3	−2	0	2	3
y	−5	0	4	0	−5

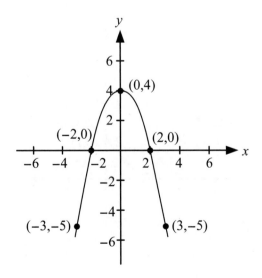

8.　解：$y = (x - 3)^2$

x	0	1	2	3	4	5	6
y	9	4	1	0	1	4	8

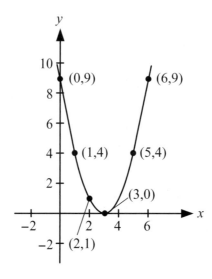

9.　解：$y = |x + 2|$

x	−5	−4	−3	−2	−1	0	1
y	3	2	1	0	1	2	3

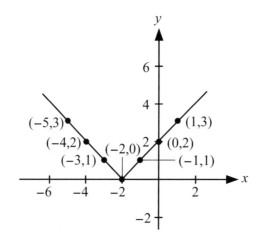

10. 解 ： $y = |x| - 1$

x	-3	-2	-1	0	1	2	3
y	2	1	0	-1	0	1	2

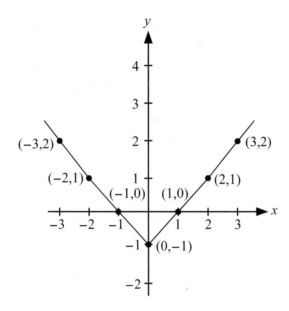

11. 解 ： $y = \sqrt{x} - 4$

x	0	1	4	9	16
y	-4	-3	-2	-1	0

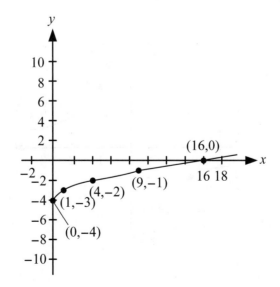

12.　解：$y = \sqrt{x+2}$

x	-2	-1	0	2	7	14
y	0	1	$\sqrt{2}$	2	3	4

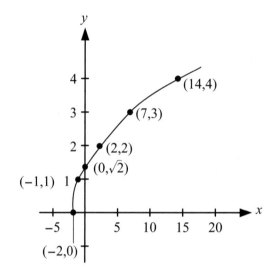

13.　解：$y = \dfrac{2}{x}$

x	-3	-2	-1	0	1	2	3
y	$-\dfrac{2}{3}$	-1	-2	未定義	2	1	$\dfrac{2}{3}$

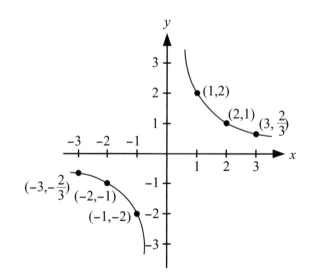

14. 　解 ：$y = \dfrac{1}{x-1}$

x	-3	-1	0	1	2	3	5
y	$-\dfrac{1}{4}$	$-\dfrac{1}{2}$	-1	未定義	1	$\dfrac{1}{2}$	$\dfrac{1}{4}$

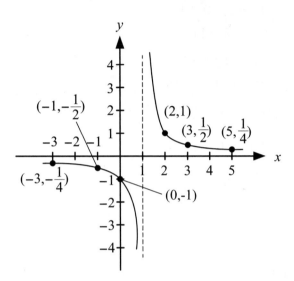

15. 　解 ：$y = x^2 + x - 2$

　　　　y 截距 ：$y = 0^2 + 0 - 2$

　　　　　　　　$y = -2;\ (0, -2)$

　　　　x 截距 ：$0 = x^2 + x - 2$

　　　　　　　　$0 = (x + 2)(x - 1)$

　　　　　　　　$x = -2,\ 1;\ (-2, 0),\ (1, 0)$

16. 　解 ：$y^2 = x^3 - 4x$

　　　　y 截距 ：$y^2 = 0^3 - 4(0)$

　　　　　　　　$y = 0;\ (0, 0)$

　　　　x 截距 ：$0 = x^3 - 4x$

　　　　　　　　$0 = x(x - 2)(x + 2)$

　　　　　　　　$x = 0;\ \pm 2;\ (0, 0),\ (\pm 2, 0)$

17. 　解 ：$y = x^2 \sqrt{25 - x^2}$

　　　　y 截距 ：$y = 0^2 \sqrt{25 - 0^2}$

　　　　　　　　$y = 0;\ (0, 0)$

$$x \text{ 截距} : 0 = x^2\sqrt{25 - x^2}$$
$$0 = x^2\sqrt{(5 - x)(5 + x)}$$
$$x = 0, \pm 5; (0, 0); (\pm 5, 0)$$

18. 解 ： $y = (x - 1)\sqrt{x^2 + 1}$

y 截距 ： $y = (0 - 1)\sqrt{0^2 + 1}$
$$y = -1; (0, -1)$$
x 截距 ： $0 = (x - 1)\sqrt{x^2 + 1}$
$$x = 1; (1, 0)$$

19. 解 ： $y = \dfrac{3(2 - \sqrt{x})}{x}$

y 截距 ： 無， $x \neq 0$
x 截距 ： $0 = \dfrac{3(2 - \sqrt{x})}{x}$
$$0 = 2 - \sqrt{x}$$
$$x = 4; (4, 0)$$

20. 解 ： $y = \dfrac{x^2 + 3x}{(3x + 1)^2}$

y 截距 ： $y = \dfrac{0^2 + 3(0)}{(3(0) + 1)^2}$
$$y = 0; (0, 0)$$
x 截距 ： $0 = \dfrac{x^2 + 3x}{(3x + 1)^2}$
$$0 = \dfrac{x(x + 3)}{(3x + 1)^2}$$
$$x = 0, -3; (0, 0); (-3, 0)$$

21. 解 ： $x^2 y - x^2 + 4y = 0$

y 截距 ： $0^2(y) - 0^2 + 4y = 0$
$$y = 0; (0, 0)$$
x 截距 ： $x^2(0) - x^2 + 4(0) = 0$
$$x = 0; (0, 0)$$

22. 解 ： $y = 2x - \sqrt{x^2 + 1}$

y 截距 ： $y = 2(0) - \sqrt{0^2 + 1}$
$$y = -1; (0, -1)$$
x 截距 ： $0 = 2x - \sqrt{x^2 + 1}$

$$2x = \sqrt{x^2 + 1}$$
$$4x^2 = x^2 + 1$$
$$3x^2 = 1$$
$$x^2 = \frac{1}{3}$$
$$x = \pm\frac{1}{\sqrt{3}} = \pm\frac{\sqrt{3}}{3}$$
$$x = \frac{\sqrt{3}}{3}, \left(\frac{\sqrt{3}}{3}, 0\right)$$

注意：$x = -\dfrac{\sqrt{3}}{3}$ 是無關的解

23. 解 : 對 y 軸對稱，因為
$$y = (-x)^2 - 2 = x^2 - 2$$

24. 解 : 對軸或原點沒有對稱
$$y = x^2 - x$$

25. 解 : 對 x 軸對稱，因為
$$(-y)^2 = y^2 = x^3 - 4x$$

26. 解 : 對原點對稱，因為
$$(-y) = (-x)^3 + (-x)$$
$$-y = -x^3 - x$$
$$y = x^3 + x$$

27. 解 : 對原點對稱，因為
$$(-x)(-y) = xy - 4$$

28. 解 : 對 x 軸對稱，因為
$$x(-y)^2 = xy^2 = -10$$

29. 解 : $y = 4 - \sqrt{x+3}$
對軸或原點沒有對稱

30. 解 : 對原點對稱，因為
$$(-x)(-y) - \sqrt{4 - (-x)^2} = 0$$
$$xy - \sqrt{4 - x^2} = 0$$

31. 解 : 對原點對稱，因為
$$-y = \frac{-x}{(-x)^2 + 1}$$
$$y = \frac{x}{x^2 + 1}$$

32. 解 ： $y = \dfrac{x^2}{x^2+1}$ 是對 y 軸對稱，因為

$$y = \dfrac{(-x)^2}{(-x)^2+1} = \dfrac{x^2}{x^2+1}$$

33. 解 ： $y = |x^3 + x|$ 是對 y 軸對稱，因為

$$y = |(-x)^3 + (-x)| = |-(x^3 + x)| = |x^3 + x|$$

34. 解 ： $|y| - x = 3$ 是對 x 軸對稱，因為

$$|-y| - x = 3$$
$$y - x = 3$$

35. 解 ： $y = -3x + 2$

截距 ： $\left(\dfrac{2}{3}, 0\right), (0, 2)$

對稱 ： 無

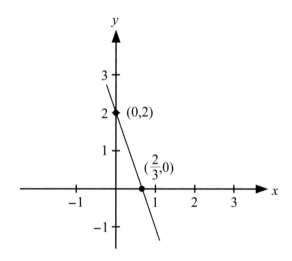

36. 解 ： $y = -\dfrac{x}{2} + 2$

截距 ： $(4, 0)(0, 2)$

對稱 ： 無

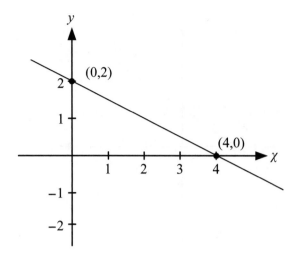

37. 解：$y=\dfrac{1}{2}x-4$

截距：$(8, 0), (0, -4)$

對稱：無

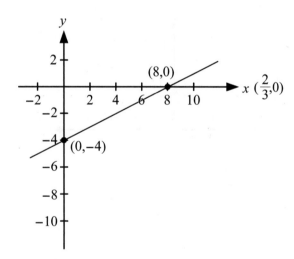

38. 解：$y=\dfrac{2}{3}x+1$

截距：$(0, 1), \left(-\dfrac{3}{2}, 0\right)$

對稱：無

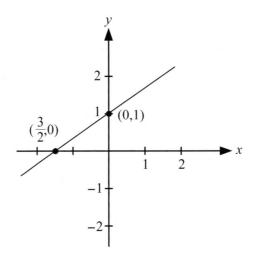

39.　解：$y = 1 - x^2$

截距：$(1, 0), (-1, 0), (0, 1)$

對於：y 軸

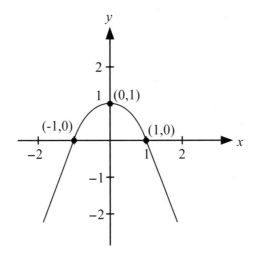

40.　解：$y = x^2 + 3$

截距：$(0, 3)$

對稱：y- 軸

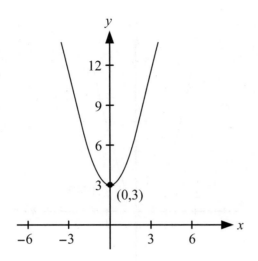

41. 解 ： $y = (x + 2)^3$

截距 ： $(-3, 0), (0, 9)$

對稱 ： 無

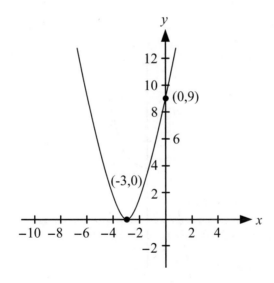

42. 解 ： $y = 2x^2 + x = x(2x + 1)$

截距 ： $(0, 0), \left(-\dfrac{1}{2}, 0\right)$

對稱 ： 無

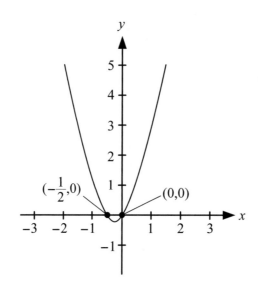

43. 解：$y = x^3 + 2$

截距：$(-\sqrt[3]{2}, 0)$, $(0, 2)$

對稱：無

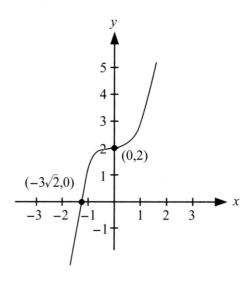

44. 解：$y = x^3 - 4x$

截距：$(0, 0)$, $(2, 0)$, $(-2, 0)$

對稱：原點

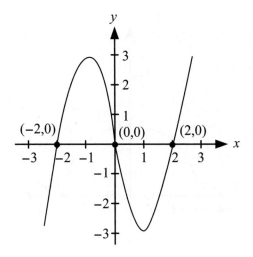

45. 解：$y = x\sqrt{x+2}$

截距：$(0, 0), (-2, 0)$

對稱：無

定義域：$x \geq -2$

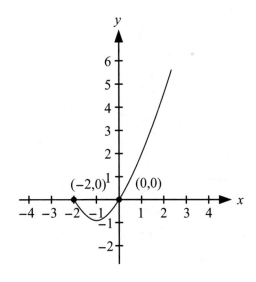

46. 解：$y = \sqrt{9 - x^2}$

截距：$(-3, 0), (3, 0), (0, 3)$

對稱：y-軸

定義域：$[-3, 3]$

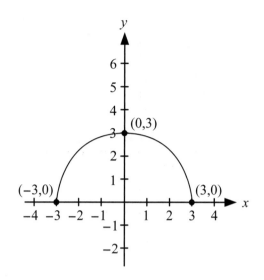

47. 解 ： $x = y^3$

截距：$(0, 0)$

對稱：原點

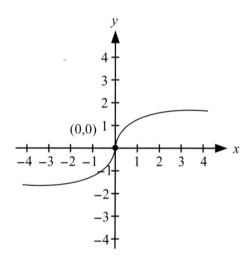

48. 解 ： $x = y^2 - 4$

截距：$(0, 2), (0, -2), (-4, 0)$

對稱：x-軸

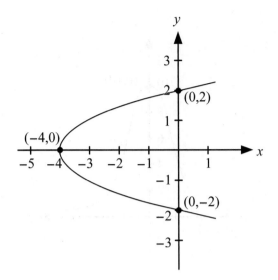

49. 解 : $y = \dfrac{1}{x}$

截距:無

對稱:原點

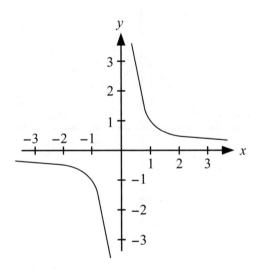

50. 解 : $y = \dfrac{10}{x^2 + 1}$

截距:$(0, 10)$

對稱:y-軸

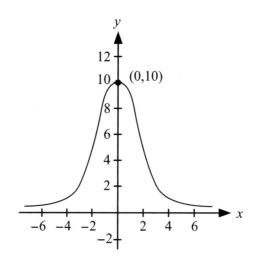

51. 解 ： $y = 6 - |x|$

截距：$(0, 6), (-6, 0), (6, 0)$

對稱：y 軸

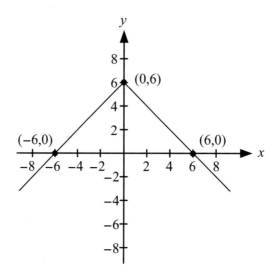

52. 解 ： $y = |6 - x|$

截距：$(0, 6), (6, 0)$

對稱：無

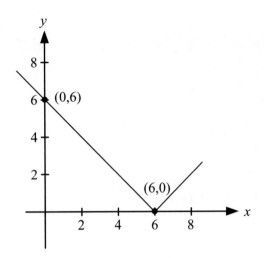

53. 解 ： $x + y = 2 \Rightarrow y = 2 - x$

$2x - y = 1 \Rightarrow y = 2x - 1$

$2 - x = 2x - 1$

$3 = 3x$

$1 = x$

相對應值是 $y = 1$

交點：$(1, 1)$

54. 解 ： $2x - 3y = 13 \Rightarrow y = \dfrac{2x - 13}{3}$

$5x + 3y = 1 \Rightarrow y = \dfrac{1 - 5x}{3}$

$\dfrac{2x - 13}{3} = \dfrac{1 - 5x}{3}$

$2x - 13 = 1 - 5x$

$7x = 14$

$x = 2$

相對應 y 值是 $y = -3$

交點：$(2, -3)$

55. 解 ： $x^2 + y = 6 \Rightarrow y = 6 - x^2$

$x + y = 4 \Rightarrow y = 4 - x$

$6 - x^2 = 4 - x$

$0 = x^2 - x - 2$

$0 = (x - 2)(x + 1)$

$x = 2, -1$

相對應 y 值是 $y = 2$（對於 $x = 2$）及 $y = 5$（對於 $x = -1$）

交點：$(2, 2), (-1, 5)$

56. 解：$x = 3 - y^2 \Rightarrow y^2 = 3 - x$

$y = x - 1$

$3 - x = (x - 1)^2$

$3 - x = x^2 - 2x + 1$

$0 = x^2 - x - 2 = (x + 1)(x - 2)$

$x = -1$ 或 $x = 2$

相對應的 y 值是 $y = -2$ 及 $y = 1$

交點：$(-1, -2), (2, 1)$

57. 解：$x^2 + y^2 = 5 \Rightarrow y^2 = 5 - x^2$

$x - y = 1 \Rightarrow y = x - 1$

$5 - x^2 = (x - 1)^2$

$5 - x^2 = x^2 - 2x + 1$

$0 = 2x^2 - 2x - 4 = 2(x + 1)(x - 2)$

$x = -1$ 或 $x = 2$

相對應的 y 值是 $y = -2$ 及 $y = 1$

交點：$(-1, -2), (2, 1)$

58. 解：$x^2 + y^2 = 25 \Rightarrow y^2 = 25 - x^2$

$2x + y = 10 \Rightarrow y = 10 - 2x$

$25 - x^2 = -(10 - 2x)^2$

$25 - x^2 = 100 - 40x + 4x^2$

$0 = 5x^2 - 40x + 75 = 5(x - 3)(x - 5)$

$x = 3$ 或 $x = 5$

相對應的 y 值是 $y = 4$ 及 $y = 0$

交點：$(3, 4), (5, 0)$

59. 解：$y = x^3$

$y = x$

$x^3 = x$

$x^3 - x = 0$

$x(x + 1)(x - 1) = 0$

$x = 0, x = -1$ 或 $x = 1$

相對應 y 值是 $y = 0, y - -1$ 及 $y = 1$

交點：$(0, 0), (-1, -1), (1, 1)$

60. 解：$y = y^3 - 4x$

$y = -(x + 2)$

$x^3 - 4x = -(x + 2)$

$(x - 1)^2(x + 2) = 0$

$x = 1$ 或 $x = -2$

相對應 y 值是 $y = -3$ 及 $y = 0$

交點：$(1, -3), (-2, 0)$

61. 解：(a) 使用繪圖實用設備，我們得到

$y = -0.007t^2 + 4.82t + 35.4$

(b)

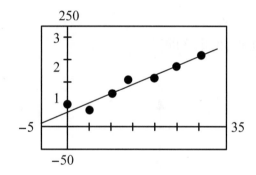

(c) 2010, $t = 40, y = 217$

62. 解：(a) 使用繪圖實用設備，我們得到

$y = -0.13t^2 + 11.1t + 207$

(b)

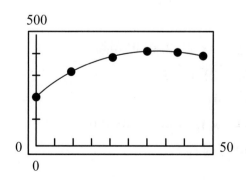

(c) 2010, $t = 60$, $y = -0.13(60)^2 + 11.1(60) + 207 = 405$ 英畝

63. 解：$C = R$

$5.5\sqrt{x} + 10,000 = 3.29x$

$(5.5\sqrt{x})^2 = (3.29x - 10,000)^2$

$30.25x = 10.824x - 65,800x + 100,000,000$

$0 = 10.8241x - 65,830.25x + 100,000,000$（使用二次式公式）

$x \approx 3133$ 單位

其他根，$x \approx 2949$，無法滿足 $R = C$ 方程式

此問題同時可以使用繪圖實用設備求解及求 C 與 R 圖形的交點。

64. 解：$2\sqrt{(x-0)^2 + (y-3)^2} = \sqrt{(x-0)^2 + (y-0)^2}$

$4[x^2 + (y-3)^2] = x^2 + y^2$

$4x^2 + 4y^2 - 24y + 36 = x^2 + y^2$

$3x^2 + 3y^2 - 24y + 36 = 0$

$x^2 + y^2 - 8y + 12 = 0$

$x^2 + (y-4)^2 = 4$

半徑 2 及圓心 $(0, 4)$ 的圓。

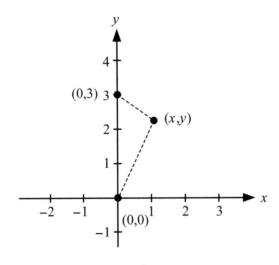

65. 解：從原點的距離 $= kx$ 從 $(2, 0)$ 的距離

$\sqrt{x^2 + y^2} = k\sqrt{(x-2)^2 + y^2}$, $k \neq 1$

$x^2 + y^2 = k^2(x^2 - 4x + 4 + y^2)$

$(1 - k^2)x^2 + (1 - k^2)y^2 + 4k^2x - 4k = 0$

注意：這是圓方程式。

P.5

1. 解 ： (a) $f(1)=1-1^2=0$ (b) $f(-2)=1-(-2)^2=-3$ (c) $f(0)=1-0^2=1$

    (d) $f(k)=1-k^2$ (e) $f(-5)=1-(-5)^2=-24$

    (f) $f\left(\dfrac{1}{4}\right)=1-\left(\dfrac{1}{4}\right)^2=1-\dfrac{1}{16}=\dfrac{15}{16}$ (g) $f(1+h)=1-(1+h)^2=-2h-h^2$

    (h) $f(1+h)-f(1)=-2h-h^2-0=-2h-h^2$

    (i) $f(2+h)-f(2)=1-(2+h)^2+3=-4h^2-h^2$

2. 解 ： (a) $F(1)=1^3+3-1=4$ (b) $F(\sqrt{2})=(\sqrt{2})^3+3(\sqrt{2})=2\sqrt{2}+3\sqrt{2}=5\sqrt{2}$

    (c) $F\left(\dfrac{1}{4}\right)=\left(\dfrac{1}{4}\right)^3+3\left(\dfrac{1}{4}\right)=\dfrac{1}{64}+\dfrac{3}{4}=\dfrac{49}{64}$

    (d) $F(1+h)=(1+h)^3+3(1+h)=1+3h+3h^2+h^3+3+3h=4+6h+3h^2+h^3$

    (e) $F(1+h)-F(1)=3+6h+3h^2+h^3$

    (f) $F(2+h)-F(2)=(2+h)^3+3(2+h)-[2^3-3(2)]$

                 $=8+12h+6h^2+h^3+6+3h-14$

                 $=15h+6h^2+h^3$

3. 解 ： (a) $G(0)=\dfrac{1}{0-1}=1$ (b) $G(0.999)=\dfrac{1}{0.999-1}=-1000$

    (c) $G(1.01)=\dfrac{1}{1.01-1}=100$ (d) $G(y^2)=\dfrac{1}{y^2-1}$ (e) $G(-x)=\dfrac{1}{-x-1}=-\dfrac{1}{x+1}$

    (f) $G\left(\dfrac{1}{x^2}\right)=\dfrac{1}{\dfrac{1}{x^2}-1}=\dfrac{x^2}{1-x^2}$

4. 解 ： (a) $\Phi(1)=\dfrac{1+1^2}{\sqrt{1}}=2$ (b) $\Phi(-t)=\dfrac{-t+(-t)^2}{\sqrt{-t}}=\dfrac{t^2-t}{\sqrt{-t}}$

    (c) $\Phi\left(\dfrac{1}{2}\right)=\dfrac{\dfrac{1}{2}+\left(\dfrac{1}{2}\right)^2}{\sqrt{\dfrac{1}{2}}}=\dfrac{\dfrac{3}{4}}{\sqrt{\dfrac{1}{2}}}\approx 1.06$

    (d) $\Phi(u+1)=\dfrac{(u+1)+(u+1)^2}{\sqrt{u+1}}=\dfrac{u^2+3u+2}{\sqrt{u+1}}$

    (e) $\Phi(x^2)=\dfrac{x^2+(x^2)^2}{\sqrt{x^2}}=\dfrac{x^2+x^4}{|x|}$

    (f) $\Phi(x^2+x)=\dfrac{(x^2+x)+(x^2+x)^2}{\sqrt{x^2+x}}=\dfrac{x^4+2x^3+2x^2+x}{\sqrt{x^2+x}}$

5. 解 ： (a) $f(0.25)=\dfrac{1}{\sqrt{0.25-3}}=\dfrac{1}{\sqrt{-2.75}}$ 是無定義

(b) $f(\pi)=\dfrac{1}{\sqrt{\pi-3}}\approx 2.658$

(c) $f(3+\sqrt{2})=\dfrac{1}{\sqrt{3+\sqrt{2}-3}}=\dfrac{1}{\sqrt{\sqrt{2}}}=2^{-0.25}=0.841$

6. 解：(a) $f(0.79)=\dfrac{\sqrt{(0.79)^2+9}}{0.79-\sqrt{3}}\approx -3.293$　(b) $f(12.26)=\dfrac{\sqrt{(12.26)^2+9}}{12.26-\sqrt{3}}\approx 1.199$

(c) $f(\sqrt{3})=\dfrac{\sqrt{(\sqrt{3})^2+9}}{\sqrt{3}-\sqrt{3}}$；未定義

7. 解：(a) $x^2+y^2=1$

$y^2=1-x^2$

$y=\pm\sqrt{1-x^2}$；不是函數

(b) $xy+y+x=1$

$y(x+1)=1-x$

$y=\dfrac{1-x}{x+1}$；$f(x)=\dfrac{1-x}{x+1}$

(c) $x=\sqrt{2y+1}$

$x^2=2y+1$

$y=\dfrac{x^2-1}{2}$；$f(x)=\dfrac{x^2-1}{2}$

(d) $x=\dfrac{y}{y+1}$

$xy+x=y$

$x=y-xy$

$x=y(1-x)$

$y=\dfrac{x}{1-x}$；$f(x)=\dfrac{x}{1-x}$

8. 解：圖 18(a) 與 (c) 不是函數的圖形，圖 18(b) 與 (d) 是函數的圖形。

9. 解：$\dfrac{f(a+h)-f(a)}{h}=\dfrac{[2(a+h)^2-1]-(2a^2-1)}{h}=\dfrac{4ah+2h^2}{h}=4a+2h$

10. 解：$\dfrac{F(a+h)-F(a)}{h}=\dfrac{4(a+h)^3-4a^3}{h}=\dfrac{4a^3+12a^2h+12ah^2+4h^3-4a^3}{h}$

$=\dfrac{12a^2h+12ah^2+4h^3}{h}=12a^2+12ah+4h^2$

11. 解：$\dfrac{g(x+a)-g(x)}{h}=\dfrac{\dfrac{3}{x+h-2}-\dfrac{2}{x-2}}{h}=\dfrac{\dfrac{3x-6-3x-3h+6}{x^2-4x+hx-2h+4}}{h}$

$$= \frac{-3h}{h(x^2 - 4x + hx - 2h + 4)} = -\frac{3}{x^2 - 4x + hx - 2h + 4}$$

12. 解： $\dfrac{G(a+h) - G(a)}{h} = \dfrac{\dfrac{a+h}{a+h+4} - \dfrac{a}{a+4}}{h} = \dfrac{\dfrac{a^2 + 4a + ah + 4h - a^2 - ah - 4a}{a^2 + 8a + ah + 4h + 16}}{h}$

$$= \frac{4h}{h(a^2 + 8a + ah + 4h + 16)} = \frac{4}{a^2 + 8a + ah + 4h + 16}$$

13. 解： (a) $F(z) = \sqrt{2z + 3}$

$\qquad 2z + 3 \geq 0; z \geq -\dfrac{3}{2}$

$\qquad$ 定義域： $\{z \in \mathbb{R} : z \geq -\dfrac{3}{2} \}$

$\qquad$ (b) $g(v) = \dfrac{1}{4v - 1}$

$\qquad 4v - 1 = 0; v = \dfrac{1}{4}$

$\qquad$ 定義域： $\{v \in \mathbb{R} : v \neq \dfrac{1}{4} \}$

$\qquad$ (c) $\psi(x) = \sqrt{x^2 - 9}$

$\qquad x^2 - 9 \geq 0; x^2 \geq 9: |x| \geq 3$

$\qquad$ 定義域： $\{x \in \mathbb{R} : |x| \geq 3 \}$

$\qquad$ (d) $H(y) = -\sqrt{625 - y^4}$

$\qquad 625 - y^4 \geq 0; 625 \geq y^4: |y| \leq 5$

$\qquad$ 定義域： $\{y \in \mathbb{R} : |y| \leq 5 \}$

14. 解： (a) $f(x) = \dfrac{4 - x^2}{x^2 - x - 6} = \dfrac{4 - x^2}{(x-3)(x+2)}$

$\qquad$ 定義域： $\{x \in \mathbb{R} : x \neq -2, 3 \}$

$\qquad$ (b) $G(y) = \sqrt{(y+1)^{-1}}$

$\qquad \dfrac{1}{y+1} \geq 0; y > -1$

$\qquad$ 定義域： $\{y \in \mathbb{R} : y > -1 \}$

$\qquad$ (c) $\phi(u) = |2u + 3|$

$\qquad$ 定義域： $\mathbb{R}$（所有實數）

$\qquad$ (d) $F(t) = t^{\frac{2}{3}} - 4$

$\qquad$ 定義域： $\mathbb{R}$（所有實數）

15. 解：$f(x) = -4$；$f(-x) = -4 = f(x)$；偶函數

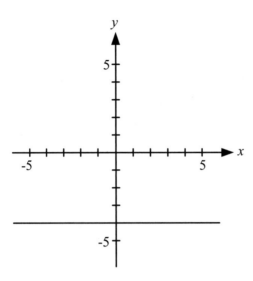

16. 解：$f(x) = 3x$；$f(-x) = 3(-x) = -3x = -f(x)$；奇函數

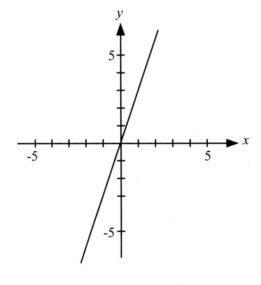

17.　解：$F(x) = 2x + 1$；$F(-x) = -2x + 1$；既不是偶函數，也不是奇函數

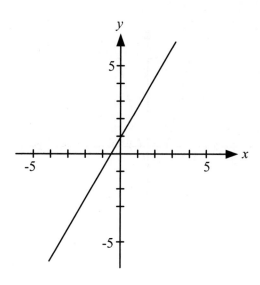

18.　解：$F(x) = 3x - \sqrt{2}$；$F(-x) = -3x - \sqrt{2}$；既不是偶函數，也不是奇函數

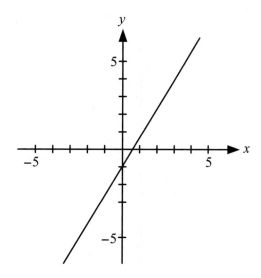

19.　解：$g(x) = 3x^2 + 2x - 1$；$g(-x) = 3x^2 - 2x - 1$；既不是偶函數，也不是奇函數

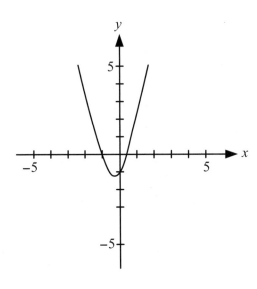

20.　解：$g(u) = \dfrac{u^3}{8}$；$g(-u) = -\dfrac{u^2}{8} = -g(u)$；奇函數

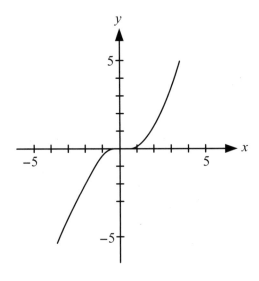

21. 解： $g(x) = \dfrac{x}{x^2 - 1}$ ； $g(-x) = \dfrac{-x}{x^2 - 1} = -g(x)$ ；奇函數

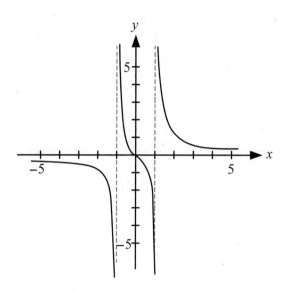

22. 解： $\phi(z) = \dfrac{2z + 1}{z - 1}$ ； $\phi(-z) = \dfrac{-2z + 1}{-z - 1}$ ；既不是偶函數，也不是奇函數

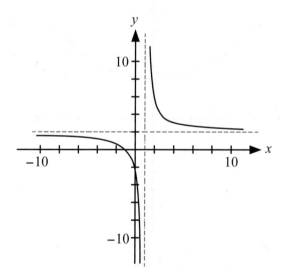

23.　解：$f(w)=\sqrt{w-1}$；$f(-w)=\sqrt{-w-1}$；既不是偶函數，也不是奇函數

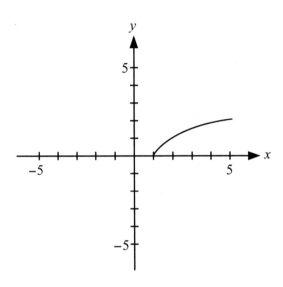

24.　解：$h(x)=\sqrt{x^2+4}$；$h(-x)=\sqrt{x^2+4}=h(x)$；偶函數

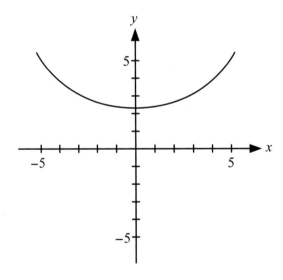

25. 解 ： $f(x)=|2x|$ ； $f(-x)=|-2x|=|2x|=f(x)$ ；偶函數

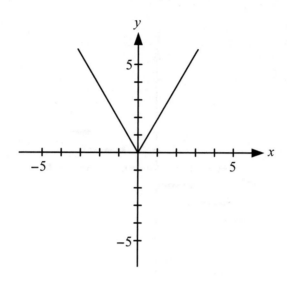

26. 解 ： $F(t)=-|t+3|$ ； $F(-t)=-|-t+3|$ ；既不是偶函數，也不是奇函數

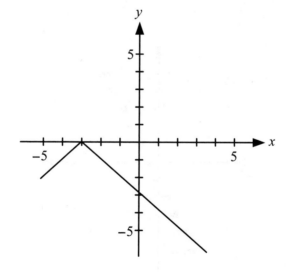

27.　解：$g(x) = \left[\left|\dfrac{x}{2}\right|\right]$；$g(-x) = \left[\left|-\dfrac{x}{2}\right|\right]$；既不是偶函數，也不是奇函數

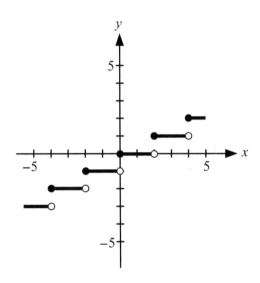

28.　解：$G(x) = [|2x-1|]$；$G(-x) = [|-2x+1|]$ 既不是偶函數，也不是奇函數

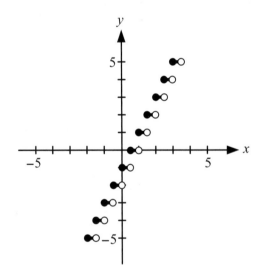

29.　解：$g(t) = \begin{cases} 1 & 若\ t \le 0 \\ t+1 & 若\ 0 < t < 2 \\ t^2 - 1 & 若\ t \ge 2 \end{cases}$；$g(-t) = \begin{cases} 1 & 若\ t \le 0 \\ -t+1 & 若\ 0 < t < 2 \\ t^2 - 1 & 若\ t \ge 2 \end{cases}$

既不是偶函數，也不是奇函數

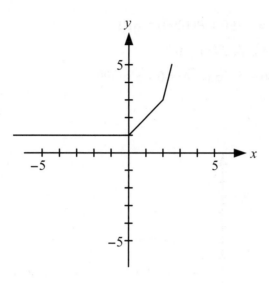

30. 解：$h(x) = \begin{cases} -x^2 + 4 & 若\ x \le 1 \\ 3x & 若\ x > 1 \end{cases}$；既不是偶函數，也不是奇函數

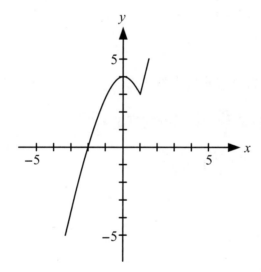

31. 解：$T(x) = 5000 + 805x$

　　定義域：$\{x \in I\ (整數)：0 \le x \le 100\}$

　　$u(x) = \dfrac{T(x)}{x} = \dfrac{5000}{x} + 805$

　　定義域：$\{x \in I: 0 < x \le 100\}$

32. 解：(a) $P(x) = 6x - (400 + 5\sqrt{x(x-4)})$

　　　　$P(x) = 6x - 400 - 5\sqrt{x(x-4)}$

(b) $P(200) \approx -190$；$P(1000) \approx 610$

(c) ABC 損益當 $P(x) = 0$；

$6x - 400 - 5\sqrt{x(x-4)} = 0$；$x \approx 390$

33. 解：$E(x) = x - x^2$

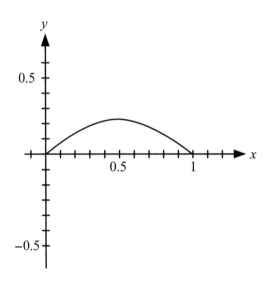

$\dfrac{1}{2}$ 超越它的平方的最大量。

34. 解：每一邊的長是 $\dfrac{P}{3}$，三角形的高是 $\dfrac{\sqrt{3}P}{6}$

$$A(P) = \dfrac{1}{2}\left(\dfrac{P}{3}\right)\left(\dfrac{\sqrt{3}P}{6}\right) = \dfrac{\sqrt{3}P^2}{36}$$

35. 解：令 y 表其他股的長度，則

$x^2 + y^2 = h^2$

$y^2 = h^2 - x^2$

$y = \sqrt{h^2 - x^2}$

$L(x) = \sqrt{h^2 - x^2}$

36. 解：面積是 $A(x) = \dfrac{1}{2}$（底）（高）$= \dfrac{1}{2} x \sqrt{h^2 - x^2}$

37. 解：(a) $E(x) = 24 + 0.40x$

(b) $120 = 24 + 0.40x$

$0.40x = 96$；$x = 240$ 哩（mile）

38. 解：圓柱的體積是 $\pi r^2 h$，其中 h 是圓柱的高度，由圖知

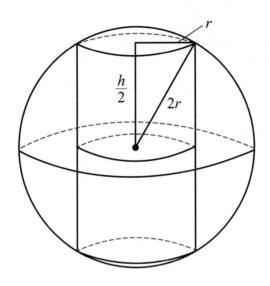

$$r^2 + \left(\frac{h}{2}\right)^2 = (2r)^2 \; ; \; \frac{h^2}{4} = 3r^2$$

$$h = \sqrt{12r^2} = 2r\sqrt{3}$$

$$V(r) = \pi r^2(2r\sqrt{3}) = 2\pi r^3\sqrt{3}$$

39. 解：兩個半圓端的面積是 $\frac{\pi d^2}{4}$，每一個平行邊的長是 $\frac{1 - \pi d}{2}$

$$A(d) = \frac{\pi d^2}{4} + d\left(\frac{1 - \pi d}{2}\right) = \frac{\pi d^2}{4} + \frac{d - \pi d^2}{2} = \frac{2d - \pi d^2}{4}$$

因為軌跡是 1 哩長，$\pi d < 1$，因此 $d < \frac{1}{\pi}$，定義域：$\{d \in \mathbb{R} : 0 < d < \frac{1}{\pi}\}$

40. 解：(a) $A(1) = 1(1) + \frac{1}{2}(1)(2 - 1) = \frac{3}{2}$

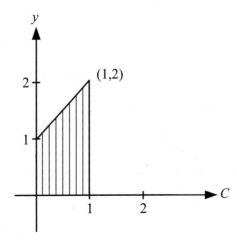

(b) $A(2) = 2(1) + \dfrac{1}{2}(2)(3 - 1) = 4$

(c) $A(0) = 0$

(d) $A(c) = c(1) + \dfrac{1}{2}(c)(c + 1 - 1) = \dfrac{1}{2}c^2 + c$

(e)

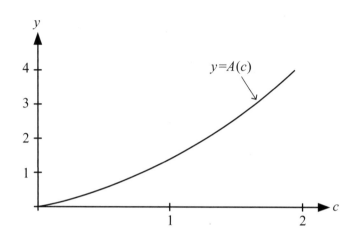

(f) 定義域：$\{c \in \mathbb{R}: c \geq 0\}$

値域：$\{y \in \mathbb{R}: y \geq 0\}$

41. 解：(a) $B(0) = 0$

(b) $B\left(\dfrac{1}{2}\right) = \dfrac{1}{2}B(1) = \dfrac{1}{2} \cdot \dfrac{1}{6} = \dfrac{1}{12}$

(c)

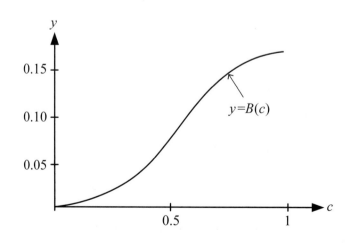

42. 解 ： (a) $f(x+y)=2(x+y)=2x+2y=f(x)+f(y)$

(b) $f(x+y)=(x+y)^2=x^2+2xy+y^2 \neq f(x)+f(y)$

(c) $f(x+y)=2(x+y)+1=2x+2y+1 \neq f(x)+f(y)$

(d) $f(x+y)=-3(x+y)=-3x-3y=f(x)+f(y)$

43. 解 ： 關於任意 x，$x+0=x$，如此

$f(x)=f(x+0)=f(x)+f(0)$，因此 $f(0)=0$

令 m 是 $f(1)$ 的值，對於 p 是自然數（N）

$p=p \cdot 1=1+1+\cdots+1$，如此

$f(p)=f(1+1+\cdots+1)=f(1)+f(1)+\cdots+f(1)=pf(1)=pm$

$1=p\left(\dfrac{1}{p}\right)=\dfrac{1}{p}+\dfrac{1}{p}+\cdots+\dfrac{1}{p}$，如此

$m=f(1)=f\left(\dfrac{1}{p}+\dfrac{1}{p}+\cdots+\dfrac{1}{p}\right)$

$\quad =f\left(\dfrac{1}{p}\right)+f\left(\dfrac{1}{p}\right)+\cdots+f\left(\dfrac{1}{p}\right)=pf\left(\dfrac{1}{p}\right)$

因此，$f\left(\dfrac{1}{p}\right)=\dfrac{m}{p}$，任意有理數可以被寫為 $\dfrac{p}{q}$，$p, q \in N$

$\dfrac{p}{q}=p\left(\dfrac{1}{q}\right)=\dfrac{1}{q}+\dfrac{1}{q}+\cdots+\dfrac{1}{q}$，

如此

$f\left(\dfrac{p}{q}\right)=f\left(\dfrac{1}{q}+\dfrac{1}{q}+\cdots+\dfrac{1}{q}\right)$

$\quad =f\left(\dfrac{1}{q}\right)+f\left(\dfrac{1}{q}\right)+\cdots+f\left(\dfrac{1}{q}\right)$

$\quad =pf\left(\dfrac{1}{q}\right)=p\left(\dfrac{m}{q}\right)=m\left(\dfrac{p}{q}\right)$

44. 解 ： 打擊者在 t 秒後已經跑 $10t$ 呎，當 $t=9$，他到達第一壘；當 $t=18$，第二壘；當 $t=18$，第三壘，及當 $t=36$，本壘；當 $9 \leq t \leq 18$ 時，打擊者從第一壘的距離是 $10t-90$ ft，因此 $\sqrt{90^2+(10t-90)^2}$ ft 從本壘，當 $18 \leq t \leq 27$ 時，打擊者是 $10t-180$ ft 從第二壘，因此，他是 $90-(10t-180)=270-10t$ ft 從第三壘，及 $\sqrt{90^2+(270-10t)^2}$ ft 從本壘，當 $27 \leq t \leq 36$，打擊者是 $10t-270$ ft 從第三壘，因此，他是 $90-(10t-270)=360-10t$ ft 從本壘板。

$$(a)\, s = \begin{cases} 10t & \text{若 } 0 \le t \le 9 \\ \sqrt{90^2 + (10t - 90)^2} & \text{若 } 9 < t \le 18 \\ \sqrt{90^2 + (270 - 10t)^2} & \text{若 } 18 < t \le 27 \\ 360 - 10t & \text{若 } 27 < t \le 36 \end{cases}$$

$$(b)\, s = \begin{cases} 180 - |180 - 10t| & \text{若 } 0 \le t \le 9 \\ & \text{或 } 27 < t \le 36 \\ \sqrt{90^2 + (10t - 90)^2} & \text{若 } 9 < t \le 18 \\ \sqrt{90^2 + (270 - 10t)^2} & \text{若 } 18 < t \le 27 \end{cases}$$

P.6

1.　解　：　(a) $(f+g)(2)=(2+3)+2^2=9$

　　　　(b) $(f \cdot g)(0)=(0+3) \cdot (0^2)=0$

　　　　(c) $\left(\dfrac{g}{f}\right)(3)=\dfrac{3^2}{3+3}=\dfrac{9}{6}=\dfrac{3}{2}$

　　　　(d) $(f \circ g)(1)=f(1^2)=1+3=4$

　　　　(e) $(g \circ f)(1)=g(1+3)=4^2=16$

　　　　(f) $(g \circ f)(-8)=g(-8+3)=(-5)^2=25$

2.　解　：　(a) $(f-g)(2)=(2^2+2)-\dfrac{2}{2+3}=6-\dfrac{2}{5}=\dfrac{28}{5}$

　　　　(b) $(f/g)(1)=\dfrac{1^2+1}{\dfrac{2}{1+3}}=\dfrac{2}{\dfrac{2}{4}}=4$

　　　　(c) $g^2(3)=\left[\dfrac{2}{3+3}\right]^2=\left(\dfrac{1}{3}\right)^2=\dfrac{1}{9}$

　　　　(d) $(f \circ g)(1)=f\left(\dfrac{2}{1+3}\right)=\left(\dfrac{1}{2}\right)^2+\dfrac{1}{2}=\dfrac{3}{4}$

　　　　(e) $(g \circ f)(1)=g(1^2+1)=\dfrac{2}{2+3}=\dfrac{2}{5}$

　　　　(f) $(g \circ g)(3)=g\left(\dfrac{2}{3+3}\right)=\dfrac{2}{\dfrac{1}{3}+3}=\dfrac{2}{\dfrac{10}{3}}=\dfrac{3}{5}$

3.　解　：　(a) $(\Phi+\Psi)(t)=t^2+1+\dfrac{1}{t}$

　　　　(b) $(\Phi \circ \Psi)(r)=\Phi\left(\dfrac{1}{r}\right)=\left(\dfrac{1}{r}\right)^3+1=\dfrac{1}{r^3}+1$

　　　　(c) $(\Phi \circ \Psi)(r)=\Psi(r^3+1)=\dfrac{1}{r^3+1}$

　　　　(d) $\Phi^3(z)=(z^3+1)^3$

　　　　(e) $(\Phi-\Psi)(5t)=[(5t)^3+1]-\dfrac{1}{5t}=125t^3+1-\dfrac{1}{5t}$

　　　　(f) $((\Phi-\Psi) \circ \Psi)(t)=(\Phi-\Psi)\left(\dfrac{1}{t}\right)=\left(\dfrac{1}{t}\right)^3+1-\dfrac{1}{\dfrac{1}{t}}=\dfrac{1}{t^3}+1-t$

4.　解　：　(a) $(f \cdot g)(x)=\dfrac{2\sqrt{x^2-1}}{x}$

　　　　　定義域：$(-\infty,-1] \cup [1,\infty)$

　　　　(b) $f^4(x)+g^4(x)=(\sqrt{x^2-1})^4+\left(\dfrac{2}{x}\right)^4=(x^2-1)^2+\dfrac{16}{x^4}$

　　　　　定義域：$(-\infty,0) \cup (0,\infty)$

(c) $(f \circ g)(x) = f\left(\dfrac{2}{x}\right) = \sqrt{\left(\dfrac{2}{x}\right)^2 - 1} = \sqrt{\dfrac{4}{x^2} - 1}$

定義域：$[-2, 0) \cup (0, 2]$

(d) $(g \circ f)(x) = g(\sqrt{x^2 - 1}) = \dfrac{2}{\sqrt{x^2 - 1}}$

定義域：$(-\infty, -1) \cup (1, \infty)$

5. 解：$(f \circ g)(x) = f(|1+x|) = \sqrt{|1+x|^2 + 4} = \sqrt{x^2 + 2x - 3}$

$(g \circ f)(x) = g(\sqrt{x^2 - 4}) = |1 + \sqrt{x^2 - 4}| = 1 + \sqrt{x^2 - 4}$

6. 解：$g^3(x) = (x^2 + 1)^3 = (x^4 + 2x + 1)(x^2 + 1) = x^6 + 3x^4 + 3x^2 + 1$

$(g \circ g \circ g)(x) = (g \circ g)(x^2 + 1) = g[(x^2 + 1)^2 + 1] = g(x^4 + 2x^2 + 2)$

$= (x^4 + 2x^2 + 2)^2 + 1 = x^8 + 4x^6 + 8x^4 + 8x^2 + 5$

7. 解：$g(3.141) \approx 1.188$

8. 解：$g(2.03) \approx 0.000205$

9. 解：$[g^2(\pi) - g(\pi)]^{1/3} = [(11 - 7\pi)^2 - |11 - 7\pi|]^{1/3} \approx 4.789$

10. 解：$[g^3(\pi) - g(\pi)]^{1/3} = [(6\pi - 11\pi)^3 - (6\pi - 11)]^{1/3} \approx 7.807$

11. 解：(a) $g(x) = \sqrt{x}$，$f(x) = x + 7$ (b) $g(x) = x^{15}$，$f(x) = x^2 + x$

12. 解：(a) $f(x) = \dfrac{2}{x^3}$，$g(x) = x^2 + x + 1$ (b) $f(x) = \dfrac{1}{x}$，$g(x) = x^3 + 3x$

13. 解：$p = f \circ g \circ h$ 若 $f(x) = \dfrac{1}{x}$，$g(x) = \sqrt{x}$，$h(x) = x^2 + 1$

$p = f \circ g \circ h$ 若 $f(x) = \dfrac{1}{\sqrt{x}}$，$g(x) = x + 1$，$h(x) = x^2$

14. 解：$p = f \circ g \circ h \circ l$ 若 $f(x) = \dfrac{1}{x}$，$g(x) = \sqrt{x}$，$h(x) = x + 1$，$l(x) = \lambda^2$

15. 解 ： $g(x) = \sqrt{x}$ 的圖形向右移動 2 單位及向下移動 3 單位

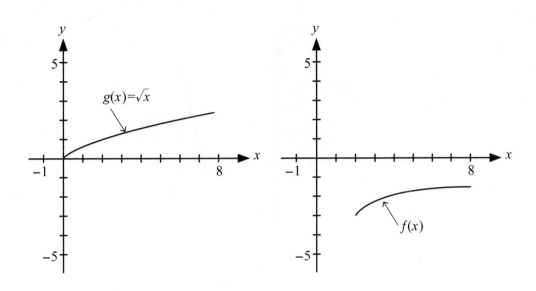

16. 解 ： $h(x) = |x|$ 的圖形向左移動 3 單位及向下移動 4 單位

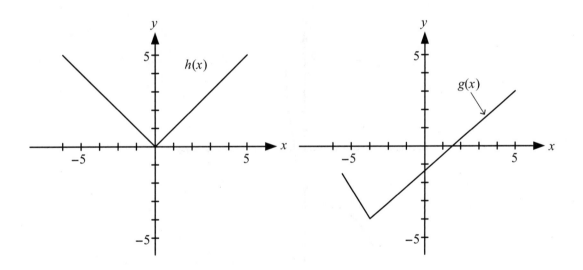

17.　解：$y = x^2$ 的圖形向右平移 2 單位及向下平移 4 單位

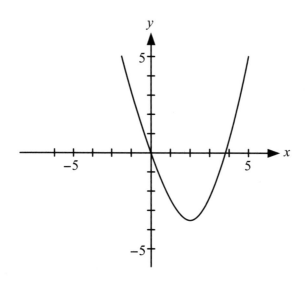

18.　解：$y = x^3$ 的圖形向左平移 1 單位及向下平移 3 單位

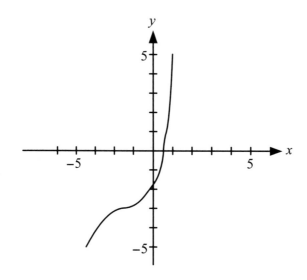

19. 　解 ： $(f+g)(x)=\dfrac{x-3}{2}+\sqrt{x}$

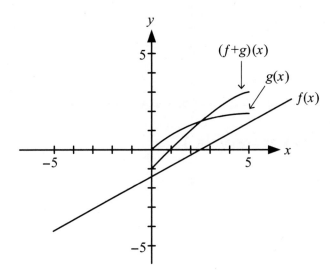

20. 　解 ： $(f+g)(x)=x+|x|$

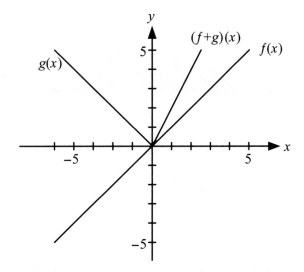

21. 　解 ： $F(t)=\dfrac{|t|-t}{t}$

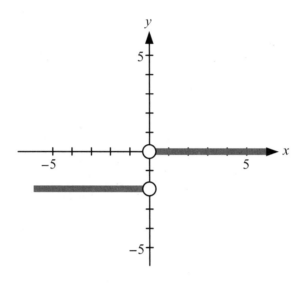

22. 解 : $G(t) = t - [|t|]$

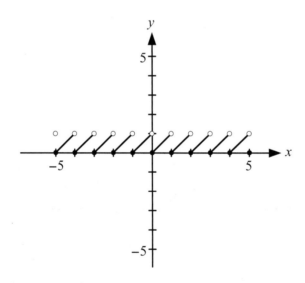

23. 解 : (a) 偶函數

$(f+g)(-x) = f(-x) + g(-x) = f(x) + g(x) = (f+g)(x)$

若 f 與 g 是兩者為偶函數

(b) 奇函數

$(f+g)(-x) = f(-x) + g(-x) = -f(x) - g(x) = -(f+g)(x)$

若 f 與 g 是兩者為奇函數

(c) 偶函數

$(f \cdot g)(-x) = [f(-x)][g(-x)] = [f(x)][g(x)] = (f \cdot g)(x)$

若 f 與 g 是兩者為偶函數

(d) 偶函數

$(f \cdot g)(-x) = [f(-x)][g(-x)] = [-f(x)][-g(x)] = [f(x)][g(x)] = (f \cdot g)(x)$

若 f 與 g 是兩者為奇函數

(e) 奇函數

$(f \cdot g)(-x) = [f(-x)][g(-x)] = [f(x)][-g(x)] = -[f(x)][g(x)] = -(f \cdot g)(x)$

若 f 是偶函數及 g 是奇函數

24. 解：(a) $F(x) - F(-x)$ 是奇函數因為 $F(-x) - F(x) = -[F(x) - F(-x)]$

(b) $F(x) + F(-x)$ 是偶函數因為 $F(-x) + F(-(-x)) = F(-x) + F(x) = F(x) + F(-x)$

(c) $\dfrac{F(x) - F(-x)}{2}$ 是奇函數，$\dfrac{F(x) + F(-x)}{2}$ 是偶函數

$\dfrac{F(x) - F(-x)}{2} + \dfrac{F(x) + F(-x)}{2} = \dfrac{2F(x)}{2} = F(x)$

25. 解：不是每一個偶次方的多項式是一偶函數，例如 $f(x) = x^2 + x$ 既不是偶函數也不是奇函數。不是每一個奇次方的多項式是一奇函數，例如 $g(x) = x^3 + x^2$ 既不是偶函數也不是奇函數。

26. 解：(a) 都不是　(b) PF　(c) RF　(d) PF　(e) RF　(f) 都不是

27. 解：(a) $P = \sqrt{29 - 3(2 + \sqrt{t}) + (2 + \sqrt{t})^2} = \sqrt{t + \sqrt{t} + 27}$

(b) 當 $t = 15$ 時，$P = \sqrt{15 + \sqrt{15} + 27} = 6.773$

28. 解：$R(t) = (120 + 2t + 3t^2)(6000 + 700t)$

$\qquad = 2100t^3 + 19{,}400t^2 + 96{,}000t + 720{,}000$

29. 解：$D(t) = \begin{cases} 400t & \text{若 } 0 < t < 1 \\ \sqrt{(400t)^2 + [300(t - 1)]^2} & \text{若 } t \geq 1 \end{cases}$

$\quad D(t) = \begin{cases} 400t & \text{若 } 0 < t < 1 \\ \sqrt{250{,}000t^2 - 180{,}000t + 90{,}000} & \text{若 } t \geq 1 \end{cases}$

30. 解：$f(f(x)) = f\left(\dfrac{ax + b}{cx - a}\right) = \dfrac{a\left(\dfrac{ax + b}{cx - a}\right) + b}{c\left(\dfrac{ax + b}{cx - a}\right) - a} = \dfrac{ax^2 + ab + bcx - ab}{acx + bc - acx + a^2} = \dfrac{x(a^2 + bc)}{a^2 + bc} = x$

若 $a^2 + bc = 0$，$f(f(x))$ 是無定義，然而若 $x = \dfrac{a}{c}$，$f(x)$ 是無定義。

31. 解：$f(f(f(x))) = f\left(f\left(\dfrac{x - 3}{x + 1}\right)\right) = f\left(\dfrac{\dfrac{x - 3}{x + 1} - 3}{\dfrac{x - 3}{x + 1} + 1}\right) = f\left(\dfrac{x - 3 - 3x - 3}{x - 3 + x + 1}\right) = f\left(\dfrac{2x - 6}{2x - 2}\right)$

$$=f\left(\frac{-x-3}{x-1}\right)=\frac{\dfrac{-x-3}{x-1}-3}{\dfrac{-x-3}{x-1}+1}=\frac{-x-3-3x+3}{x-3+x-1}=\frac{-4x}{-4}=x$$

若 $x=-1$，$f(x)$ 是沒定義，然而若 $x=1$，$f(f(x))$ 是沒定義

32. 〔解〕：(a) $f\left(\dfrac{1}{x}\right)=\dfrac{\dfrac{1}{x}}{\dfrac{1}{x}-1}=\dfrac{1}{1-x}$

(b) $f(f(x))=f\left(\dfrac{x}{x-1}\right)=\dfrac{\dfrac{x}{x-1}}{\dfrac{x}{x-1}-1}=\dfrac{x}{x-x+1}=x$

(c) $f\left(\dfrac{1}{f(x)}\right)=f\left(\dfrac{x-1}{x}\right)=\dfrac{\dfrac{x-1}{x}}{\dfrac{x-1}{x}-1}=\dfrac{x-1}{x-1-x}=1-x$

33. 〔解〕：(a) $f\left(\dfrac{1}{x}\right)=\dfrac{\dfrac{1}{x}}{\sqrt{\dfrac{1}{x}-1}}=\dfrac{1}{\sqrt{x}-x}$

(b) $f(f(x))=f\left(\dfrac{x}{\sqrt{x}-1}\right)=\dfrac{x/(\sqrt{x}-1)}{\sqrt{\dfrac{x}{\sqrt{x}-1}}-1}=\dfrac{x}{\sqrt{x(\sqrt{x}-1)}+1-\sqrt{x}}$

34. 〔解〕：$(f_1\circ(f_2\circ f_3))(x)=f_1((f_2\circ f_3)(x))=f_1(f_2(f_3(x)))$

$((f_1\circ f_2)\circ f_3)(x)=(f_1\circ f_2)(f_3(x))=f_1(f_2(f_3(x)))=(f_1\circ(f_2\circ f_3))(x)$

35. 〔解〕：$f_1(f_1(x))=x$；$f_2(f_1(x))=\dfrac{1}{x}$；$f_3(f_1(x))=1-x$；$f_4(f_1(x))=\dfrac{1}{1-x}$；

$f_1(f_2(x))=\dfrac{1}{x}$；$f_2(f_2(x))=\dfrac{1}{\dfrac{1}{x}}=\dfrac{1}{x}$；$f_3(f_2(x))=1-\dfrac{1}{x}=\dfrac{x-1}{x}$；

$f_4(f_2(x))=\dfrac{1}{1-\dfrac{1}{x}}=\dfrac{x}{x-1}$；

$f_1(f_3(x))=1-x$；$f_2(f_3(x))=\dfrac{1}{1-x}$；$f_3(f_3(x))=1-(1-x)=x$；

$f_4(f_3(x))=\dfrac{1}{1-(1-x)}=\dfrac{1}{x}$；

$f_1(f_4(x))=\dfrac{1}{1-x}$；$f_2(f_4(x))=\dfrac{1}{\dfrac{1}{1-x}}=1-x$；$f_3(f_4(x))=1-\dfrac{1}{1-x}=\dfrac{x}{x-1}$；

$f_4(f_4(x))=\dfrac{1}{1-\dfrac{1}{1-x}}=\dfrac{1-x}{1-x-1}=\dfrac{x-1}{x}$；

$$f_1(f_5(x)) = \frac{x-1}{x} \ ; \ f_2(f_5(x)) = \frac{1}{\frac{x-1}{x}} = \frac{x}{x-1} \ ; \ f_3(f_5(x)) = 1 - \frac{x-1}{x} = \frac{1}{x} \ ;$$

$$f_4(f_5(x)) = \frac{1}{1 - \frac{x-1}{x}} = \frac{x}{x-(x-1)} = x \ ;$$

$$f_1(f_6(x)) = \frac{x}{x-1} \ ; \ f_2(f_6(x)) = \frac{1}{\frac{x}{x-1}} = \frac{x-1}{x} \ ; \ f_3(f_6(x)) = 1 - \frac{x}{x-1} = \frac{1}{1-x} \ ;$$

$$f_4(f_6(x)) = \frac{1}{1 - \frac{x}{x-1}} = \frac{x-1}{x-1-x} = 1-x \ ;$$

$$f_5(f_1(x)) = \frac{x-1}{x} \ ; \ f_6(f_1(x)) = \frac{x}{x-1} \ ;$$

$$f_5(f_2(x)) = \frac{\frac{1}{x}-1}{\frac{1}{x}} = 1-x \ ; \ f_6(f_2(x)) = \frac{1x}{\frac{1}{x}-1} = \frac{1}{1-x} \ ;$$

$$f_5(f_3(x)) = \frac{1-x-1}{1-x} = \frac{x}{x-1} \ ; \ f_6(f_3(x)) = \frac{1-x}{1-x-1} = \frac{x-1}{x} \ ;$$

$$f_5(f_4(x)) = \frac{\frac{1}{1-x}-1}{\frac{1}{1-x}} = \frac{1-(1-x)}{1} = x \ ; \ f_6(f_4(x)) = \frac{\frac{1}{1-x}}{\frac{1}{1-x}-1} = \frac{1}{1-(1-x)} = \frac{1}{x} \ ;$$

$$f_5(f_5(x)) = \frac{\frac{x-1}{x}-1}{\frac{x-1}{x}} = \frac{x-1-x}{x-1} = \frac{1}{1-x} \ ; \ f_6(f_5(x)) = \frac{\frac{x-1}{x}}{\frac{x-1}{x}-1} = \frac{x-1}{x-1-x} = 1-x \ ;$$

$$f_5(f_6(x)) = \frac{\frac{x}{x-1}-1}{\frac{x}{x-1}} = \frac{x(x-1)}{x} = \frac{1}{x} \ ; \ f_6(f_6(x)) = \frac{\frac{x}{x-1}}{\frac{x}{x-1}-1} = \frac{x}{x-(x-1)} = x$$

0	f_1	f_2	f_3	f_4	f_5	f_6
f_1	f_1	f_2	f_3	f_4	f_5	f_6
f_2	f_2	f_1	f_4	f_3	f_5	f_6
f_3	f_3	f_5	f_1	f_6	f_2	f_4
f_4	f_4	f_6	f_2	f_5	f_1	f_3
f_5	f_5	f_3	f_6	f_1	f_4	f_2
f_6	f_6	f_4	f_5	f_2	f_3	f_1

(a)$f_3 \circ f_3 \circ f_3 \circ f_3 \circ f_3$

$= ((((f_3 \circ f_3) \circ f_3) \circ f_3) \circ f_3)$

$= ((f_1 \circ f_3) \circ f_3) \circ f_3)$

$= ((f_3 \circ f_3) \circ f_3)$

$= f_1 \circ f_3 = f_3$

(b)$f_1 \circ f_2 \circ f_3 \circ f_4 \circ f_5 \circ f_6$

$= (((((f_1 \circ f_2) \circ f_3) \circ f_4) \circ f_5) \circ f_6)$

$= (((f_2 \circ f_3) \circ f_4 \circ f_5) \circ f_6)$

$= (f_4 \circ f_5) \circ (f_5 \circ f_6)$

$= f_5 \circ f_2 = f_3$

(c)若 $F \circ F_6 = f_1$，則 $F = f_6$

(d)若 $G \circ f_3 \circ f_6 = f_1$ 則 $G \circ f_4 = f_1$ 因此 $G = f_5$

(e)若 $f_2 \circ f_5 \circ H = f_5$ 則 $f_6 \circ H = f_5$ 因此 $H = f_3$

36. 解：斜率 $m = \dfrac{3+5}{-4-0} = -2$

$y + 5 = -2(x - 0)$

$y = -2x - 5$

$f(x) = -2x - 5$，$-4 \leq x \leq 0$

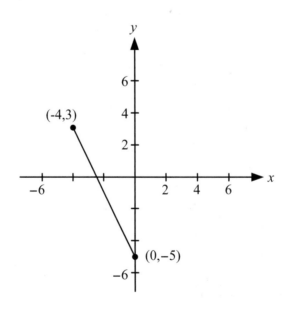

37. 解：斜率 $m = \dfrac{5-2}{5-1} = \dfrac{3}{4}$

$$y - 2 = \frac{3}{4}(x - 1)$$

$$y = \frac{3}{4}x + \frac{5}{4}$$

$$f(x) = \frac{3}{4}x + \frac{5}{4} \ , \ 1 \leq x \leq 5$$

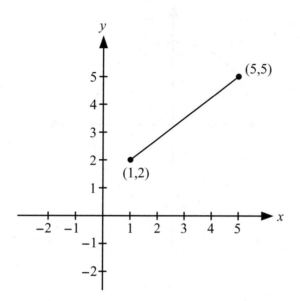

38. 解 ： $x + y^2 = 0$ $y^2 = -x$ $y = -\sqrt{-x}$

$f(x) = -\sqrt{-x}$, $x \leq 0$

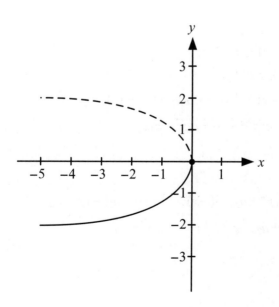

39.　解：$x^2 + y^2 = 4$

　　　　　$y^2 = 4 - x^2$

　　　　　$y = -\sqrt{4 - x^2}$

　　　　　$f(x) = -\sqrt{4 - x^2}$，$-2 \le x \le 2$

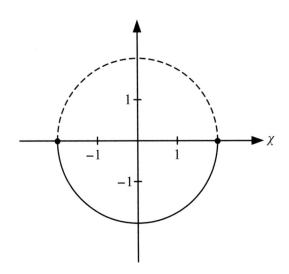

40.　解：$f(x) = |x| + |x - 2|$

　　　　若 $x < 0$，則 $f(x) = -x - (x - 2) = -2x + 2 = 2(1 - x)$

　　　　若 $0 \le x < 2$，則 $f(x) = x - (x - 2) = 2$

　　　　若 $x \ge 2$，則 $f(x) = x + (x - 2) = 2x - 2 = 2(x - 1)$

　　　　因此

　　　　$$f(x) = \begin{cases} 2(1 - x), & x < 0 \\ 2, & 0 \le x < 2 \\ 2(x - 1), & x \ge 2 \end{cases}$$

41.　解：$f(-x) = a_{2n+1}(-x)^{2n+1} + \cdots + a_3(-x)^3 + a_1(x)$

　　　　　　　$= -[a_{2n+1}x^{2n+1} + \cdots + a_n x^3 + a_1 x]$

　　　　　　　$= -f(x)$

　　　　奇函數

42.　解：$f(-x) = a_{2n}(-x)^{2n} + a_{2n-2}(-x)^{2n-2} + \cdots + a_2(-x)^2 + a_0$

　　　　　　　$= a_{2n}x^{2n} + a_{2n-2}x^{2n-2} + \cdots + a_2 x^2 + a_0$

　　　　　　　$= f(x)$

　　　　偶函數

43. 　解 ：令 $F(x) = f(x)g(x)$，式中 f 及 g 為偶函數

　　　　則 $F(-x) = f(-x)g(-x) = f(x)g(x) = F(x)$

　　　　因此 $F(x)$ 是偶函數

　　　　令 $F(x) = f(x)g(x)$，式中 f 及 g 為奇數

　　　　則 $F(-x) = f(-x)g(-x) = [-f(x)][-g(x)] = f(x)g(x) = F(x)$

　　　　因此 $F(x)$ 是偶函數

44. 　解 ：令 $F(x) = f(x)g(x)$，式中 f 是偶函數及 g 是奇函數，則

　　　　$F(-x) = f(-x)g(-x) = f(x)[-g(x)] = -f(x)g(x) = -F(x)$

　　　　因此，$F(x)$ 是奇函數

P.7

1. 解 ： (a) $30\left(\dfrac{\pi}{180}\right)=\dfrac{\pi}{6}$　(b) $45\left(\dfrac{\pi}{180}\right)=\dfrac{\pi}{4}$　(c) $-60\left(\dfrac{\pi}{180}\right)=-\dfrac{\pi}{3}$

　　　　 (d) $240\left(\dfrac{\pi}{180}\right)=\dfrac{4\pi}{3}$　(e) $-370\left(\dfrac{\pi}{180}\right)=-\dfrac{37\pi}{18}$　(f) $10\left(\dfrac{\pi}{180}\right)=\dfrac{\pi}{18}$

2. 解 ： (a) $\dfrac{7}{6}\pi\left(\dfrac{180}{\pi}\right)=210°$　(b) $\dfrac{3\pi}{4}\left(\dfrac{180}{\pi}\right)=135°$　(c) $-\dfrac{1}{3}\pi\left(\dfrac{180}{\pi}\right)=-60°$

　　　　 (d) $\dfrac{4}{3}\pi\left(\dfrac{180}{\pi}\right)=240°$　(e) $-\dfrac{35}{18}\pi\left(\dfrac{180}{\pi}\right)=-350°$　(f) $\dfrac{3}{18}\pi\left(\dfrac{180}{\pi}\right)=30°$

3. 解 ： (a) $33.3\left(\dfrac{\pi}{180}\right)\approx 0.5812$　(b) $46\left(\dfrac{\pi}{180}\right)\approx 0.8029$

　　　　 (c) $-66.6\left(\dfrac{\pi}{180}\right)\approx -1.1624$　(d) $240.11\left(\dfrac{\pi}{180}\right)\approx 4.1907$

　　　　 (e) $-369\left(\dfrac{\pi}{180}\right)\approx -6.4403$　(f) $11\left(\dfrac{\pi}{180}\right)\approx 0.1920$

4. 解 ： (a) $3.141\left(\dfrac{180}{\pi}\right)\approx 180°$　(b) $6.28\left(\dfrac{180}{\pi}\right)\approx 359.8°$

　　　　 (c) $5.00\left(\dfrac{180}{\pi}\right)\approx 286.5°$　(d) $0.001\left(\dfrac{180}{\pi}\right)\approx 0.057°$

　　　　 (e) $-0.1\left(\dfrac{180}{\pi}\right)\approx -5.73°$　(f) $36.0\left(\dfrac{180}{\pi}\right)\approx 2062.6°$

5. 解 ： (a) $\dfrac{56.4\tan 34.2°}{\sin 34.1°}\approx 68.37$　(b) $\dfrac{5.34\tan 21.3°}{\sin 3.1°+\cot 23.5°}\approx 0.8845$

　　　　 (c) $\tan(0.452)\approx 0.4855$　(d) $\sin(-0.361)\approx -0.3532$

6. 解 ： (a) $\dfrac{234.1\sin(1.56)}{\cos(0.34)}\approx 248.3$　(b) $\sin^2(2.51)+\sqrt{\cos 10.51}\approx 1.2828$

7. 解 ： (a) $\dfrac{56.3\tan 34.2°}{\sin 56.1°}\approx 46.097$　(b) $\left(\dfrac{\sin 35°}{\sin 26°+\cos 26°}\right)^3\approx 0.0789$

8. 解 ： (a) $\tan\left(\dfrac{\pi}{6}\right)=\dfrac{\sin\left(\dfrac{\pi}{6}\right)}{\cos\left(\dfrac{\pi}{6}\right)}=\dfrac{\dfrac{1}{2}}{\dfrac{\sqrt{3}}{2}}=\dfrac{1}{\sqrt{3}}=\dfrac{\sqrt{3}}{3}$　(b) $\sec(\pi)=\dfrac{1}{\cos(\pi)}=-1$

　　　　 (c) $\sec\left(\dfrac{3\pi}{4}\right)=\dfrac{1}{\cos\left(\dfrac{3\pi}{4}\right)}=-\sqrt{2}$　(d) $\csc\left(\dfrac{\pi}{2}\right)=\dfrac{1}{\sin\dfrac{\pi}{2}}=1$

　　　　 (e) $\cot\left(\dfrac{\pi}{4}\right)=\dfrac{\cos\left(\dfrac{\pi}{4}\right)}{\sin\left(\dfrac{\pi}{4}\right)}=1$　(f) $\tan\left(-\dfrac{\pi}{4}\right)=\dfrac{\sin\left(-\dfrac{\pi}{4}\right)}{\cos\left(-\dfrac{\pi}{4}\right)}=-1$

9. 解 ： (a) $\tan\left(\dfrac{\pi}{3}\right)=\dfrac{\sin\left(\dfrac{\pi}{3}\right)}{\cos\left(\dfrac{\pi}{3}\right)}=\sqrt{3}$　(b) $\sec\left(\dfrac{\pi}{3}\right)=\dfrac{1}{\cos\left(\dfrac{\pi}{3}\right)}=2$

(c)$\cot\left(\dfrac{\pi}{3}\right)=\dfrac{\cos\left(\dfrac{\pi}{3}\right)}{\sin\left(\dfrac{\pi}{3}\right)}=\dfrac{\sqrt{3}}{3}$　(d)$\csc\left(\dfrac{\pi}{4}\right)=\dfrac{1}{\sin\left(\dfrac{\pi}{4}\right)}=\sqrt{2}$

(e)$\tan\left(-\dfrac{\pi}{6}\right)=\dfrac{\sin\left(-\dfrac{\pi}{6}\right)}{\cos\left(-\dfrac{\pi}{6}\right)}=-\dfrac{\sqrt{3}}{3}$　(f)$\cos\left(-\dfrac{\pi}{3}\right)=\dfrac{1}{2}$

10. 　解 ： (a)$(1+\sin z)(1-\sin z)=1-\sin^2 z=\cos^2 z=\dfrac{1}{\sec^2 z}$

(b)$(\sec t-1)(\sec t+1)=\sec^2-1=\tan^2 t$

(c)$\sec t-\sin t\tan t=\dfrac{1}{\cos t}-\dfrac{\sin^2 t}{\cos t}=\dfrac{1-\sin^2 t}{\cos t}=\dfrac{\cos^2 t}{\cos t}=\cos t$

(d)$\dfrac{\sec^2 t-1}{\sec^2 t}=\dfrac{\tan^2 t}{\sec^2 t}=-\dfrac{\dfrac{\sin^2 t}{\cos^2 t}}{\dfrac{1}{\cos^2 t}}=\sin^2 t$

11. 　解 ： (a)$\sin^2 v+\dfrac{1}{\sec^2 v}=\sin^2 v+\cos^2 v=1$

(b)$\cos 3t=\cos(2t+t)=\cos 2t\cos t-\sin 2t\sin t$

$\qquad=(2\cos^2 t-1)\cos t-2\sin^2 t\cos t$

$\qquad=2\cos^3 t-\cos t-2(1-\cos t)\cos t$

$\qquad=2\cos^3 t-\cos t-2\cos t+2\cos^3 t$

$\qquad=4\cos^3 t-3\cos t$

(c)$\sin 4x=\sin(2(2x))=2\sin 2x\cos 2x$

$\qquad=2(2\sin x\cos x)(2\cos^2 x-1)$

$\qquad=2(4\sin x\cos^3 x-2\sin x\cos x)$

$\qquad=8\sin x\cos^3 x-4\sin x\cos x$

(d)$(1+\cos\theta)(1-\cos\theta)=1-\cos^2\theta=\sin^2\theta$

12. 　解 ： (a)$\dfrac{\sin u}{\csc u}+\dfrac{\cos u}{\sec u}=\sin^2 u+\cos^2 u=1$

(b)$(1-\cos^2 x)(1+\cot^2 x)=(\sin^2 x)(\csc^2 x)=\sin^2 x\dfrac{1}{\sin^2 x}=1$

(c)$\sin t(\csc t-\sin t)=\sin t\left(\dfrac{1}{\sin t}-\sin t\right)=1-\sin^2 t=\cos^2 t$

(d)$\dfrac{1-\csc^2 t}{\csc^2 t}=-\dfrac{\cot^2 t}{\csc^2 t}=-\dfrac{\dfrac{\cos^2 t}{\sin^2 t}}{\dfrac{1}{\sin^2 t}}=-\cos^2 t=-\dfrac{1}{\sec^2 t}$

13. 解 ： (a)$y = \sin^2 x$　　　　　　　　　　(b)$y = 2\sin t$

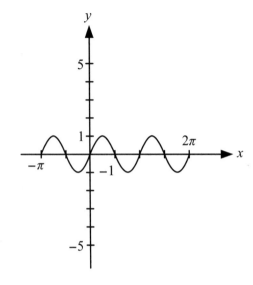

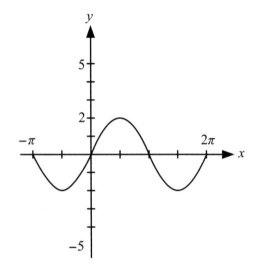

(c)$y = \cos\left(x - \dfrac{\pi}{4}\right)$　　　　　　(d)$y = \sec t$

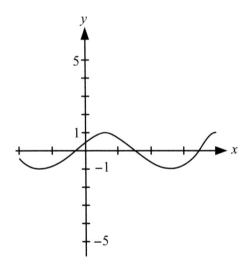

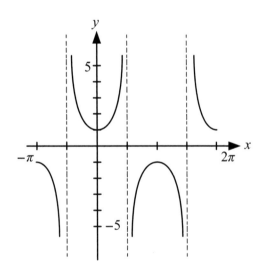

14. 解 ： (a)$y = \csc t$　　　　　　　　　(b)$y = 2\cos t$

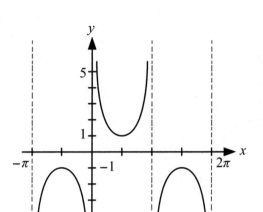

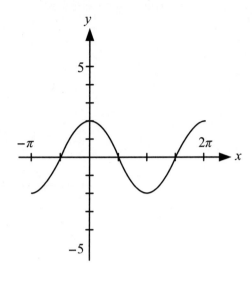

(c)$y = \cos 3t$　　　　　　　　　(d) $y = \cos\left(t + \dfrac{\pi}{3}\right)$

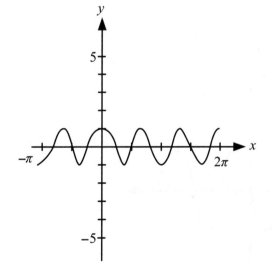

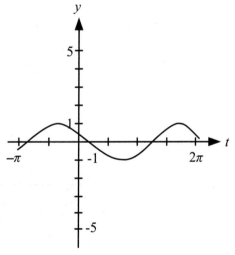

15.　解 ： $y = 3 \cos \dfrac{x}{2}$

　　　　週期 $= 4\pi$，振幅 $= 3$

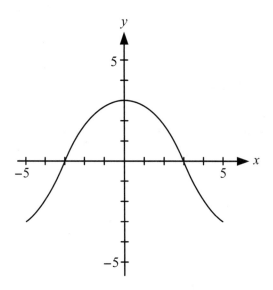

16.　解 ： $y = 2\sin 2x$

　　　　週期 $= \pi$，振幅 $= 2$

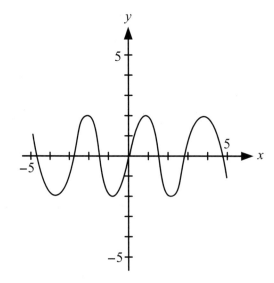

17.　解 ： $y = \tan x$

週期 $= \pi$

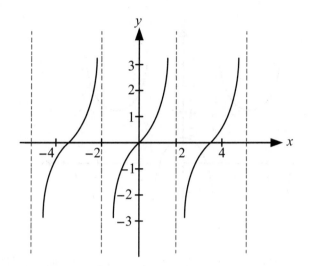

18.　解 ： $y = 2 + \dfrac{1}{6} \cot (2x)$

週期 $= \dfrac{\pi}{2}$，移動：向上 2 單位

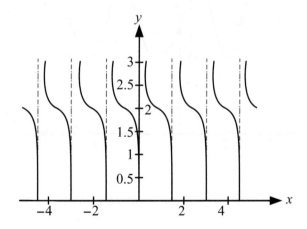

19.　解：$y = 3 + \sec(x - \pi)$

週期 $= 2\pi$，移動：向上 3 單位，向右 π 單位

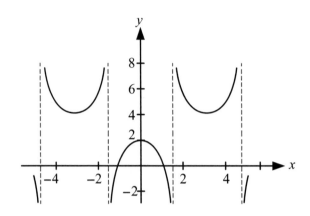

20.　解：$y = 21 + 7 \sin(2x + 3)$

週期 $= \pi$，振幅 $= 7$，移動：向上 21 單位，向左 $\dfrac{3}{2}$ 單位

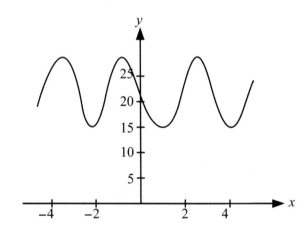

21. 解 ： $y = 3\cos\left(x - \dfrac{\pi}{2}\right) - 1$

週期 $= 2\pi$，振幅 $= 3$，移動：向右 $\dfrac{\pi}{2}$ 單位，向下 1 單位

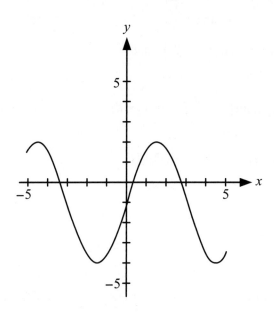

22. 解 ： $y = \tan\left(2x - \dfrac{\pi}{3}\right)$

週期 $= \dfrac{\pi}{2}$，移動：向右 $\dfrac{\pi}{6}$ 單位

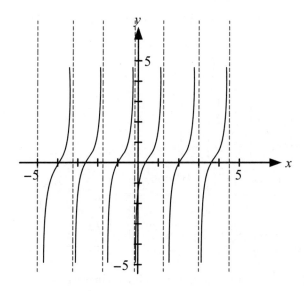

23. 解： (a) 與 (g)： $y = \sin\left(x + \dfrac{\pi}{2}\right) = \cos x = -\cos(\pi - x)$

　　(b) 與 (e)： $y = \cos\left(x + \dfrac{\pi}{2}\right) = \sin(x + \pi)$

　　　　　　　$= -\sin(\pi - x)$

　　(c) 與 (f)： $y = \cos\left(x - \dfrac{\pi}{2}\right) = \sin x$

　　　　　　　$= -\sin(x + \pi)$

　　(d) 與 (h)： $\sin\left(x - \dfrac{\pi}{2}\right) = \cos(x + \pi)$

　　　　　　　$= \cos(x - \pi)$

24. 解： (a) $-t\sin(-t) = t\sin t$：偶函數

　　(b) $\sin^2(-t) = \sin^2 t$：偶函數

　　(c) $\csc(-t) = \dfrac{1}{\sin(-t)} = -\csc t$：奇函數

　　(d) $|\sin(-t)| = |-\sin t| = |\sin t|$：偶函數

　　(e) $\sin(\cos(-t)) = \sin(\cos t)$：偶函數

　　(f) $-x + \sin(-x) = -x - \sin x = -(x + \sin x)$：奇函數

25. 解： (a) $\cot(-t) + \sin(-t) = -\cot t - \sin t = -(\cot t + \sin t)$：奇函數

　　(b) $\sin^3(-t) = -\sin^3 t$：奇函數

　　(c) $\sec(-t) = \dfrac{1}{\cos(-t)} = \sec t$：偶函數

　　(d) $\sqrt{\sin^4(-t)} = \sqrt{\sin^4(t)}$：偶函數

　　(e) $\cos(\sin(-t)) = \cos(-\sin t) = \cos(\sin t)$：偶函數

　　(f) $(-x)^2 + \sin(-x) = x^2 - \sin x$：兩者都不是

26. 解： $\cos^2\dfrac{\pi}{3} = \left(\cos\dfrac{\pi}{3}\right)^2 = \left(\dfrac{1}{2}\right)^2 = \dfrac{1}{4}$

27. 解： $\sin^2\dfrac{\pi}{6} = \left(\sin\dfrac{\pi}{6}\right)^2 = \left(\dfrac{1}{2}\right)^2 = \dfrac{1}{4}$

28. 解： $\sin^3\dfrac{\pi}{6} = \left(\sin\dfrac{\pi}{6}\right)^3 = \left(\dfrac{1}{2}\right)^3 = \dfrac{1}{8}$

29. 解： $\cos^2\dfrac{\pi}{12} = \dfrac{1 + \cos^2\left(\dfrac{\pi}{12}\right)}{2} = \dfrac{1 + \cos\dfrac{\pi}{6}}{2} = \dfrac{1 + \dfrac{\sqrt{3}}{2}}{2} = \dfrac{2 + \sqrt{3}}{4}$

30. 解： $\sin^2\dfrac{\pi}{8} = \dfrac{1 - \cos 2\left(\dfrac{\pi}{8}\right)}{2} = \dfrac{1 - \cos\dfrac{\pi}{4}}{2} = \dfrac{1 - \dfrac{\sqrt{2}}{2}}{2} = \dfrac{2 - \sqrt{2}}{4}$

31. 解： (a) $\sin(x - y) = \sin x\cos(-y) + \cos x\sin(-y)$

　　　　　　$= \sin x\cos y - \cos x\sin y$

(b) $\cos(x - y) = \cos x \cos(-y) - \sin x \sin(-y)$

$\qquad\qquad\qquad = \cos x \cos y + \sin x \sin y$

(c) $\tan(x - y) = \dfrac{\tan x + \tan(-y)}{1 - \tan x \tan(-y)} = \dfrac{\tan x - \tan y}{1 + \tan x \tan y}$

32. 〔解〕：$\tan(t + \pi) = \dfrac{\tan t + \tan \pi}{1 - \tan t \tan \pi} = \dfrac{\tan t + 0}{1 - (\tan t)(0)} = \tan t$

33. 〔解〕：$\cos(x - \pi) = \cos x \cos(-\pi) - \sin x \sin(-\pi) = -\cos x - (0)\sin x = -\cos x$

34. 〔解〕：$s = rt = (2.5\text{ft})(2\pi \text{ rad}) = 5\pi\text{ft}$，如此輪胎每轉行駛 $5\pi\text{ft}$，或每 ft 轉 $\dfrac{1}{5\pi}$

$\qquad\qquad \left(\dfrac{1}{5\pi} \dfrac{\text{rev}}{\text{ft}}\right)\left(60 \dfrac{\text{mi}}{\text{hr}}\right)\left(\dfrac{1}{60} \dfrac{\text{hr}}{\text{min}}\right)\left(5280 \dfrac{\text{ft}}{\text{mi}}\right) = 336 \dfrac{\text{rev}}{\text{min}}$

35. 〔解〕：$s = rt = (2\text{ft})(150\text{rev})\left(2\pi \dfrac{\text{rad}}{\text{rev}}\right) \approx 1885\text{ft}$

36. 〔解〕：$r_1 t_1 = r_2 t_2$；$6(2\pi)t_1 = 8(2\pi)(21)$

$\qquad\qquad t_1 = 28 \dfrac{\text{rev}}{\text{sec}}$

37. 〔解〕：$\Delta y = \sin \alpha$ 及 $\Delta x = \cos \alpha$

$\qquad\qquad m = \dfrac{\Delta y}{\Delta x} = \dfrac{\sin \alpha}{\cos \alpha} = \tan \alpha$

38. 〔解〕：(a) $\tan \alpha = \sqrt{3}$，$\alpha = \dfrac{\pi}{3}$

$\qquad\qquad$ (b) $\sqrt{3}x + 3y = 6$

$\qquad\qquad\quad 3y = -\sqrt{3}x + 6$

$\qquad\qquad\quad y = -\dfrac{\sqrt{3}}{3}x + 2$；$m = -\dfrac{\sqrt{3}}{3}$

$\qquad\qquad\quad \tan \alpha = -\dfrac{\sqrt{3}}{3}$，$\alpha = \dfrac{5\pi}{6}$

39. 〔解〕：$m_1 = \tan \theta_1$ 及 $m_2 = \tan \theta_2$

$\qquad\qquad \tan \theta = \tan(\theta_2 - \theta_1) = \dfrac{\tan \theta_2 + \tan(-\theta_1)}{1 - \tan \theta_2 \tan(-\theta_1)}$

$\qquad\qquad\quad = \dfrac{\tan \theta_2 - \tan \theta_1}{1 + \tan \theta_2 \tan \theta_1} = \dfrac{m_2 - m_1}{1 + m_1 m_2}$

40. 〔解〕：(a) $\tan \theta = \dfrac{3 - 2}{1 + (3)(2)} = \dfrac{1}{7}$，$\theta \approx 0.1419$

$\qquad\qquad$ (b) $\tan \theta = \dfrac{-1 - \dfrac{1}{2}}{1 + \left(\dfrac{1}{2}\right)(-1)} = -3$，$\theta \approx 1.8925$

$\qquad\qquad$ (e) $2x - 6y = 12$，$\qquad 2x + y = 0$

$\qquad\qquad\quad -6y = -2x + 12 \qquad\qquad y = -2x$

$$y = \frac{1}{3}x - 2$$

$$m_1 = \frac{1}{3},\ m_2 = -2$$

$$\tan\theta = \frac{-2 - \frac{1}{3}}{1 + \left(\frac{1}{3}\right)(-2)} = -7\ ;\ \theta \approx 1.7127$$

41. 解：回憶圓的面積是 πr^2，圓的頂角量測是 2π，觀察頂角比必須等於面積比，因此 $\frac{t}{2\pi} = \frac{A}{\pi r^2}$ 如此 $A = \frac{1}{2}r^2 t$

42. 解：$A = \frac{1}{2}(2)(5)^2 = 25\mathrm{cm}^2$

43. 解：從圓心到多邊形的尖角畫一直線將多邊形分成 n 個等邊三角形，若每一個三角形的底邊是在多邊形的周邊上，則每一個底邊的對角是 $\frac{2\pi}{n}$，平分此角將此三角形分成兩個直角三角形（見圖）。

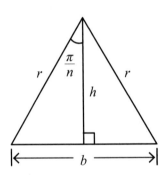

$\sin\frac{\pi}{n} = \frac{b}{2r}$ 如此 $b = 2r\sin\frac{\pi}{n}$ 及 $\cos\frac{\pi}{n} = \frac{h}{r}$

如此 $h = r\cos\frac{\pi}{n}$

$p = nb = 2rn\sin\frac{\pi}{n}$

$A = n\left(\frac{1}{2}bh\right) = nr^2\cos\frac{\pi}{n}\sin\frac{\pi}{n}$

44. 解：三角形的底邊是角 t 的對邊，那麼底邊的長是 $2r\sin\frac{t}{2}$（見 43 題），半圓的半徑是 $r\sin\frac{t}{2}$ 及三角形的高是 $r\cos\frac{t}{2}$，

$$A = \frac{1}{2}\left(2r\sin\frac{t}{2}\right)\left(r\cos\frac{t}{2}\right) + \frac{\pi}{2}\left(r\sin\frac{t}{2}\right)^2 = r^2\sin t\cos\frac{t}{2} + \frac{\pi r^2}{2}\sin^2\frac{t}{2}$$

45. 解：$\cos\frac{x}{2}\cos\frac{x}{4}\cos\frac{x}{8}\cos\frac{x}{16}$

$$= \frac{1}{2} \left[\cos \frac{3x}{4} + \cos \frac{1}{4}x \right] \frac{1}{2} \left[\cos \frac{3}{16}x + \cos \frac{1}{16}x \right]$$

$$= \frac{1}{4} \left[\cos \frac{3}{4}x + \cos \frac{1}{4}x \right] \left[\cos \frac{3}{16}x + \cos \frac{1}{16}x \right]$$

$$= \frac{1}{4} \left[\cos \frac{3}{4}x \cos \frac{3}{16}x + \cos \frac{3}{4}x \cos \frac{1}{16}x + \cos \frac{1}{4}x \cos \frac{3}{16}x \right.$$

$$\left. + \cos \frac{1}{4}x \cos \frac{1}{16}x \right]$$

$$= \frac{1}{4} \left[\frac{1}{2} \left(\cos \frac{15}{16}x + \cos \frac{9}{16}x \right) + \frac{1}{2} \left(\cos \frac{13}{16}x + \cos \frac{11}{16}x \right) + \right.$$

$$\left. \frac{1}{2} \left(\cos \frac{7}{16}x + \cos \frac{1}{16}x \right) + \frac{1}{2} \left(\cos \frac{5}{16}x + \cos \frac{3}{16}x \right) \right]$$

$$= \frac{1}{8} \left[\cos \frac{15}{16}x + \cos \frac{13}{16}x + \cos \frac{11}{16}x + \cos \frac{9}{16}x + \cos \frac{7}{16}x + \cos \frac{5}{16}x + \right.$$

$$\left. \cos \frac{3}{16}x + \cos \frac{1}{16}x \right]$$

46. 解：溫度函數是

$$f(x) = 25 \sin \left(\frac{2\pi}{12} \left(x - \frac{7}{2} \right) \right) + 80$$

11 月 15 日的正常高溫爲 $f(10.5) = 67.5°F$

47. 解：水平面函數是

$$f(x) = 3.5 \sin \left(\frac{2\pi}{12} (x - 9) \right) + 8.5$$

在下午 5：30 的水平面是

$f(17.5) \approx 5.12ft$

48. 解：(a) $C \sin (wt + \phi) = (C \cos \phi) \sin wt + (C \sin \phi) \cos wt$，

因此 $A = C \cdot \cos \phi$ 及 $B = C \sin \phi$

(b) $A^2 + B^2 = (C \cos \phi)^2 + (C \sin \phi)^2 = C^2 (\cos^2 \phi) + C^2 (\sin^2 \phi) = C^2$

同時，$\frac{B}{A} = \frac{C \sin \phi}{C \cos \phi} = \tan \phi$

(c) $A_1 \sin(wt + \phi_1) + A_2 \sin(wt + \phi_2) + A_3 \sin(wt + \phi_3)$

$= A_1 (\sin wt \cos \phi_1 + \cos wt \sin \phi_1)$

$\quad + A_2 (\sin wt \cos \phi_2 + \cos wt \sin \phi_2)$

$\quad + A_3 (\sin wt \cos \phi_3 + \cos wt \sin \phi_3)$

$= (A_1 \cos \phi_1 + A_2 \cos \phi_2 + A_3 \cos \phi_3) \sin wt$

$\quad + (A_1 \sin \phi_1 + A_2 \sin \phi_2 + A_3 \sin \phi_3) \cos wt$

$= C \sin (wt + \phi)$

式中 C 和 ϕ 可以知 (b) 式的

$$A = A_1 \cos \phi_1 + A_2 \cos \phi_2 + A_3 \cos \phi_3$$

$$B = A_1 \sin \phi_1 + A_2 \sin \phi_2 + A_3 \sin \phi_3$$

計算得到

(d)寫出反應，答案將改變。

49. 解：$\sin^2 \theta = \dfrac{3}{4} \Rightarrow \sin \theta = \pm \dfrac{\sqrt{3}}{2} \Rightarrow \theta = \dfrac{\pi}{3}, \dfrac{2\pi}{3}, \dfrac{4\pi}{3}, \dfrac{5\pi}{3}$

50. 解：$\sin^2 \theta = \cos^2 \theta \Rightarrow \dfrac{\sin^2 \theta}{\cos^2 \theta} = \dfrac{\cos^2 \theta}{\cos^2 \theta} \Rightarrow \tan^2 \theta = 1 \Rightarrow \tan \theta = \pm 1$

$\Rightarrow \theta = \dfrac{\pi}{4}, \dfrac{2\pi}{4}, \dfrac{5\pi}{4}, \dfrac{7\pi}{7}$

51. 解：$\sin 2\theta - \cos 2\theta \Rightarrow 2\sin \theta \cos \theta - \cos \theta = 0$

$\Rightarrow \cos \theta (2\sin \theta - 1) = 0 \Rightarrow \cos \theta = 0$ 或 $2\sin \theta - 1 = 0$

$\Rightarrow \cos \theta = 0$ 或 $\sin \theta = \dfrac{1}{2} \Rightarrow \theta = \dfrac{\pi}{2}, \dfrac{3\pi}{2}$ 或 $\theta = \dfrac{\pi}{6}, \dfrac{5\pi}{6}$

$\Rightarrow \theta = \dfrac{\pi}{6}, \dfrac{\pi}{2}, \dfrac{5\pi}{6}, \dfrac{3\pi}{2}$

52. 解：$\cos 2\theta + \cos \theta = 0 \Rightarrow 2\cos^2 \theta - 1 + \cos \theta = 0$

$\Rightarrow 2\cos^2 \theta + \cos \theta - 1 = 0 \Rightarrow (\cos \theta + 1)(2\cos \theta - 1) = 0$

$\Rightarrow \cos \theta + 1 = 0$ 或 $2\cos \theta - 1 = 0 \Rightarrow \cos \theta = -1$ 或 $\cos \theta = \dfrac{1}{2}$

$\Rightarrow \theta = \pi$ 或 $\theta = \dfrac{\pi}{3}, \dfrac{5\pi}{3} \Rightarrow \theta_2 = \dfrac{\pi}{3}, \pi, \dfrac{5\pi}{3}$

53. 解：(a) $\tan(A+B) = \dfrac{\sin(A+B)}{\cos(A+B)} = \dfrac{\sin A \cos B + \cos A \sin B}{\cos A \cos B - \sin A \sin B}$

$= \dfrac{\dfrac{\sin A \cos B}{\cos A \cos B} + \dfrac{\cos A \sin B}{\cos A \cos}}{\dfrac{\cos A \cos B}{\cos A \cos B} - \dfrac{\sin A \sin B}{\cos A \cos B}} = \dfrac{\tan A + \tan B}{1 - \tan A \tan B}$

(b) $\tan(A-B) = \dfrac{\sin(A-B)}{\cos(A-B)} = \dfrac{\sin A \cos B - \cos A \sin B}{\cos A \cos B + \sin A \sin B}$

$= \dfrac{\dfrac{\sin A \cos B}{\cos A \cos B} - \dfrac{\cos A \sin B}{\cos A \cos}}{\dfrac{\cos A \cos B}{\cos A \cos B} + \dfrac{\sin A \sin B}{\cos A \cos B}} = \dfrac{\tan A - \tan B}{1 + \tan A \tan B}$

54. 解：根據內容的圖形，我們有如下：由餘弦定律：$c^2 = a^2 + b^2 - 2ab \cos \theta$
$= 1^2 + 1^2 - 2\cos(A - B) = 2 - 2\cos(A - B)$，由距離公式 $c^2 = (\cos A - \cos B)^2 + (\sin A - \sin B)^2 = \cos^2 A - 2\cos A \cos B + \cos^2 B + \sin^2 A - 2\sin A \sin B + \sin^2 B = 2 - 2(\cos A \cos B + \sin A \sin B)$，因此，$c^2 = 2 - 2\cos(A - B) = 2 - 2(\cos A \cos B + \sin A \sin B)$

$\Rightarrow \cos(A - B) = \cos A \cos B + \sin A \sin B$

P.8

1. 解 ：二次函數

2. 解 ：三角函數

3. 解 ：線性函數

4. 解 ：沒有相關性

5. 解 ：(a), (b)

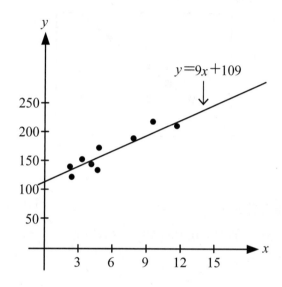

是的，罹癌死亡數線性增加

揭發致癌物

(c) 若 $x = 3$，則 $y = 9(3) + 109 = 136$

6. 解 ：(a)

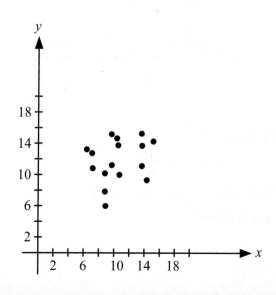

不，相關性沒有出現線性。

(b)小考分數是依一些變數如研究時間，上課出席等等而定，這些變數可能從一次小考至下次而變化。

7. 解：(a)$d = 0.066F$ 或 $F = 15.13d + 0.1$

(b)

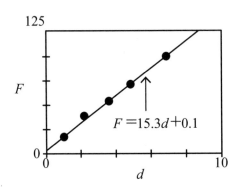

模型擬合非常好

(c)若 $F = 55$，則 $d \approx 0.066(55) = 3.63\text{cm}$

8. 解：(a)$s = 9.7t + 0.4$

(b)

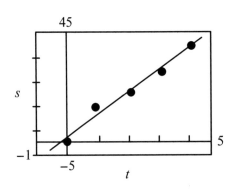

模型擬合非常好

(c)若 $t = 2.5$，則 $s = 24.65 \dfrac{\text{m}}{\text{sec}}$

9. 解：(a)使用繪圖設備，$y = 0.124x + 0.82$

$r \approx 0.838$ 相關係數

(b)

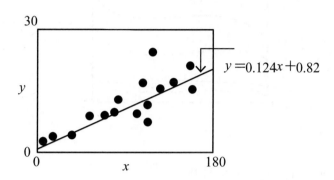

$$y = 0.124x + 0.82$$

(c)資料表示更多每人電力消耗趨向相對應更多每人國民生產總值。

對於香港、委內瑞拉和南韓的資料大不同於線性模型。

(d)移除 (118, 25.69), (113, 5.74) 和 (167, 17.3)，我們得到模型 $y = 0.134x + 0.28$，$r \approx 0.968$

10.　解 ： (a) 線性模型：$H = -0.3323t + 612.9333$

(b)

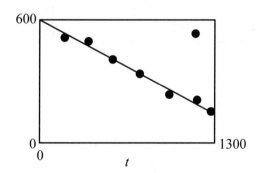

擬合非常好。

(c)當 $t = 500$

$H = -0.3326(500) + 612.9333 \approx 446.78$

11.　解 ： (a)$y_1 = 0.0343t^3 - 0.3451t^2 + 0.8837t + 5.6061$

$y_2 = 0.1095t + 2.0667$

$y_3 = 0.0917t + 0.7917$

(b)

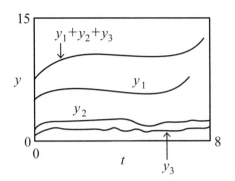

$$t = 12 \text{，} y_1 + y_2 + y_3 \approx 31.06 \frac{\text{cents}}{\text{mile}}$$

12.　解：(a) $S = 180.89x^2 - 205.79x + 272$

　　　　(b)

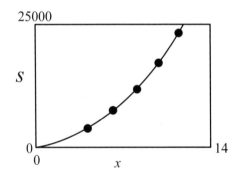

　　　　(c) 當 $x = 2$，$S \approx 583.98$ pounds

13.　解：(a) 線性：$y_1 = 4.83t + 28.6$

　　　　　　立方：$y_2 = -0.1289t^3 + 2.235t^2 - 4.86t + 35.2$

　　　　(b)

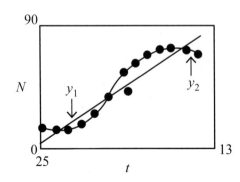

(c) 立方模型是較好

(d) $y = -0.084t^2 + 5.84t + 26.7$

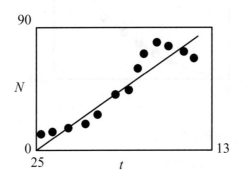

(e) 對於 $t = 14$：線性模型 $y_1 \approx 96.2$ million

立方模型 $y_2 \approx 51.5$ *million*

(f) 答案將變化

14. 解 : (a) $t = 0.00271S^2 - 0.0529S + 2.671$

(b)

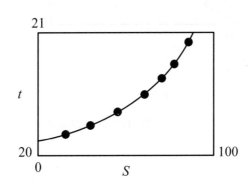

(c) 對於 $S < 20$，曲線底去掉

(d) $t = 0.002S^2 + 0.0346S + 0.183$

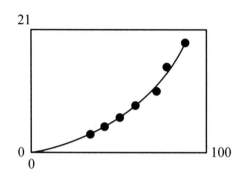

(e)模型對於低速較好

15.　解：(a)$y = -1.806x^3 + 14.58x^2 + 16.4x + 10$

　　　(b)

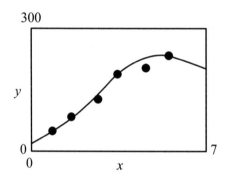

　　　(c)若 $x = 4.5$，則 $y \approx 214$ 馬力

16.　解：(a)$T = 2.9856 \times 10^{-4}p^3 - 0.0641p^2 + 5.2826p + 143.1$

　　　(b)

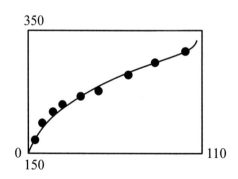

(c) 對於 $T = 300°\text{F}$，$P \approx 68.29 \dfrac{\text{1b}}{\text{in}^2}$

(d) 此模型是根據資料向上到達 $100 \dfrac{\text{1b}}{\text{in}^2}$

17. 解：(a) 是，y 是 t 的函數，在每一個時間 t，有一個且僅有一個位移 y

(b) 振幅是近似 $\dfrac{2.35 - 1.65}{2} = 0.35$

週期是近似：$2(0.375 - 0.125) = 0.5$

(c) 一個模型是 $y = 0.35\sin(4\pi t) + 2$

(d)

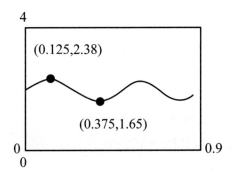

18. 解：(a) $H = 4.28 \sin\left(\dfrac{\pi t}{6} + 3.86\right) + 84.4$

一個模型是 $C(t) = 27 \sin\left(\dfrac{\pi t}{6} + 4.1\right) + 58$

(b)

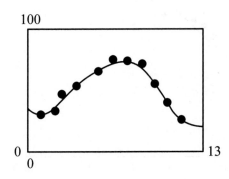

(c)

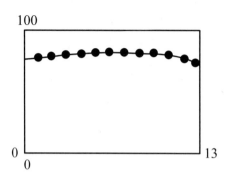

(d)檀香山的平均是 84.4

芝加哥的平均是 58

(e) 週期是 12 個月（1 年）

(f) 芝加哥有較好的變化性

19.　解：(a)線性模型似乎近似所考慮的整個時間區間。

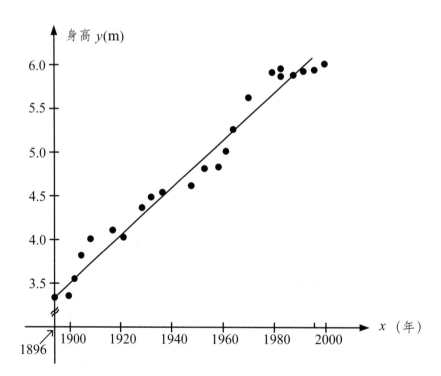

(b) 使用電腦設備，我們得到回歸直線 $y = 0.0265x-46.8759$ 它是被畫在 (a) 的圖上

(c) $x = 2008$，$y = 6.27$m，考慮的高於眞實贏者身高 5.96m。

(d) 它是沒有理由預測在 2100 奧林匹克的贏者身高，因爲 2100 離從 1896 ～ 2004 範圍得到的模型太遠了。

20. 解：(a) 使用電腦設備，我們得到一冪函數 $N = cA^b$ 式中 $c \approx 2.3356$ 及 $b \approx 0.3072$

(b) 若 $A = 754$，則 $N = cA^b \approx 17.88$，我們將期望求得在 Dominica 上有 18 種爬行和兩棲動物。

21. 解：(a) $T = 1.000431227 \, d^{1.499528750}$

(b) (a) 中的冪模型是近似 $T = d^{1.5}$，兩邊平方得到 $T^2 = d^3$，因此模型與 Kepler 第三定律 $T^2 = kd^3$ 一致。

國家圖書館出版品預行編目(CIP)資料

微積分先修教材／梁明德，方惠民著. -- 初
版. -- 臺北市：五南圖書出版股份有限公
司, 2025.01
面； 公分
ISBN 978-626-393-924-0(平裝)

1.CST: 微積分

314.1   113017125

5Q46

微積分先修教材

作　　者 ── 梁明德（230.4）、方惠民

編輯主編 ── 王正華

責任編輯 ── 張維文

封面設計 ── 姚孝慈

出 版 者 ── 五南圖書出版股份有限公司

發 行 人 ── 楊榮川

總 經 理 ── 楊士清

總 編 輯 ── 楊秀麗

地　　址：106台北市大安區和平東路二段339號4樓

電　　話：(02)2705-5066　　傳　　真：(02)2706-6100

網　　址：https://www.wunan.com.tw

電子郵件：wunan@wunan.com.tw

劃撥帳號：01068953

戶　　名：五南圖書出版股份有限公司

法律顧問　林勝安律師

出版日期　2025年1月初版一刷

定　　價　新臺幣400元

經典永恆・名著常在

五十週年的獻禮——經典名著文庫

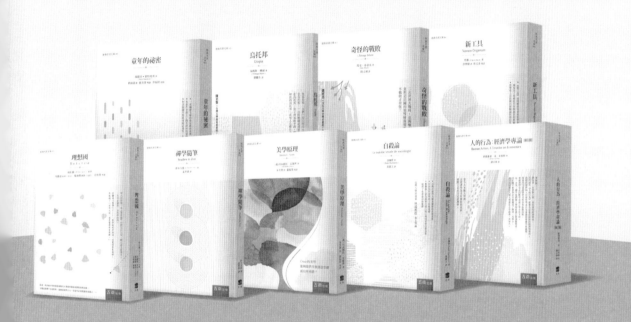

五南，五十年了，半個世紀，人生旅程的一大半，走過來了。

思索著，邁向百年的未來歷程，能為知識界、文化學術界作些什麼？

在速食文化的生態下，有什麼值得讓人雋永品味的？

歷代經典・當今名著，經過時間的洗禮，千錘百鍊，流傳至今，光芒耀人；

不僅使我們能領悟前人的智慧，同時也增深加廣我們思考的深度與視野。

我們決心投入巨資，有計畫的系統梳選，成立「經典名著文庫」，

希望收入古今中外思想性的、充滿睿智與獨見的經典、名著。

這是一項理想性的、永續性的巨大出版工程。

不在意讀者的眾寡，只考慮它的學術價值，力求完整展現先哲思想的軌跡；

為知識界開啟一片智慧之窗，營造一座百花綻放的世界文明公園，

任君遨遊、取菁吸蜜、嘉惠學子！